高 等 学 校 教 材

大学物理实验

主编

彭直兴 田荣刚

副主编

杨培林 代锦辉 余华

中国教育出版传媒集团

高等教育出版社·北京

AXUE WULI SHIYAN

内容提要

本书是根据教育部高等学校物理学与天文学教学指导委员会编制的《理工科类大学物理实验课程教学基本要求》(2010 年版),结合成都理工大学物理实验教学近几年的教学改革成果和实践经验编写而成的。

本书介绍了测量、误差和不确定度的基础知识以及数据处理的基本方法,并介绍了物理实验的基本仪器和基本操作技术,按基础性实验、综合性实验和近代物理实验、设计性实验和研究性实验分类,编写了 42 个实验项目,内容涉及力学、热学、电磁学、光学和近代物理实验。

本书可作为普通高等学校理工科类专业大学物理实验课程的教材或参考书,也可供其他专业相关人员参考。

图书在版编目(C I P)数据

大学物理实验/彭直兴,田荣刚主编;杨培林,代锦辉,余华副主编 . --北京:高等教育出版社,2023.8
ISBN 978-7-04-060581-5

Ⅰ.①大… Ⅱ.①彭…②田…③杨…④代…⑤余… Ⅲ.①物理学-实验-高等学校-教材 Ⅳ.①O4-33

中国国家版本馆 CIP 数据核字(2023)第 098997 号

| 策划编辑 | 王 硕 | 责任编辑 | 王 硕 | 封面设计 | 赵 阳 | 版式设计 | 马 云 |
| 责任绘图 | 于 博 | 责任校对 | 胡美萍 | 责任印制 | 刘思涵 | | |

出版发行 高等教育出版社
社　　址 北京市西城区德外大街 4 号
邮政编码 100120
印　　刷 佳兴达印刷(天津)有限公司
开　　本 787mm×1092mm　1/16
印　　张 15.5
字　　数 360 千字
购书热线 010-58581118
咨询电话 400-810-0598

网　　址 http://www.hep.edu.cn
　　　　 http://www.hep.com.cn
网上订购 http://www.hepmall.com.cn
　　　　 http://www.hepmall.com
　　　　 http://www.hepmall.cn

版　　次 2023 年 8 月第 1 版
印　　次 2023 年 8 月第 1 次印刷
定　　价 33.60 元

前　言

　　本书是根据教育部高等学校物理学与天文学教学指导委员会编制的《理工科类大学物理实验课程教学基本要求》(2010 年版)，结合成都理工大学物理实验教学近几年的教学改革成果和实践经验，在将信息化技术与实验教学相融合的基础上编写而成的一本实验教材。本书以二维码的形式将大学物理实验课程的理论教学和实验操作视频与传统的纸质教材融为一体，学生不仅可以自主学习，还能在实验过程中反复观看，故可增强学生的学习自主性，提高课程的教学质量。

　　本书系统地介绍了测量和误差、不确定度和数据处理的基本知识，并介绍了物理实验的基本仪器和基本操作技术，按基础性实验、综合性实验和近代物理实验、设计性实验和研究性实验分类，编写了 42 个实验项目，内容涉及力学、热学、电磁学、光学和近代物理实验。

　　本书由彭直兴负责整体结构设计、内容组织编写和统稿工作，并编写了第 1—第 3 章、实验 4.8、4.9、4.14、5.6、5.12、5.16、5.17、6.5、6.6、6.8；田荣刚编写了实验 4.3、4.15、5.3、5.8、5.9、5.10、5.11、5.18、6.7；杨培林编写了实验 4.5、4.6、4.7、4.10、5.4、5.5、5.6；代锦辉编写了实验 4.1、4.2、4.4、5.1、5.7、5.13、6.1、6.2、6.3 和附录；余华编写了实验 4.11、4.12、4.13、5.2、5.14、5.15、6.4；曹辉编写了实验 5.19。彭直兴、代锦辉、杨培林参与了教学视频录制工作。

　　编写本书时，作者参阅了国内同类型高校的相关教材，在此致以深切的谢意。由于编者水平有限，书中难免有疏漏和不足之处，敬请读者批评指正。

　　本书获"成都理工大学 2022 年中青年骨干教师资助计划"资助。

编　者

2022 年 8 月

目　录

第 6 章　设计性实验和研究性实验 ·············· 227

常用物理常量 ·············· 238

主要参考文献 ·············· 239

第 1 章
绪论

1.1 大学物理实验课程的意义、地位和任务

物理学是研究物质的基本结构、基本运动形式、相互作用及其转化规律的学科. 物理实验在物理概念的确立、物理规律的发现、物理理论的建立及其检验方面都发挥着极其重要的作用,有时甚至是决定性的作用,因此,物理学首先是一门实验科学.

教学视频

科学实验,是人们为实现预定目的,通过人工干预和控制研究对象,让某种自然现象重复出现,使得人们可以反复观察、测量、分析、对比,最后获得结论的过程. 物理实验体现了大多数科学实验的共性,在实验思想、实验方法以及实验手段等方面,是其他学科科学实验的基础. 因此,"大学物理实验"是高等学校针对理工科专业独立开设的一门对学生进行科学实验基本训练的必修基础课程,是大学生进入大学后接受系统实验方法和实验技能培养与训练的开端. 大学物理实验课程覆盖面广,具有丰富的实验思想、实验方法、实验手段,能提供综合性很强的基本实验技能训练,是培养学生科学实验能力、提高学生科学实验素质的重要基础课程. 它在培养学生严谨的治学态度、坚韧不拔的攀登精神、活跃的创新意识、理论联系实际和适应科技发展的综合应用能力等方面具有其他实践类课程不可替代的作用.

大学物理实验课程的具体任务如下:

(1)通过学习物理实验的基本知识,培养和提高学生科学实验的基本素质. 学习误差理论和不确定度理论,掌握实验数据处理的基本理论和方法以及实验结果的规范表示;学习物理量的测量方法,掌握基本的实验方法,熟悉常用实验仪器的基本原理、结构性能、调试和使用方法.

(2)培养学生的科学思维和创新意识,提高学生科学实验能力和创新能力.

① 培养学生自学与独立实验的能力. 使学生能够通过阅读实验教材、参考书等有关资料,掌握实验原理及方法,正确使用实验仪器设备,独立完成实验内容,撰写出合格的实验报告.

② 培养学生分析与研究的能力. 使学生能够运用相关理论知识对实验过程、实验现象和实验结果进行分析、判断、归纳和总结,并掌握通过实验现象对物理规律进行分析和研究的基本方法,初步具备发现问题、分析问题、研究问题的能力.

③ 培养学生设计与创新的能力. 使学生能够自主设计实验方案、确定测量方法、选择仪

器设备和测量条件,完成符合规范要求的设计性或创新性实验.

(3) 培养与提高学生的科学实验素养. 在物理实验课程的学习和训练中,要培养学生实事求是、理论联系实际的科学作风,严肃认真、一丝不苟、不怕困难、艰苦努力的科学态度,不断探索、大胆质疑、勇于创新的科学精神,以及遵守纪律、团结协作、节约资源、爱护公物的优良品德.

1.2　大学物理实验课程的基本教学程序

大学物理实验是在教师的指导下,由学生独立完成实验的课程. 为了达到、完成大学物理实验课程的目的和任务,必须让学生充分发挥学习的主观能动性,积极、自觉、主动地学习实验知识和实验技能,提高自身素质. 不同的实验项目,虽然内容各不相同,但都包含了实验预习、实验进行和实验报告撰写三个基本教学程序,学生必须严格遵照执行.

(1) 实验预习. 学生应认真阅读实验教材及相关参考书,明确实验目的,掌握实验原理和方法,知道使用什么仪器,了解实验的操作步骤,并按要求写出预习报告、回答实验预习题.

(2) 实验进行. 进入实验室后,应阅读黑板上或实验桌上的通知和注意事项,听教师讲解,了解仪器的使用和保护方法,按要求调整仪器,观察实验现象,测量并记录数据,所有实验数据必须经教师认可签字,最后整理好仪器设备后方可离开.

(3) 实验报告撰写. 实验报告是对所做实验的系统总结,撰写实验报告是培养学生分析问题、总结问题能力的重要环节,是以后进行科学实验和撰写科学论文的基础,它在一定程度上体现了实验者的水平和实验成果的质量.

一份规范完整的实验报告包括以下 8 项不可缺少的内容(含评分标准):

① 实验名称. 实验项目的准确名称. (5 分)

② 实验目的. 通过实验使学生理解和掌握的知识、技能和方法等. (5 分)

③ 实验仪器. 写出主要仪器设备及其主要参量. (5 分)

④ 实验原理. 写出本实验主要物理量的测量方法和理论依据、主要测量公式及其适用条件,画出实验装置示意图、电路图或光路图. 需要注意的是,实验原理需要在掌握并理解的基础上撰写,切勿照抄教材. (20 分)

⑤ 实验内容与步骤. 简述实验的主要内容和步骤即可,不要照抄教材. (5 分)

⑥ 数据记录及处理. 将原始数据重新整理誊写在实验报告上,数据必须准确完整,不允许修改,并要尽可能列成表格;根据测量数据计算待测物理量及其测量的不确定度(应有较详细的计算过程),按要求作实验曲线图. (40 分)

⑦ 实验结果表示. 写出实验的最后结果,应包含待测物理量的数值、不确定度和单位三个信息. (5 分)

⑧ 分析与讨论. 内容不限,可以是实验现象的分析、实验结果的讨论、对问题的研究体会、实验的收获和建议等. (15 分)

1.3 物理实验室规则

（1）进入实验室需带上教材和实验原始数据记录纸．每次实验都要在教师讲解后方可进行操作．

（2）保持清洁安静的实验环境，遵守课堂纪律，不无故迟到、缺席、早退．因特殊原因缺席，应尽快与指导教师联系补做实验．

（3）爱护实验仪器设备．未经许可不能擅自搬动或调动他组仪器，实验中应严格按要求操作，若因违反仪器操作规程或不听从教师指导而造成仪器损坏，须照章赔偿．

（4）在实验过程中，若仪器设备发生故障，应立即报告指导教师．

（5）实验数据应如实、完整地记录在"实验原始数据记录纸"上，不可随意修改．

（6）实验完毕后，整理好仪器设备，将实验桌面收拾整齐，经教师检查原始数据并签字后，方可离开实验室．

（7）认真完成实验报告，并附上有教师签字的原始数据，按要求及时交实验报告．

第2章
测量与误差、测量不确定度及数据处理

2.1 有效数字基本知识

在大学物理实验中,我们不仅要观察物理现象,还要测量、记录、处理实验数据. 那么,该如何正确记录所测量的数据呢? 测量数据的位数是由所用仪器的精度决定的,不能随意增加或者减少.

教学视频

2.1.1 有效数字的定义

我们用米尺测量一木块的长度 L,如图 2-1-1 所示. 测量数据是 $L = 4.61$ cm. 个位上的 4 和十分位上的 6 是准确读出的,称为可靠数字;百分位上的 1 是估读的,或者说是不准确的,称为可疑数字.

我们定义,测量数据中,从左边第一位非零的可靠数字算起,到最后一位可疑数字(包含可疑数字)为止,都统称为有效数字.

例如,前面的 $L = 4.61$ cm,有 3 位有效数字;$U = 24.05$ mV 有 4 位有效数字,百分位上的 5 是

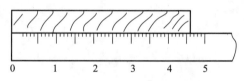

图 2-1-1 米尺测量木块的长度

可疑数字,其他三位 2、4、0 是可靠数字;$H = 0.310$ m 有 3 位有效数字,千分位上的 0 是可疑数字,从前面第一位非零的 3 算起,有 2 位可靠数字 3 和 1.

使用有效数字必须注意以下几点:

(1)在一个测量数据中,只保留 1 位可疑数字,多余的可疑数字没有任何意义.

(2)测量数据中间的零和后面的零都是有效数字,因此测量数据和数学上的数是不同的,比如在数学上 35.20 kg = 35.2 kg,而在测量中,35.20 kg 就不能写成 35.2 kg.

(3)测量数据中有效数字位数的多少反映了测量所用仪器精度的高低. 同一物理量的测量中,有效数字的位数越多,反映所用仪器的精度越高. 例如上面的 35.20 kg,这个数据的可疑位在百分位上,而 35.2 kg 这个数据的可疑位在十分位上,因此测得 35.20 kg 所用仪器的精度就比测得 35.2 kg 的高. 所以,测量数据有效数字的位数不能随意增加或者减少.

在测量数据时,常按以下三种方式读取记录数据:① 需要估读的仪器读数时,读数应读到仪器最小分度值的下一位(如刻度尺、温度计等);② 游标类量具,只读到游标分度值,一般不估读. ③ 数字式仪表或步进读数仪器(如电阻箱)不需要估读,其显示值的末尾就是可

疑位.

（4）测量数据变换单位或小数点位置变化时，有效数字的位数保持不变. 比如 $4.61\ cm = 0.046\ 1\ m = 0.000\ 046\ 1\ km$，虽改变了单位，但仍是 3 位有效数字.

（5）对于较大或较小的数据，常用科学计数法表示. 用科学计数法表示时，小数点前面一般只写一位非零数字. 例如，$0.000\ 046\ 1\ km = 4.61 \times 10^{-5}\ km$.

2.1.2 有效数字的舍入规则

每个测量数据的有效数字位数确定后，在这些数据参加运算时，经常会遇到尾数取舍的问题. 常用的"四舍五入"法则将使入的概率大于舍的概率，从而使整体结果偏大. 为了消除不合理性，我们引入"五下舍、五上进，整五凑偶"的法则：以保留数字的末位为单位，取舍的尾数大于 0.5 的，末位数字加 1；小于 0.5 的，末位数字不变；等于 0.5 的，末位数字为偶数时不变（舍去），为奇数时加 1（将末位数字凑成偶数）.

例 2-1　$\pi = 3.141\ 59$

取 5 位有效数字时，尾数为 $0.9 > 0.5$，$\pi = 3.141\ 6$；

取 4 位有效数字时，尾数为 $0.59 > 0.5$，$\pi = 3.142$；

取 3 位有效数字时，尾数为 $0.159 < 0.5$，$\pi = 3.14$.

例 2-2　下面的数据都取 3 位有效数字.

$$L_1 = 4.955\ 00\ cm = 4.96\ cm$$
$$L_2 = 4.945\ 00\ cm = 4.94\ cm$$
$$L_3 = 4.945\ 01\ cm = 4.95\ cm$$

2.1.3 有效数字的运算

大学物理实验课程中的实验结果，基本上都是间接测量量，需要通过直接测量量的运算才能得出来. 这些直接测量量在运算的过程中，需要遵循一定的规则，才能得到含有正确有效数字位数的结果.

1. 有效数字运算总则

在有效数字的运算过程中，可靠数字与可靠数字进行运算，其结果仍为可靠数字；可靠数字与可疑数字的运算结果及可疑数字与可疑数字的运算结果均为可疑数字，但进位是可靠数字. 运算的最终结果只取 1 位可疑数字.

2. 加减法运算规则

加减法的运算规则：诸数据相加减，其结果的可疑数字所在的位（如个位、十位、百位、十分位、百分位……）与参与运算的诸数据中可疑数字所占的位的最高者相同.

例 2-3　$98.756 + 1.3 = 100.056 = 100.1$

　　　　$19.68 - 5.848 = 13.832 = 13.83$

3. 乘除法运算规则

乘除法的运算规则：诸数据相乘除，其结果的有效数字的位数与诸数据中有效数字位数最少者相同.

例 2-4　$39.3 \times 4.084 = 160.5 = 160$

　　　　$1.929 \div 2.5 = 0.7716 = 0.77$

4. 乘方、开方的运算规则

乘方和开方的运算,其结果的有效数字位数与底数的有效数字位数相同.

例 2-5　$39.12^2 = 1530$

$$\sqrt{5.325} = 2.308$$

5. 其他几种情况

（1）自然数. 不是测量值,不存在可疑部分. 自然数与有效数字运算,结果中可疑数字所在的位与原有效数字相同.

（2）无理数. 所取位数比参与运算最少的有效位数多 1 位. 如 $l = 2\pi R$,当 $R = 2.35 \times 10^{-2}$ m 时,π 应取 3.142.

（3）对数. 对数的小数有效位数与真数的有效位数相同. 例如,$\lg 1.983 = 0.2973$,真数 4 位,小数 4 位,有效数字 4 位;$\lg 1983 = 3.2973$,真数 4 位,小数 4 位,有效数字 5 位.

（4）指数. 对于 e^x,其有效位数的取法是:把 e^x 的结果写成科学表达式,小数点前保留 1 位,小数点后面保留的位数与 x 在小数点后面的位数相同. 例如,$e^{9.24} = 10301.03\cdots = 1.03 \times 10^4$,小数点后 2 位,有效数字 3 位;$e^{52} = 3.83\cdots \times 10^{22} = 4 \times 10^{22}$,小数点后 0 位,有效数字 1 位.

（5）三角函数. 小数点后面取 4 位有效数字.

正确运用有效数字的运算规则,既可简化运算,又不至于影响实验结果的精确度,但由于具体数字的不同,运算规则也不是绝对的,如 $161 \times 0.0013 = 2.1 \times 10^{-1}$. 通过实际运算定出的有效数字为 2 位,与根据运算规则定出的有效数字是一致的;但若将 0.0013 改为 0.0075,通过实际运算定出的有效数字为 3 位,即 $161 \times 0.0075 = 1.21$,比根据运算规则定出的 2 位多了 1 位. 为了方便,在计算过程中,我们仍可按有效数字的运算规则进行运算,但对于实验测量结果的有效数字位数问题,最终是由测量的不确定度来决定的.

2.2　测量与误差

大学物理实验除定性地观察各种物理现象外,更多的是寻求、确定各物理量之间的内在联系,这就需要对各物理量进行测量.

2.2.1　测量及其分类

测量就是将待测物理量与一个选作标准的同类物理量（量具或仪器设备）进行比较,从而找出待测量是标准量多少倍的过程. 测量的结果应包含数值、单位和结果的可信程度（用不确定度表示）三要素.

根据测量值获得途径的不同,可将测量分为直接测量和间接测量. 根据测量的次数不同,可将测量分为单次测量和多次测量,在多次测量中,按照测量条件的不同,多次测量又可分为等精度测量和非等精度测量.

1. 直接测量和间接测量

直接测量就是把待测量和标准量直接进行比较,从而得到所需结果的测量. 如用米尺测量书的长度、用秒表测量时间、用电流表测量电流等.

间接测量就是先通过直接测量得到若干物理量的值,然后利用这些值并通过一定的函数关系(测量公式)计算出所需结果的测量. 例如,测量实验室的面积,可先直接测量出实验室的"长"和"宽",再通过计算求出面积,面积这个结果就是间接测量得到的;又如,通过单摆测量重力加速度,就是先直接测出单摆的振动周期 T 和摆长 l,然后利用函数关系 $g = 4\pi^2 \dfrac{l}{T^2}$ 求出重力加速度 g. 大学物理实验中,同学们在实验室所进行的测量大多数是直接测量,而每个实验最后所需要得到的结果几乎都是通过间接测量获得的.

2. 等精度测量和非等精度测量

等精度测量是指在相同的条件下,对某一物理量进行的多次测量. 例如,同一测量者使用同一仪器、采用同一种方法对同一物理量 x 进行多次重复测量,尽管每次测量值 x_i 可能不相等,但每次测量的可靠程度都相同,故称之为等精度测量.

非等精度测量是指在不同的条件下,对某一物理量进行的多次测量. 例如,不同的测量者、或者使用不同的仪器、或者采用不同的方法对物理量 y 进行多次重复测量,则每次测量值 y_i 的可靠程度自然也就不相同,这样的测量称为非等精度测量.

在非等精度测量中,由于各测量值的可靠程度不一样,因此在计算测量结果时,需要根据各测量值的"权重"进行"加权平均". 本书的绝大多数实验一般都采用等精度测量,所以后面所介绍的误差、不确定度计算与数据处理,都是针对等精度测量而言的.

2.2.2 测量误差

由于测量过程中各种因素的影响,任何测量都不可能绝对精确,即测量结果与被测物理量的客观存在值之间总存在着差值,这就是测量误差.

1. 真值与误差

真值是一个物理量在一定条件下的客观真实值. 由于实验方法、实验条件、实验仪器以及人的观察能力等因素的限制,所以真值是无法通过测量获得的,它是一个理想的概念. 我们测量得到的结果仅仅是待测量的近似值. 误差即定义为测量值与真值之差.

设物理量的真值为 μ,测量值为 x,按照定义,误差 Δx 则为

$$\Delta x = x - \mu \tag{2-2-1}$$

2. 最佳值(算术平均值)与偏差

由于真值无法得到,在实际测量中,常用约定真值来代替真值. 算术平均值、满足规定的准确度量值、计量器所复现的标准量值、公认值、理论值等都可以作为约定真值. 在物理实验中,常用多次测量值的算术平均值作为测量的约定真值,也叫测量的最佳值.

设对某一物理量 x 进行 n 次等精度测量,得到一系列测量值 $x_1, x_2, x_3 \cdots, x_i, \cdots, x_n$,则测量结果的最佳值(算术平均值) $\bar{x}$ 为

$$\bar{x} = \frac{1}{n}(x_1 + x_2 + \cdots + x_i + \cdots + x_n) = \frac{1}{n}\sum_{i=1}^{n} x_i \tag{2-2-2}$$

而偏差 ν_i 则定义为测量值 x_i 与算术平均值 $\bar{x}$ 之差,即

$$\nu_i = x_i - \bar{x} \tag{2-2-3}$$

可见,误差和偏差是有区别的,但可以证明,当测量次数很大时,偏差接近误差.

3. 绝对误差与相对误差

如上所述,我们定义了测量值 x 的误差 Δx,有时我们也把 Δx 叫做绝对误差. 评价一个测量结果的准确程度,不但要看绝对误差的大小,有时还要看相对误差的大小. 相对误差定义为

$$相对误差\ E(x) = \frac{绝对误差}{真值} \times 100\% \qquad (2\text{-}2\text{-}4)$$

在实际计算中,我们常用约定真值来代替真值.

2.2.3 误差及其分类

误差的产生有多方面的因素. 根据误差产生的原因和性质,一般把误差分为三类:系统误差、随机误差、粗大误差.

1. 系统误差

在相同的条件下,对同一物理量进行多次测量,其误差的大小和符号保持不变,或随测量条件的变化而有规律地变化,这类误差称为系统误差. 系统误差的特征是具有确定性.

系统误差产生的原因主要有以下几个方面:

(1) 仪器方面:由仪器本身的固有缺陷或没有按规定条件调整到位而引起的误差. 如仪器的零点没有调准,等臂天平的臂长不等、螺旋有回程差等.

(2) 理论方面:由测量所依据的理论本身的近似性或测量方法的不完善或者实验条件不能达到理论公式所规定的要求而产生的误差. 例如伏安法测量电阻时没有考虑电表内阻的影响;称物体质量时没有考虑空气浮力的影响;用单摆测量重力加速度时没有考虑摆线的质量以及长度的变化等.

(3) 人员方面:由测量者本人生理或心理因素所带来的误差. 例如左右手习惯不同;距离仪器远近不同、色彩视力差异等. 再如按动秒表时习惯性提前或滞后;在对准目标时,总爱偏左或偏右,致使读数偏大或偏小等.

可见,系统误差有其规律性,并且可以通过实验方案的优化、参量的设计、测量条件的控制、仪器精度的选择、测量结果的修正等方法来减小或消除它,但这对实验者的实验能力、设计能力、研究能力等都有较高的要求. 实验者应在实验中不断总结经验、提高实验技能,尽可能地减小或消除系统误差.

2. 随机误差

随机误差是指在同一条件下,多次测量同一物理量时,即使系统误差已经全部消除,也会发现每次测量结果都不一样,测量的误差时大时小,时正时负,不可预知也无法控制,完全是随机的,这种误差称为随机误差.

随机误差产生的原因主要有:

(1) 判断的起伏:许多仪器需要对最小分度值以下作估读,而测量者的估读由于种种原因可能不断改变.

(2) 涨落的影响:如实验时温度、湿度、压强、电源电动势等的微小变化.

(3) 外界干扰:如测量时外界的振动、热、声、光的干扰.

(4) 被测量物体本身的不确定性:如钢丝直径的不均匀性.

随机误差的主要特点是随机性,对于某次测量而言,误差出现的大小和正负是没有规律的,也不可预知,但当测量次数足够多时,就会发现随机误差的分布服从一定的统计规律,即一定大小和符号的随机误差出现的概率是确定的. 在大多数情况下,随机误差服从正态分布(或高斯分布)规律. 如图 2-2-1 所示,图中横坐标表示测量值 x,纵坐标表示相应测量值出现的概率密度 $f(x)$. 根据误差理论有

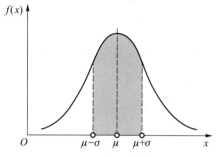

图 2-2-1　正态分布曲线

$$f(x) = \frac{1}{\sigma(x)\sqrt{2\pi}} \exp\left[-\frac{1}{2}\left(\frac{x-\mu}{\sigma(x)} \right)^2 \right] \tag{2-2-5}$$

其中

$$\mu = \lim_{n \to \infty} \frac{\sum\limits_{i=1}^{n} x_i}{n} \tag{2-2-6}$$

$$\sigma = \lim_{n \to \infty} \sqrt{\frac{\sum\limits_{i=1}^{n} (x_i - \mu)^2}{n}} \tag{2-2-7}$$

上式中,x_i 是测量值,μ 是测量次数 $n \to \infty$ 时测量值的算术平均值,横坐标上任意一点 x 与 μ 的差值 $(x-\mu)$ 即测量值 x 的随机误差. 从图2-2-1中可以看出,随机误差小的概率大,随机误差大的概率小. σ 是测量次数 $n \to \infty$ 时测量值的标准差,它是表征测量值分散性的一个重要参量. σ 小,表示测量值很密集,与之对应的随机误差也就小;相反,σ 大,表示测量值很分散,与之对应的随机误差也就大.

图 2-2-1 是测量值分布的概率密度曲线,当曲线和 x 轴之间的总面积为 1 时,曲线和横坐标上任意两点的竖直线之间的面积可以用来表示测量值落在相应区间内的概率,这个概率称为置信概率. 如图 2-2-1 所示,测量值落在 $(\mu-\sigma, \mu+\sigma)$ 区间内的概率,由定积分计算可得 $P = 68.3\%$;如果将区间扩大一倍,测量值落在 $(\mu-2\sigma, \mu+2\sigma)$ 区间内的概率就提高到了 95.4%;同理,测量值落在 $(\mu-3\sigma, \mu+3\sigma)$ 区间内的概率为 99.7%.

由高斯分布函数及其曲线可知,随机误差具有以下的统计规律:

(1) 对称性:绝对值相等的正负随机误差出现的概率相等;

(2) 单峰性:绝对值小的随机误差出现的概率大,绝对值大的随机误差出现的概率小;

(3) 有限性:在一定测量条件下,随机误差的绝对值不会超过一定的界限;

(4) 抵偿性:随着测量次数的增多,随机误差的算术平均值趋于零.

测量中的随机误差是不可避免的,但我们可以根据它的统计规律,用多次测量的算术平均值表示测量结果,以减小随机误差对测量结果的影响,同时还可对随机误差的大小作合理的估计.

实验中不可能进行无限次测量,测量次数是有限的. 设对某物理量 x 进行了 n 次等精度测量,得到 n 个测量值 $x_1, x_2, x_3, \cdots, x_i, \cdots, x_n$ 的测量列,根据随机误差的统计规律,将测量值的算术平均值

$$\overline{x} = \frac{1}{n}\sum_{i=1}^{n} x_i \qquad (2-2-8)$$

作为最佳测量值. 定义该测量列的标准差为

$$S(x) = \sqrt{\frac{\sum_{i=1}^{n}(x_i - \overline{x})^2}{n-1}} \qquad (2-2-9)$$

在实际工作中,人们关心的往往不是测量列数据的分散性,而是测量结果(算术平均值)的离散程度. 由概率论可以证明算术平均值 $\overline{x}$ 的标准差为

$$S(\overline{x}) = \frac{S(x)}{\sqrt{n}} = \sqrt{\frac{\sum_{i=1}^{n}(x_i - \overline{x})^2}{n(n-1)}} \qquad (2-2-10)$$

3. 粗大误差

粗大误差也称为过失误差,是指明显超出规定条件下预期的误差. 在测量过程中,一些不正常因素的影响,常常会带来这种误差,如外界条件的突变、测量者的粗心大意、测量仪器的损坏等. 含有粗大误差的测量值称为"粗大值"或"坏值",应该剔除.

2.2.4　测量结果的准确度(正确度)、精密度、精确度

在定性地评价测量结果时,常用到准确度(正确度)、精密度、精确度三个概念,它们的含义不同,使用时应加以区别.

(1)准确度(正确度):指测量值或实验所得结果与真值的符合程度,是反映系统误差大小的量. 准确度高,系统误差小;准确度低,系统误差大. 在用准确度描述测量结果时,随机误差的大小不明确.

(2)精密度:指测量结果相互接近的程度,是反映随机误差大小的量. 精密度高,测量值集中,随机误差小;精密度低,测量值分散,随机误差大. 在用精密度描述测量结果时,系统误差的大小不明确.

(3)精确度:是综合反映系统误差和随机误差大小的量. 精确度高,表示系统误差和随机误差都小.

如图 2-2-2 所示,用打靶时子弹打在靶上的分布来示意准确度(正确度)、精密度、精确度这三个概念.

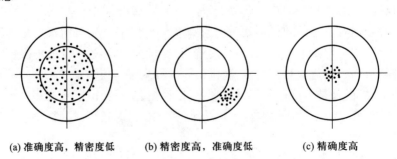

(a) 准确度高,精密度低　　(b) 精密度高,准确度低　　(c) 精确度高

图 2-2-2　准确度、精密度、精确度示意图

2.3 测量的不确定度

2.3.1 不确定度的概念

科学实验的测量结果,不但要给出测量所得的值,而且还要评定测量值的可靠程度.用误差评价实验结果具有局限性,为了更准确地评价实验结果的可信赖程度,国际标准化组织提出了采用不确定度的建议和规定.

教学视频

我们将测量不确定度(uncertainty)定义为测量结果带有的一个非负参量,用以表征被测量值的分散性,它是对被测量客观值落在某一范围内的一个评定;或者说是由于测量误差的存在而导致被测量值不能确定的程度.不确定度的大小反映了测量结果可信赖程度的高低.不确定度小,说明在相同的条件下,包含真值的那个范围小,测量结果的可信赖程度高,反之则信赖程度低.

不确定度理论将不确定度分为两类,一类是符合统计规律的,用统计方法评定的 A 类不确定度 u_A,另一类是不符合统计规律的,用非统计方法评定的 B 类不确定度 u_B.测量结果总的不确定度 σ,用"方和根"的方式合成求出:

$$\sigma = \sqrt{u_A^2 + u_B^2} \tag{2-3-1}$$

当测量结果的不确定度用标准差表示时,该不确定度叫做标准不确定度.

2.3.2 直接测量的标准不确定度

1. 真值的最佳估计值

若对某物理量 x 进行了 n 次等精度测量,得到 $x_1, x_2, x_3, \cdots, x_i, \cdots, x_n$ 测量列,则该测量列的算术平均值 $\bar{x}$ 可作为其真值的最佳估计值.

$$\bar{x} = \frac{1}{n} \sum_{i=1}^{n} x_i \tag{2-3-2}$$

若对某物理量只进行了单次测量,则将此测量值作为其真值的最佳估计值.

2. A 类标准不确定度

对某物理量 x 进行了 n 次等精度测量,其 A 类标准不确定度 $u_A(x)$ 用测量列算术平均值的标准差 $S_{\bar{x}}$ 来表征,即

$$u_A(x) = S_{\bar{x}} = \sqrt{\frac{\sum_{i=1}^{n} (x_i - \bar{x})^2}{n(n-1)}} \tag{2-3-3}$$

当对某物理量只进行了单次测量时,就无法计算其 A 类标准不确定度了.

3. B 类标准不确定度

根据经验和其他各种信息,用非统计方法估算的那些影响测量结果的误差因素,都可归为 B 类不确定度.本课程中,只考虑测量所用仪器的仪器误差这一主要因素,即

单次测量时: $$u_B(x) = \Delta_{ins} \tag{2-3-4}$$

多次测量时：
$$u_B(x) = \frac{\Delta_{ins}}{\sqrt{3}} \qquad (2\text{-}3\text{-}5)$$

其中 Δ_{ins} 是仪器误差，可由国家颁布的标准、仪器说明书、仪器的等级、仪器的最小分度值等获得.

4. 测量值总的标准不确定度

直接测量值 x 的总的标准不确定度，由 A 类标准不确定度 u_A 和 B 类标准不确定度 u_B 合成，即

$$\sigma(x) = \sqrt{u_A^2(x) + u_B^2(x)} \qquad (2\text{-}3\text{-}6)$$

2.3.3 间接测量的不确定度

大学物理实验中进行的测量多数是间接测量，它是若干直接测量量的函数，直接测量量的不确定度必然会传递给间接测量量，这被称为间接测量过程中不确定度的传递. 间接测量量的不确定度由不确定度传递公式求出.

1. 间接测量量真值的最佳估计值

设直接测量量 $x, y, z, \cdots$ 是彼此独立的物理量，间接测量量 w 是 $x, y, z, \cdots$ 的函数，即

$$w = f(x, y, z, \cdots) \qquad (2\text{-}3\text{-}7)$$

多次测量时，直接测量量 $x, y, z, \cdots$ 的最佳估计值为 $\bar{x}, \bar{y}, \bar{z}, \cdots$，则间接测量量 w 的最佳估计值为

$$\bar{w} = f(\bar{x}, \bar{y}, \bar{z}, \cdots) \qquad (2\text{-}3\text{-}8)$$

2. 间接测量量的标准不确定度

设各直接测量量 $x, y, z, \cdots$ 分别具有标准不确定度 $\sigma(x), \sigma(y), \sigma(z), \cdots$，则间接测量量 w 的标准不确定度 $\sigma(w)$ 和相对标准不确定度 $\sigma_r(w)$ 分别为

$$\sigma(w) = \sqrt{\left(\frac{\partial f}{\partial x}\right)^2 \sigma^2(x) + \left(\frac{\partial f}{\partial y}\right)^2 \sigma^2(y) + \left(\frac{\partial f}{\partial z}\right)^2 \sigma^2(z) + \cdots} \qquad (2\text{-}3\text{-}9)$$

$$\sigma_r(w) = \frac{\sigma(w)}{\bar{w}} = \sqrt{\left(\frac{\partial \ln f}{\partial x}\right)^2 \sigma^2(x) + \left(\frac{\partial \ln f}{\partial y}\right)^2 \sigma^2(y) + \left(\frac{\partial \ln f}{\partial z}\right)^2 \sigma^2(z) + \cdots} \qquad (2\text{-}3\text{-}10)$$

以上两式就是间接测量量的标准不确定度传递公式.

在实际计算中，为计算方便，当函数关系式为和、差形式时，先用式（2-3-9）计算出间接测量量的标准不确定度 $\sigma(w)$，再计算相对标准不确定度 $\sigma_r(w)$；当函数关系式为积、商形式时，先用式（2-3-10）计算出相对标准不确定度 $\sigma_r(w)$，再计算标准不确定度 $\sigma(w)$. 表 2-3-1 给出了一些常用函数的不确定度传递公式，供计算时参考.

表 2-3-1 常用函数的不确定度传递公式

函数关系	不确定度传递公式
$w = x + y$	$\sigma(w) = \sqrt{\sigma^2(x) + \sigma^2(y)}$
$w = k \cdot x$	$\sigma(w) = k \cdot \sigma(x)$
$w = x \cdot y$ 或 $w = \dfrac{x}{y}$	$\dfrac{\sigma(w)}{w} = \sqrt{\left(\dfrac{\sigma(x)}{x}\right)^2 + \left(\dfrac{\sigma(y)}{y}\right)^2}$

函数关系	不确定度传递公式
$w = \dfrac{x^p \cdot y^q}{z^r}$	$\dfrac{\sigma(w)}{w} = \sqrt{\left(\dfrac{p\sigma(x)}{x}\right)^2 + \left(\dfrac{q\sigma(y)}{y}\right)^2 + \left(\dfrac{r\sigma(z)}{z}\right)^2}$
$w = \sqrt[p]{x}$	$\dfrac{\sigma(w)}{w} = \dfrac{1}{p} \cdot \dfrac{\sigma(x)}{x}$
$w = \sin x$	$\sigma(w) = \lvert \cos x \rvert \cdot \sigma(x)$
$w = \ln x$	$\sigma(w) = \dfrac{1}{x} \cdot \sigma(x)$

3. 不确定度均分原理和不确定度传递公式的应用

在测量中,每个直接测量量的不确定度,都会对间接测量量的不确定度有贡献. 我们可以根据不确定度传递公式,将间接测量量的不确定度,均匀分配到各个直接测量量的分量中,使得各个分量的不确定度对最后间接测量量的不确定度的贡献相等,这就是不确定度均分原理. 不确定度均分原理在分析各物理量的测量方法、选择测量仪器、确定测量条件、寻找改进实验的途径等方面,都有重要的指导作用.

例如,由 $g = \dfrac{4\pi^2 l}{T^2}$,用单摆测量重力加速度,若要使其测量的相对不确定度不超过 0.5%,则可根据不确定度传递公式和不确定度均分原理,选择测量器具和确定实验条件. 首先可推出其相对不确定度传递公式为

$$\frac{\sigma(g)}{g} = \sqrt{\left(\frac{\sigma_l}{l}\right)^2 + \left(2\,\frac{\sigma_T}{T}\right)^2}$$

因为要求

$$\frac{\sigma(g)}{g} = \sqrt{\left(\frac{\sigma_l}{l}\right)^2 + \left(2\,\frac{\sigma_T}{T}\right)^2} \leqslant 0.5\%$$

即

$$\left(\frac{\sigma_l}{l}\right)^2 + \left(2\,\frac{\sigma_T}{T}\right)^2 \leqslant (0.5\%)^2$$

按照不确定度均分原理,有

$$\left(\frac{\sigma_l}{l}\right)^2 = \left(2\,\frac{\sigma_T}{T}\right)^2 \leqslant \frac{1}{2}(0.5\%)^2$$

即

$$\frac{\sigma_l}{l} = 2\,\frac{\sigma_T}{T} \leqslant \frac{\sqrt{2}}{2} \times 0.5\%$$

则要求控制各个分量的不确定度分别为

$$\sigma_l \leqslant l \cdot 0.4\% \tag{2-3-11}$$
$$\sigma_T \leqslant T \cdot 0.2\% \tag{2-3-12}$$

可根据 σ_l 和 σ_T 选择测摆长 l 和周期 T 的量具.

对于摆长 l 的测量,l 一般为 1 m 左右,则由式(2-3-11)可得其不确定度要求为

$$\sigma_l \leq l \cdot 0.4\% = 4 \text{ mm}$$

若选常见的最小分度值为 1 mm 的米尺，则由其仪器误差带来的不确定度为

$$\sigma_l' = \Delta_{\text{ins}} = 0.5 \text{ mm} \leq 4 \text{ mm}$$

可见用这种分度值为 1 mm 的米尺测量摆长 l 可满足设计要求.

对于周期 T 的测量，T 一般为 2 s 左右，则由式（2-3-12）可得其不确定度要求为

$$\sigma_T \leq T \cdot 0.2\% = 0.004 \text{ s}$$

一般常用秒表的最小分度值为 0.1 s，由其仪器误差所带来的不确定度为

$$\sigma_T' = 0.1 \text{ s} > 0.004 \text{ s}$$

不能满足测量所要求的不确定度.

但如果我们每次测量不是测一个周期的时间，而是测量 50 个周期的时间，即每次测量的时间为

$$t = 50T$$

则有

$$\sigma_T'' = \frac{\sigma_t}{50} = \frac{0.1 \text{ s}}{50} = 0.002 \text{ s} \leq 0.004 \text{ s}$$

满足不确定度的要求. 可见，当确定适当的测量条件时（即测量 50 个周期的时间），可达到符合实验设计的要求.

2.3.4　测量结果的表示

一个完整的测量结果应该包含有三个信息：被测量的最佳值、不确定度、单位. 测量结果表示为

$$w = (w_0 \pm \sigma) \text{ 单位} \tag{2-3-13}$$

式中，w_0 是被测量 w 的最佳值；σ 是其总的标准不确定度.

在对测量结果进行正确表示时，需要注意以下两个问题：

（1）不确定度有效数字的位数问题. 不确定度本身表示的是测量结果的不确定性，故太多的有效数字是没有意义的，一般只取一位或者两位即可. 本课程约定，不确定度只取一位有效数字，而且在截取多余尾数时一律采取进位法处理，即截取的多余尾数只要不为零，一律进位. 但在计算的中间过程，需要多取一位或者两位可疑数字. 相对不确定度取两位有效数字.

（2）最佳值 w_0 有效数字的位数问题. w_0 的有效数字按正确的有效数字运算获得，在中间的计算过程中，可多取一位或两位可疑数字. 在最后结果表示中，w_0 的末位要与不确定度所在的位对齐. 例如：$g = 9.872 \text{ m/s}^2$，$\sigma(g) = 0.015\ 2 \text{ m/s}^2$，则结果表示为 $g = (9.87 \pm 0.02) \text{ m/s}^2$，或者 $g = (9.872 \pm 0.016) \text{ m/s}^2$.

例 2-6　测量一个圆柱体的体积，$V = \pi R^2 H$，其中 R 用螺旋测微器测量，H 用分度值为 0.02 mm 的游标卡尺测量. R 和 H 的测量值见表 2-3-2.

表 2-3-2　测　量　值

| R/mm | 8.505 | 8.510 | 8.499 | 8.502 | 8.498 |
| H/mm | 50.24 | 50.22 | 50.28 | 50.50 | 50.24 |

解 对于物理量 R：

R 的平均值为

$$\overline{R} = \frac{1}{k} \sum R_i = 8.503 \text{ mm}$$

R 的 A 类不确定度为

$$u_A(R) = \sqrt{\frac{1}{5(5-1)} \sum (R_i - \overline{R})^2} = 0.003 \text{ mm}$$

R 用螺旋测微器测量，按国家标准规定，其仪器误差为 $\Delta_{\text{ins}} = 0.004$ mm，所以 R 的 B 类不确定度为

$$u_B(R) = \Delta_{\text{ins}}/\sqrt{3} = 0.004 \text{ mm}/\sqrt{3} = 0.002 \text{ mm}$$

则 R 的合成标准不确定度为

$$\sigma(R) = \sqrt{u_A^2(R) + u_B^2(R)} = 0.010 \text{ mm}$$

同理，对于物理量 H：

H 的平均值为

$$\overline{H} = \frac{1}{k} \sum H_i = 50.24 \text{ mm}$$

H 的 A 类不确定度为

$$u_A(H) = \sqrt{\frac{1}{5(5-1)} \sum (H_i - \overline{H})^2} = 0.003 \text{ mm}$$

H 用分度值为 0.02 mm 的游标卡尺测量，其仪器误差为 $\Delta_{\text{ins}} = 0.02$ mm，所以 H 的 B 类不确定度为

$$u_B(H) = \Delta_{\text{ins}}/\sqrt{3} = 0.02 \text{ mm}/\sqrt{3} = 0.01 \text{ mm}$$

则 H 的合成标准不确定度为

$$\sigma(H) = \sqrt{u_A^2(H) + u_B^2(H)} = 0.01 \text{ mm}$$

对体积 V：

体积 V 的平均值为

$$\overline{V} = \pi \overline{R}^2 \overline{H} = 11.414 \text{ cm}^3$$

体积 V 的标准不确定度为

$$\sigma(V) = \sqrt{\left(\frac{\partial V}{\partial R}\right)^2 \sigma^2(R) + \left(\frac{\partial V}{\partial H}\right)^2 \sigma^2(H)}$$

其中 $\frac{\partial V}{\partial R} = 2\pi RH$，$\frac{\partial V}{\partial H} = \pi R^2$. 代入相应的数据，可得

$$\sigma(V) = 0.02 \text{ cm}^3$$

则体积测量的结果表示成

$$V = (11.41 \pm 0.02) \text{ cm}^3$$

2.4　实验数据的记录和处理方法

实验数据记录及处理,是实验报告的重要内容之一,也是实验完成好坏的重要依据.实验者要在这个基础上找出实验规律或得出结果,从而完成整个实验任务.因此好的处理方法会使我们少走弯路、提高效率,现对最常用的列表法、作图法、逐差法和最小二乘法作简要介绍.

2.4.1　列表法

在实验中要进行一系列测量,获得大量数据,需要进行整理、分类等.列表法就是将实验的有关数据、计算过程中的有些数值,甚至结果按一定的排列顺序填入预先设计好的表格中,使数据清楚、直观、简明有序,便于对数据进行比较分析.列表时应注意:

(1)数据无遗漏,有些实验根据实验内容可列出一个以上的表格.实验条件方面的数据,如温度、压强等可写在表格上方.

(2)简单明了,便于看出有关物理量之间的关系,易于处理数据.

(3)必须标明符号代表什么物理量,如长度、时间……必须标明单位,如果整列(或整行)单位相同,可将单位写在符号旁边,中间加斜线表示符号除以单位.

(4)表中数据要用有效数字,测量结果应包含不确定度.

2.4.2　作图法

作图法是在处理实验数据或在实验过程中广泛应用的一种方法,用图形描述各物理量之间的关系,可以形象、直观地表现物理量的变化规律.作图法的作用如下:

(1)可以把数据之间的变化情况用图线直观地表示出来,从而找出物理量之间的变化规律或对应的函数关系,可以验证理论或求出经验公式.如我们可以根据实验得出的伏安特性曲线的形状来判断所测量物体是导体或半导体.

(2)能简便地从图线中求出实验需要的某些结果.例如直线 $y=kx+b$,就可以从图线斜率求出 k 值,以截距求出 b 值.具体求法是在图线上选取距离较远的两点 $P_1(x_1,y_1)$ 和 $P_2(x_2,y_2)$,斜率 k 为

$$k=\frac{y_2-y_1}{x_2-x_1} \tag{2-4-1}$$

其截距 b 为 $x=0$ 时的 y 值.

在图线上,可以直接读出没有进行观测的对应于某 x 的 y 值(内插法),也可从图的延伸部分读到测量范围以外的点(外推法).

例如理想气体在一定容积下,摄氏温度 t 和压强 p 有如下的线性变化关系:

$$p=p_0(1+\alpha_p t)$$

我们可以在保持气体容积一定的条件下升高温度,通过测量压强的改变来计算气体压

强温度系数 $\alpha_p = \dfrac{p-p_0}{p_0 t}$,其中 p_0 就是通过外推法求得的(图 2-4-1).

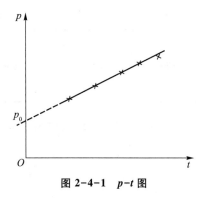

图 2-4-1 $p-t$ 图

(3)可把某些复杂的函数关系用直线表示出来(变数置换法).因为当函数为非线性关系时,不仅求值困难,而且很难从图中判断出结果是否正确,所以我们常用这种方法把曲线变成直线.例如 $pV=C$,可将 $p-V$ 图线改为以 p 和 $\dfrac{1}{V}$ 为轴的 $p-\dfrac{1}{V}$ 曲线,此时曲线就变成直线了,如图 2-4-2 和图 2-4-3 所示.

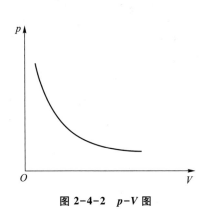

图 2-4-2 $p-V$ 图

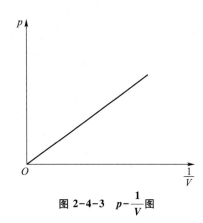

图 2-4-3 $p-\dfrac{1}{V}$ 图

作图时应注意以下几点:

(1)作图要用坐标纸.决定了作图参量后,根据具体情况选用直角坐标纸或对数坐标纸等.

(2)确定坐标轴的分度值.坐标轴的分度值原则上应与实验数据的最后一位可靠数字相当.分度应使每个点的坐标值都能迅速方便地读出,一般用一大格(1.0 cm)代表 1、2、5、10 个单位较好,而不采用一大格代表 3、6、7、9 个单位,也不应用 3、6、7、9 个小格(0.1 cm)代表一个单位.坐标原点不一定是零点,应使图线比较均匀地充满整个图纸.

(3)标明坐标轴.画出坐标轴的方向,标明所代表的物理量(或符号)及单位.在坐标轴上每隔一定间距标明物理量的数值.

(4)标测量点.根据测量数据,用"×""○""+""△"等符号标出测量点,勿用"·",以免连线时被掩盖.

(5)连成图线.用直尺、曲线板等,根据测量点的分布和趋势,把点连成直线或光滑曲线.图线不一定通过所有的点,而是要使测量点比较均匀地分布在图线两侧,且离图线最近.在连线时,个别偏离过大的点应当舍去或重新测量核对.如果要求作折线图,则需用直尺逐一地将相邻的两点用直线连接.

(6)写图名、图注.在图纸的下方写出图纸的名称.在图纸的空白处必要的图注,比如"——"表示电场线,"———"表示等势线.

例 2-7 用伏安法测电阻的数据,如表 2-4-1 所示.

表 2-4-1　用伏安法测电阻的数据

次数	1	2	3	4	5	6
电流/A	0.082	0.094	0.131	0.170	0.210	0.260
电压/V	0.87	1.00	1.40	1.80	2.30	2.80

电阻的伏安特性曲线如图 2-4-4 所示.

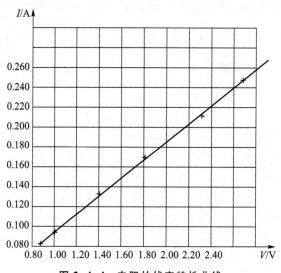

图 2-4-4　电阻的伏安特性曲线

2.4.3　逐差法

实验中,为减小偶然误差,总是在同一条件下进行多次测量,以平均值作为测量结果的最佳估计值. 但是,对于一个间接测量量,如果其直接测量量是等距变化的,多次测量后仍按依次求差平均的方法计算间接测量量,就会使测量的中间数据相互抵消,失去多次测量的意义.

例如,测量公式为 $y=\Delta x$.

现通过多次测量 x,得到 $x_0,x_1,x_2,\cdots,x_7$ 共 8 个测量数据,按通常计算平均值的方法,得

$$\overline{\Delta x}=\frac{1}{7}\left[(x_1-x_0)+(x_2-x_1)+(x_3-x_2)+(x_4-x_3)+(x_5-x_4)+(x_6-x_5)+(x_7-x_6)\right]$$

$$=\frac{1}{7}(x_7-x_0)$$

可见中间测量数据没有用上,只有首项 x_0 和末项 x_7 起作用,人为地扩大了这两项的权重. 如果这两个数据误差较大,势必影响测量结果.

如果用逐差法处理这些数据,就可以把它们对半分成两组,对应项相减,即

$$\Delta x_1=x_4-x_0,\Delta x_2=x_5-x_1,\Delta x_3=x_6-x_2,\Delta x_4=x_7-x_3$$

再求平均值得

$$\overline{\Delta x} = \frac{1}{n} \sum_{i=1}^{n} \Delta x_i$$

$$= \frac{1}{4} \sum_{i=1}^{4} \Delta x_i = \frac{\Delta x_1 + \Delta x_2 + \Delta x_3 + \Delta x_4}{4}$$

$$= \frac{(x_4 - x_0) + (x_5 - x_1) + (x_6 - x_2) + (x_7 - x_3)}{4}$$

这样处理,实际上是采用隔多项逐差的方法,保证了所有测量数据都用上,达到了对大量数据求平均,以减少误差的目的,这就是逐差法.

2.4.4 最小二乘法

在进行数据处理时,我们往往要寻求两个物理量之间的关系,即从测量的数据中,进行直线或曲线的拟合,寻找经验公式. 前面所讲的作图法,就是一种拟合直线和曲线求经验公式的方法. 由于作图法在根据数据测量点的变化趋势拟合直线或曲线时,存在着一些人为的因素,因此拟合的直线或曲线往往误差较大. 在数理统计学中,有一种科学的拟合直线或曲线的方法,这就是最小二乘法.

最小二乘法的主要原理是,如果能找到一条最佳的拟合曲线,那么各测量值与这条拟合曲线上对应点之差的平方和应是最小的.

由于课程内容的限制,这里只介绍用最小二乘法进行一元线性拟合.

设在一次实验中,物理量 x 的测量值为 $x_1, x_2, \cdots, x_n$,与之对应的物理量 y 的测量值分别为 $y_1, y_2, \cdots, y_n$. 假定对 x_i 值的测量误差很小,主要误差都出现在 y_i 的测量上,那么可以设 x 为自变量,y 为因变量. 拟合后最佳直线的斜率为 k,截距为 b,对应每一个 x_i,直线上都有一点 $y_i' = kx_i + b$. 测量值 y_i 与最佳直线上对应点 y_i' 的差为

$$v_i = y_i - y_i' = y_i - (kx_i + b)$$

根据最小二乘法原理,要求 v_i 的平方和为最小,即

$$\sum v_i^2 = \sum (y_i - kx_i - b)^2 = \min$$

式中 x_i 和 y_i 都是测量值,是已知的,而 k 和 b 是待求的. 因此,令

$$\frac{\partial (\sum v_i^2)}{\partial k} = -2 \sum (y_i - kx_i - b) x_i = 0$$

$$\frac{\partial (\sum v_i^2)}{\partial b} = -2 \sum (y_i - kx_i - b) = 0$$

解此方程组可以得到

$$k = \frac{\sum x_i \sum y_i - n \sum x_i y_i}{(\sum x_i)^2 - n \sum x_i^2} \tag{2-4-2}$$

$$b = \frac{\sum x_i y_i \sum x_i - \sum y_i \sum x_i^2}{(\sum x_i)^2 - n \sum x_i^2} \tag{2-4-3}$$

由此算出的 k 和 b 就是拟合直线的斜率和截距的最佳估计值.

例 2-8 将例 2-7 的实验数据,用最小二乘法求斜率 k 和截距 b. 将电流 I 作为自变量 x,将电压 V 作为因变量 y,列于表 2-4-2 中.

表 2-4-2　实验数据

n	x	y	x^2	y^2	xy
1	0.082	0.87	0.006 7	0.76	0.071
2	0.094	1.00	0.008 8	1.00	0.094
3	0.131	1.40	0.017 2	1.96	0.183
4	0.170	1.80	0.028 9	3.24	0.306
5	0.210	2.30	0.044 1	5.29	0.483
6	0.260	2.80	0.067 6	7.84	0.728
Σ	0.947	10.17	0.173 3	20.09	1.866

可得

$$k = \frac{\sum x_i \sum y_i - n \sum x_i y_i}{\left(\sum x_i\right)^2 - n \sum x_i^2} = 10.94 \ \Omega$$

$$b = \frac{\sum x_i y_i \sum x_i - \sum y_i \sum x_i^2}{\left(\sum x_i\right)^2 - n \sum x_i^2} = -0.04 \ V$$

— 练习题 —

1. 写出以下数据分别是几位有效数字.

（1）$l = 519.519$ cm；（2）$l = 1\ 009$ mm；（3）$l = 8.26 \times 10^3$ cm；（4）$m = 0.002\ 0$ g.

2. 将下列运算结果按有效数字的运算规则写成正确的形式.

（1）10.28 m − 1.003 6 m = 9.276 4 m

（2）12.36 g + 8.234 g = 20.594 g

（3）12.34 cm × 0.234 cm = 0.288 756 cm^2

（4）0.123 4 cm^2 ÷ 0.023 4 cm = 5.273 504 27 cm

（5）123 m × 456 m = 560 88 m^2

3. 将下列的测量结果表示改成正确的形式.

（1）$m = (25.355 \pm 0.22)$ g

（2）$L = (20\ 800 \pm 3 \times 10^2)$ km

4. 一个玻璃瓶中装有液体，总质量为（20.142 5±0.000 3）g，把液体倒出后称之，瓶的质量为（20.010 5±0.000 2）g，求液体的质量（结果应包含不确定度表示）.

第3章
物理实验预备知识

3.1 力学实验预备知识

3.1.1 长度及常用测量仪器

长度是力学的基本量之一. 在国际单位制中,长度的单位是 m(米). 2018 年第 26 届国际计量大会(CGPM)对米的定义为:当真空中光速 c 以单位 $m \cdot s^{-1}$ 表示时,将其固定数值取为 299 792 458 来定义米,其中秒用 $\Delta \nu_{Cs}$ 定义.

1. 米尺

米尺有直尺和卷尺两种,实验室常用钢直尺量程为 500 mm 以内,卷尺量程为 1 m 和 2 m,最小分度值为 1 mm. 使用米尺测量长度的关键是对准和正视. 使待测物体与米尺刻度面贴紧,并使待测物的一端对准起点刻线,根据待测物体的另一端在米尺刻度上的位置,正视读出数值,待测物体的长度值就等于物体两端读数之差.

量程在 300 mm 以下的钢直尺,仪器允许误差为 0.10 mm,量程为 1 m 的钢卷尺,仪器允许误差为 0.6 mm,2 m 的钢卷尺其仪器允许误差为 1.2 mm.

2. 游标卡尺

游标卡尺简称卡尺,是由米尺(称主尺)和附加在米尺上可以滑动的副尺构成的. 它可将米尺估计的那个数准确读出来. 因此,它是一种常用的比米尺精度高的测长仪器,可用来测物长、孔深及圆的内外径等.

(1)构造

游标卡尺的构造如图 3-1-1 所示. 主尺 A 是毫米分度尺,副尺 B 是可以滑动的游标,钳 C、D 可测内径;刀口 E、F 测厚度和外径;H 用来测孔深;螺钉 G 用来固定游标.

(2)原理

游标 B 上有 m 个分格,它的总长与主尺上 $(m-1)$ 个分格的总长相等. 设主尺每个分格的长度为 x,游标上每个分格的长为 y,则有

$$(m-1)x = my$$

或

$$\frac{m-1}{m}x = y \tag{3-1-1}$$

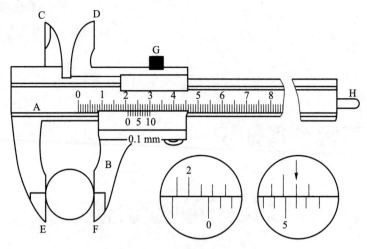

图 3-1-1　10 分游标卡尺示意图

$x-y$ 称为游标的最小读数,即分度值. 主尺的最小刻度为毫米,$m=10$,则这种游标的分度值为 0.1 mm,称为 10 分游标卡尺;如果 $m=20$,则分度值为 $\dfrac{1}{20}$ mm $=0.05$ mm,称为 20 分游标卡尺;还有一种常用的 $m=50$ 的 50 分游标卡尺,它的分度值为 $\dfrac{1}{50}$ mm $=0.02$ mm. 图 3-1-1所示为 10 分游标卡尺.

（3）读数

如图 3-1-1 所示,测量时,根据游标"0"刻度线所对主尺的位置,可在主尺上读出毫米位的准确数,毫米以下的尾数由游标读出,即用游标卡尺测量长度 L 的普遍表达式为

$$L=kx+n(x-y)=kx+\dfrac{n}{m} \tag{3-1-2}$$

k 是游标的"0"刻度线所在处主尺上刻度的整毫米数,n 是游标的第 n 条线与主尺上的某一条线重合,$x=1$ mm. 在图 3-1-1 所示的情况下,$L=21.6$ mm $=2.16$ cm. 图 3-1-2 所示的 50 分游标测出的数值 $L=1.226$ cm.

测量范围小于 300 mm 时,游标卡尺的示值误差等于分度值.

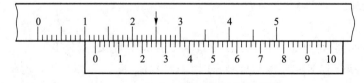

图 3-1-2　50 分游标卡尺读数示意图

（4）注意事项

用游标卡尺测量之前,应先将卡口合拢,检查游标尺的"0"刻度线和主尺的"0"刻度线是否对齐. 如不能对齐,应记下零点读数,予以修正.

推动游标时,不要用力过大;卡住被测物体时松紧应适当,要注意保护卡口.

3. 螺旋测微器

螺旋测微器曾叫千分尺,其测量精度比游标卡尺更高.

(1)构造

螺旋测微器是由测微螺旋、精密螺杆和螺母套管构成的,如图 3-1-3 所示.螺母套管 A 为主尺,主尺上有一条横线,是圆周刻线读数准线,横线上面刻有表示整毫米数的刻线,下面是表示半毫米的刻度线.螺杆套筒 B 为副尺,它与螺杆 D 相连.副尺的圆周线与主尺读数准线垂直相交,是固定标尺的读数准线.螺杆的伸缩靠旋转副尺来实现.C 叫量砧,C、D 间的两平面叫量面,被测物体 G 放在量面间.E 称锁紧手柄,用来固定两量面间的距离.F 叫棘轮(或摩擦帽),靠摩擦力与 D 相连,旋转 F 可使 D 进或退.在测量时,只要听到在旋转棘轮时发出"咔咔"的声响,就应该停止旋转,这时就可以读数了.

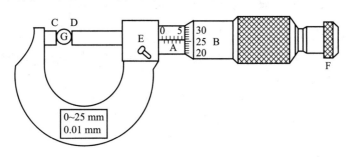

图 3-1-3 螺旋测微器示意图

(2)原理

螺旋测微器主尺上每格为 0.5 mm,副尺每旋一周,D 都与副尺同时进或退 0.5 mm;而每旋一格,它们进或退 0.5 mm/50＝0.01 mm,可见螺旋测微器的分值度是 0.01 mm.读数时可估读到 0.001 mm.

(3)读数

读数时,观察固定标尺读数准线所在的位置,如果半毫米刻线尚未露出,那么螺旋测微器所表示的读数应该是主尺上的整毫米刻度数加上副尺上的整刻度数与 0.01 的乘积,再加上毫米千分位上的估读数字.如图 3-1-4(a)所示,读数应是(4+0.01×18+0.000) mm＝4.180 mm.若副尺移动到露出了半毫米刻度线,如图 3-1-4(b)所示,读数应再加上0.5 mm,即(4+0.5+0.01×18+0.004) mm＝4.684 mm.

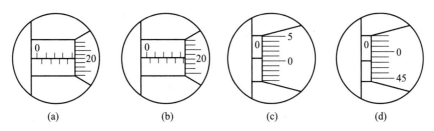

图 3-1-4 螺旋测微器读数示意图

图 3-1-4 中读数分别为(a) 4.180 mm;(b) 4.684 mm;(c) +0.005 mm;(d) -0.018 mm.测量小于 50 mm 的长度时,螺旋测微器的示值误差为 0.004 mm.

（4）注意事项

螺旋测微器的量面密合时,副尺零线有时不和主尺的横线对齐,而是显示某一读数,这个读数叫零点读数. 如图 3-1-4(c)所示,零点读数为+0.005 mm,图 3-1-4(d)零点读数为负,即-0.018 mm. 测量时,应记录零点读数并对测量数据作零点修正,即将测量时的读数减去零点读数. 螺旋测微器的零点可以调整,各种型号的螺旋测微器的零点调整方法不同,可参见仪器说明书.

记录零点或测长时,不要直接转动螺杆套筒,应轻轻转动棘轮,待出现"咔咔"声之后,即可停止推进,进行读数了.

螺旋测微器使用后,量面间要留有一定的空隙,然后放回盒内.

3.1.2　质量及常用测量仪器

质量也是力学的基本量之一. 在国际单位制中,质量的单位是 kg(千克). 1901 年第 2 届 CGPM 对质量的定义为:质量等于国际千克原器的质量. 国际千克原器保存在巴黎国际计量局原器库里.

测量质量的仪器是天平. 天平的型号和类型有很多,按结构来分,主要有双盘式天平、置换式天平、扭力天平、电子天平等. 按精度来分有物理天平(普通天平)和分析天平(精美天平).

下面详细介绍物理天平.

物理天平是通过与标准砝码比较测量质量的仪器.

（1）构造

物理天平的构造如图 3-1-5 所示. 横梁 A 为一等臂杠杆,中间刀口 P 是杠杆的支点,两边刀口 P′是着力点. P′上悬挂着两个相等的秤盘 W 和 W′. 横梁下面固定了一根指针 C,横梁摆动时,指针尖端就在支柱 B 下方的刻度尺 S 前左右摆动,止动旋钮 G 右旋时,天平启动,左旋时天平止动. 每个天平都根据最大称量附有一套相应的砝码,1 g 以下的砝码太小用起来不方便,所以在横梁上附有可以移动的游码 D. 横梁上的分度值为 0.1 g,当游码在横梁上移动一个分格时,相当于在右盘中加一个 0.1 g 的砝码.

物理天平的规格由下面两个参量来表示.

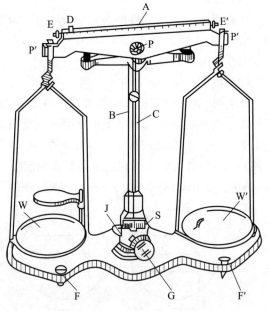

图 3-1-5　物理天平示意图

A—横梁;B—支柱;C—指针;D—游码;E、E′—平衡螺母;
F、F′—水平螺钉;G—止动旋钮;J—水准仪;P—刀口;
P′—着力点;S—刻度尺;W、W′—秤盘.

感量:是指天平的指针从刻度尺上零点平衡位置(这时天平两个秤盘上的质量相等,指针在刻度尺的中间)偏转一个最小分格时,天平两秤盘上的质量差. 一般来说,感量的大小应该与天平砝码(游码)读数的最小分度值相适应.

称量:是指允许称衡的最大质量.

（2）物理天平的操作步骤及操作规则

水平调节:使用天平时,首先调节天平底座使其处于水平.调节水平螺钉 F 和 F′,使水准仪 J 中的气泡位于圆圈线中间位置(有些天平没有水准仪,使悬挂的锤尖与底座锤尖对齐即可).

零点调节:在天平空载时,将游码 D 拨在左端,与 0 刻度对齐.启动天平,观察指针 C 的摆动情况,当 C 在刻度尺 S 的中线左右作等幅摆动时,便可认为天平达到平衡.如不平衡,可调整平衡螺母 E 和 E′.

称衡:将待测物体放在左盘内,砝码放在右盘内,进行称衡.

（3）注意事项

天平的负载量不得超过其最大称量,以免损坏刀口或压弯横梁.

为了避免刀口受冲击而损坏和破坏空载平衡,在取放物体、砝码,调节平衡螺母、游码以及不使用天平时,都必须止动天平,只在判别天平是否平衡时才启动天平.

启动、止动天平时,动作要轻,最好当天平指针摆动到接近刻度尺中间时止动.

天平的砝码及各个部分都要防锈、防蚀,高温物体、液体及带腐蚀性的化学药品不得直接放在秤盘中称衡.

3.1.3 时间及常用测量仪器

时间也是力学的基本量之一.在国际单位制中,时间的单位是 s(秒).2018 年第 26 届国际计量大会(CGPM)对时间的定义为:当铯频率 $\Delta\nu_{\mathrm{Cs}}$,也就是铯-133 原子不受干扰的基态超精细跃迁频率,以单位 Hz 即 s^{-1} 表示时,将其固定数值取为 9 192 631 770 来定义秒.

计时仪器主要有机械停表、电子秒表、数字毫秒计.时间的测量方法主要是利用能产生并维持周期现象的装置,如单摆、音叉、高频脉冲发生器、频闪装置和示波器.

秒表是测量时间间隔的常用仪器.常用的秒表有机械停表和电子秒表.机械停表如图 3-1-6 所示,分度值有 0.1 s 和 0.2 s 两种,使用之前应首先搞清楚分度值及秒针和分针之间的进位关系.

1. 机械停表

如图 3-1-6 所示,上端的按钮是用来旋紧发条和控制表针转动的.使用机械停表时,用手握紧机械停表,大拇指按在按钮上,稍用力即可将其按下.按机械停表分三步:第一步按下时,表针开始转动,第二次按下,表针就停止转动,第三次按下,表针就弹回零点(回表).

机械停表使用前应先上紧发条,但不要太紧,以免损坏发条.

回表后,若秒针不指零,应记下其数值(零点读数),实验后从测量值中将其减去(注意符号).

用完后要让其继续走动,直至发条完全放松.

2. 电子秒表

如图 3-1-7 所示,电子秒表最小单位是 0.01 s.图 3-1-7 的

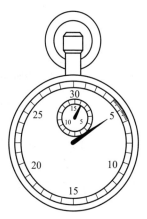

图 3-1-6 机械停表

时间读数为 5 min 37 s 89,即 337.89 s.

使用电子秒表时按下 S_1 就开始计时,再按 S_1 停止计时,最后按 S_2 回表. 如果需要累加计时,则第二次按下 S_1 停止计时后,再次按 S_1,可继续累加计时.

用完电子秒表后要回表,这样可以减少耗电.

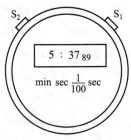

图 3-1-7　电子秒表

3.1.4　温度及常用测量仪器

温度是热学中的基本物理量. 在国际单位制中,热力学温度的单位是 K(开尔文). 2018 年第 26 届 CGPM 对热力学温度开尔文的定义为:国际单位制中的热力学温度单位,符号 K. 当玻耳兹曼常量 k 以单位 $J \cdot K^{-1}$ 即 $kg \cdot m^2 \cdot s^{-2} \cdot K^{-1}$ 表示时,将其固定数值取为 $1.380\ 649 \times 10^{-23}$ 来定义开尔文,其中千克、米和秒用 $k, c,$ 和 $\Delta \nu(Cs)$ 定义.

除了以 K 表示的热力学温度外,还经常使用公式 $t/℃ = T/K - T_0/K$ 所定义的摄氏温度 t,其中 $T_0 = 273.15$ K 是水的冰点的热力学温度,T 是热力学温度. 摄氏温度的单位是 ℃(摄氏度).

温度的测量,通常是通过测温仪器或仪表来完成的,这些测温仪器或仪表的设计原理是利用材料的某一物理性质随温度的变化. 例如,玻璃液体温度计(体积随温度变化)、双金属温度计(不同膨胀系数的金属片在温度变化时伸长不同)、电阻温度计(电阻随温度变化)、热电偶温度计(温差电动势随温度差变化)等.

温差电偶

如图 3-1-8 所示,用两根不同的金属丝 A 及 B 组成一个闭合回路,如果两个接头的温度不同,则在回路中就有电流产生,这个电流叫温差电流,产生这个电流的电动势叫做温差电动势或热电动势,这种现象叫做温差电现象或热电效应,这两种金属导体的组合叫做温差电偶或热电偶.

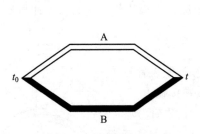

图 3-1-8　温差电偶示意图

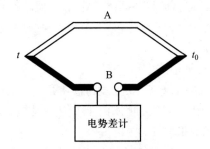

图 3-1-9　电势差计接入温差电偶示意图

温差电偶的温差电动势的大小和方向与 A、B 的材料和两接头的温度差有关. 如图 3-1-9 所示,对于一定温差电偶而言,在一定温差范围内,其温差电动势 E 与接头的温度差 $(t-t_0)$ 成正比,因而

$$E = C(t - t_0) \tag{3-1-3}$$

式中的 t、t_0 分别是热端温度和冷端温度,比例系数 C 称为温差系数. 温差系数在数值上等于温差为 1 ℃ 时,温差电偶产生的电动势,其大小取决于材料,单位为 mV/℃.

由式(3-1-3)可以看出:如果已知温差电偶的温差系数和一端的温度,只要测出温差电动势就可以求出另一端的温度了.

3.1.5 基本操作技术

1. 零位调整技术

实验前要检查仪器仪表零位,避免引入系统误差.

对于天平,空载时将游码拨在左端,与零刻度线对齐,启动天平,调节平衡螺母,使天平达到平衡. 对于秒表,必须先回零,然后才开始测量. 对于螺旋测微器,则应在测量前先记下零点读数,再用测量时的读数减去零点读数,得到测量值.

2. 水平、竖直调整技术

为使仪器正常工作,常常需要使仪器的某些部分保持水平或竖直. 仪器水平或竖直的调整常用水准仪和悬垂线. 调节水平螺钉,使水准仪的气泡位于圆圈中间,或使悬挂的垂线与底座的锤尖对齐即可.

3. 消除视差技术

当从仪器上读取数据时,人眼视线方向与刻度盘不垂直造成读数上的误差,或读温度计时,人眼与水银柱顶端不在同一平面上造成温度的读数误差,这些都叫视差. 消除视差的方法是,对有刻度盘的仪器,使人眼视线方向垂直于刻度盘表面读数;对温度计,则使人眼与水银柱顶端在同一平面上读数.

一 练习题 一

1. 分度值为 0.1 mm、0.02 mm、0.05 mm 的游标卡尺所对应的仪器误差分别是_____、_____、_____.

2. 用螺旋测微器对长度作单次测量,测量的不确定度是_____.

3. 用电子秒表作单次测量时,时间的不确定度是_____.

4. 读出下列仪器测长的读数,如图 3-1-10 所示.

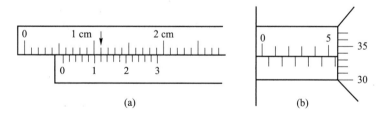

图 3-1-10 游标卡尺和螺旋测微器读数

(a) 分度值为 0.02 mm 的游标卡尺读数 L = _____ mm.

(b) 螺旋测微器读数 d = _____ mm.

3.2 电磁学实验预备知识

3.2.1 电磁学测量及基本仪器仪表

1. 电源

电源是把其他形式的能量转化成电能的装置,分为直流和交流两类.

(1) 交流电源

交流电源是指电压(或电流)随时间周期性变化的电源.通常我们使用的电网电源,频率为 50 Hz,单相电压为 220 V,三相电压为 380 V.接触这些电源有生命危险,使用时要注意安全.

电网交流电有一定的电压和固定的频率,交流电的电压可通过变压器来调节;要改变交流电的频率,可通过信号发生器改变,如用音频信号发生器,它的频率可在数十赫兹到数十千赫兹范围内连续调节,但这种信号源提供的电流不大,使用时要注意它的输出功率,切不可使电流超过它的额定值.

(2) 直流电源

经交流电源整流的直流电源:将交流电经各种整流器整流,再经滤波后输出.这种电源具有使用方便、便于搬运、调节容易、寿命长等优点.实验室中常用的稳压电源、教学电源、多用电源都属这种电源.

化学电池:干电池、蓄电池都是化学电池.

干电池电动势为 1.5 V,额定电流为 100 mA,内阻为 $0.01 \sim 0.5$ Ω,随着使用时间的增加,它的内阻将会增大到 1 Ω 以上,电压降到 1.3 V 以下,这时虽能在其两端测量出电压,但已不能向外提供电流了.

蓄电池有酸性的铅蓄电池和碱性的铁镍蓄电池两种.前者电动势为 2.1 V,内阻为 $0.01 \sim 0.02$ Ω,后者电动势为 1.25 V,内阻在 0.1 Ω 以下.蓄电池在充电时将电能转化为化学能,放电时又将化学能转化为电能.蓄电池使用一段时间后,必须再充电,否则当电池输出电压降到一定的数值以下时(铅蓄电池为 1.85 V,碱蓄电池为 1.1 V)就会损坏.

使用蓄电池时,须注意电瓶中的酸(碱)溶液有腐蚀作用,不要将酸(碱)溶液泼出.

直流电源的正极一般标以"+"号,或用红色接线柱表示,负极则标以"−"号或用黑色接线柱表示.使用电源时,不能将正负极短接.

2. 标准电池

标准电池是一种电动势极为稳定的化学电池,它只能作为电动势标准,而不能作为电能的提供者.

实验所用的 BC2 型饱和标准电池,稳定度等级为 0.01 级.在 20 ℃ 时电动势为 $E_{20} = 1.018\ 60$ V.

标准电池外形见图 3-2-1,使用标准电池必须注意:不能将标准电池作为供电电源.标准电池不能摇晃、振动、倾斜或倒置.标准电池不能短路,不能用电压表测量两端电压.

3. 检流计

检流计可以用来检验电路中有无电流通过,也可用来测量微弱电流.

实验中常用的指针式检流计是一种磁电式结构的仪表,它的内部构造如图 3-2-2 所示.

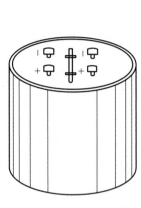

图 3-2-1 标准电池

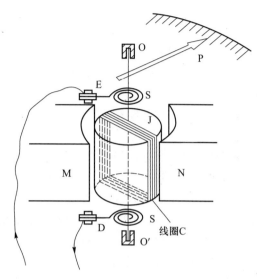

图 3-2-2 检流计示意图

图中 MN 是一对永久磁铁,J 是一个圆柱形铁芯,磁铁中间安置一线圈 C,固定在线圈上有一转轴 OO′,这转轴的尖端嵌在轴承 O 及 O′里,能够自由转动;在轴上又附有一个指针 P 和游丝弹簧 S,S 的另一端接在固定的螺钉 D 和 E 上,D、E 又可以用导线连在电表盒子外面,并在外面装有接线柱.

使用时将检流计 D、E 两点串联在电路内,当有电流从 D 和 E 任一端流入电表,而从另一端流出时,例如从 E 经过游丝 S 流进线圈,再从下面的游丝 S 流出来,线圈在磁场的作用下就要发生偏转,偏转的大小由指针 P 指示出来. 根据电流与磁场的相互作用定律,可以证明线圈的偏转角度与电流大小成正比,故可以从指针指示的刻度看出电流的大小. 当电流截断时,游丝 S 的弹性力又使指针回到平衡位置.

这种检流计可以测出很小的电流,因此它不能通过强大的电流,切不可将它直接连在电池两端,否则会被烧杯,使用时常串联一个电阻以保护它.

检流计指针的平衡位置在刻度尺的中间,指针可以向左右两边偏转,所以接线时可不必分正负极.

4. 直流电表

(1) 直流电流表

直流电流表是用来确定电路中电流大小的,利用它可以直接读出电流的数值,其单位以 A(安培)来表示.

电流表的构造与检流计相同,只是在检流计的接线柱两端并联一个很小的电阻,这样就可以容许较大的电流通过两个端点,而且根据并联电阻大小的不同,它可以量度的电流大小(叫量程)也不同.

电流表应串联在电路中使用,连接方向是让电流从表的"+"端流入,"−"端流出.

电流表使用时应合理选择量程. 若量程太小会烧坏电表,量程过大则会因指针偏转太小而降低测量精度. 选择量程应尽可能使指针偏转超过满刻度的 2/3. 在不知道被测电流的范围时,一般应先接大量程电流表,得出被测电流的范围后,换接量程与被测量值最接近的电流表.

（2）直流电压表

直流电压表是用来确定电路中两点间电势差的,其单位用 V(伏特)表示.

电压表是在检流计的接线柱两端串联一个电阻所组成,根据串联电阻的不同,它的量程也不一样.

电压表在使用时应并联在待测电压的两端. 电压表的"+"端接在高电势端,"-"端接在低电势端.

电压表使用时要合理选择量程(与电流表同理).

（3）电表的误差和级别

电表测量时产生的误差主要有三类.

仪器误差:由电表结构和制做上的不完善所引起,例如轴承摩擦、分度不准、刻度尺不精密、游丝的变质等原因的影响,使得电表的指示与待测量的真值有误差.

读数误差:由读数而引起的误差.

附加误差:这是由外界因素的变动对仪表读数产生影响而造成的. 外界因素指的是温度、电场、磁场等.

电表的误差和等级的关系.

根据国家标准规定,合格出厂的电表必须在表盘上标明其等级. 电表按仪器误差大小分为 0.1、0.2、0.5、1.0、1.5、2.5 和 5.0 七级. 各级电表的用途各不相同,0.1 级、0.2 级电表多用作标准表来校正其他电表,0.5 级、1.0 级电表用于准确度要求较高的测量中,一般测量及仪器面板上的电表多用 1.5 级和 2.5 级电表.

根据电表的等级可以确定电表的仪器误差.

仪器误差 Δ_{ins} = 量程×电表等级%.

例如,量程为 3 V、等级为 1.5 级的电压表,其仪器误差为

$$\Delta_{ins} = 3\ V \times 1.5\% = 4.5\%\ V = 0.05\ V$$

5. 万用表

万用表是电磁学测量中常用的一种仪表,可用来测量直流电压、直流电流、电阻、交流电压及交流电流等,还可用来检查电路和排除电路故障.

万用表是磁电式仪表,是依据电表改装的原则,将一个表头分别连接各种测量线路而改成多量程的电流表、电压表和欧姆表. 测量时只需根据待测量的要求,通过转换开关对不同线路进行选择即可. 万用表的面板如图 3-2-3 所示.

直流电流表、直流电压表前面已有介绍,下面简单介绍欧姆表的原理.

欧姆表电路如图 3-2-4 所示.

将待测电阻 R_x 接在 a、b 两点间测量时,通过表头的电流为

$$I = \frac{E}{R_g + R_0 + R + R_x}$$

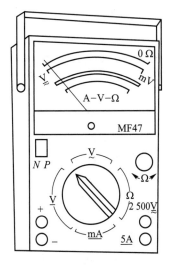

图 3-2-3 万用表面板图

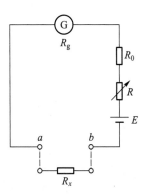

图 3-2-4 欧姆表电路图

由此式可知,当电池电压 E 一定时,通过表头 G 的电流(由指针的偏转表示出来)与待测电阻 R_x 成反比. R_x 越大,I 越小,指针偏转就小;R_x 越小,I 越大,指针偏转就大. 当 R_x 为 ∞ 时,即 a、b 两端开路时,I 最小,为零,指针不偏转;当 $R_x = 0$ 时,即 a、b 两端短路时,I 最大,这时调节可变电阻 R,使指针偏转到满刻度(这叫做调零). 因此欧姆表的刻度是反向标度. 又由于 I 与 R_x 不是线性关系,所以欧姆表的标尺刻度分布是不均匀的. 如图 3-2-5 所示.

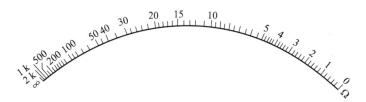

图 3-2-5 欧姆表标尺刻度

使用万用表必须注意以下几点:

(1)搞清楚要测什么物理量. 切勿用电流挡、欧姆挡测电压.

(2)正确选择量程. 先选大量程,若指针偏转过小,再选小量程.

(3)测电路中的电阻时,必须将电路的电源切断.

(4)测电阻时,应先将表棒短路,校正零点.

(5)万用表用完后,应将旋钮调到交流电压最大一挡.

用万用表检查电路故障时,可用电压挡检查各点的电势是否正确,也可用欧姆挡检查各元件和导线的电阻值大小,但这时必须要切断电源.

6. 电阻

电阻是电路中最基本的元件之一,有固定电阻和可变电阻两大类.

固定电阻有碳膜电阻、金属膜电阻、线绕电阻等,大量被用于电子仪器仪表中.

可变电阻有滑动变阻器、电位器、电阻箱等. 下面仅就电学实验中常见的两种可变电阻作简要介绍.

（1）滑动变阻器

滑动变阻器是用来改变线路中电流的,有时也用来改变电压.它由一根长电阻丝绕在一个瓷质圆筒上制成.如图 3-2-6 所示,两端连着接线柱 M、N,圆筒上面有一根粗的铜棍,棍上套有一个滑动接头 P,滑动接头的下面和电阻丝接触,铜棍的两端装有接线柱 T.

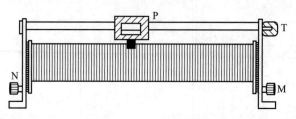

图 3-2-6　滑动变阻器

滑动变阻器有两种接法:

作限流器.利用滑动接头 T 和一个固定接头(M 或 N)串联在电路中,如图 3-2-7 所示,移动滑动接头 P 可改变滑动变阻器的电阻数值,从而控制电路中的电流大小.作限流器使用时,开始应将滑动接头 P 放在阻值最大处.

作分压器.接法如图 3-2-8 所示.使变阻器的两个固定接头(M、N)与电源 E 接成回路,则在 M、N 两端有固定的电压.M(或 N)与 T 接"需要可变电压"的负载 R 的两端.在图 3-2-8(a)中,当滑动接头 P 移近 N 时,加在 R 上的电压变小;当 P 移近 M 时,加在 R 上的电压变大.所以通过这样的连接,N、T 间的输出电压数值,可在 0～E 间任意变化.

需要注意的是,作分压器用时,开始应使输出电压为零,然后再视需要增加.

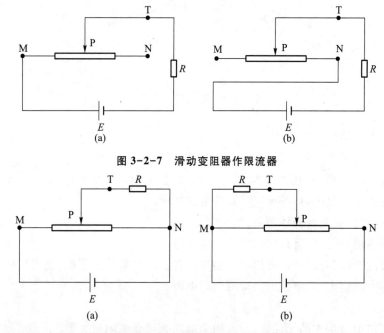

图 3-2-7　滑动变阻器作限流器

图 3-2-8　滑动变阻器作分压器

使用滑动变阻器要注意两个主要指标:总电阻(即 M、N 间的阻值)和额定电流(即允许通过的最大电流).

（2）转盘式电阻箱

转盘式电阻箱(简称电阻箱)是由若干个准确的固定电阻元件,按照一定的组合方式接在特殊的变换开关装置上构成的. 利用电阻箱可以在电路中准确调节电阻值. 准确度级别高的电阻箱还可作任意值的电阻标准量具. 图 3-2-9 是某一种电阻箱的内部电路和面板示意图. 在箱面上有 6 个旋钮,4 个接线柱,每个旋钮的边缘上都标有数字 0、1、2、3、…、9,靠旋钮边缘的面板上刻有指示标志,并有×0.1、×1、…×10 000 字样,也称倍率. 当某个旋面上的数字旋到对准其所示的倍率时,用倍率乘上旋钮上的数字,即所对应的电阻. 如图 3-2-9 中电阻箱面板上总电阻为(3×0.1+4×1+5×10+6×100+7×1 000+8×10 000)Ω＝87 654.3 Ω. 4 个接线柱上标有 0、0.9 Ω、9.9 Ω、99 999.9 Ω 等字样,表示 0 与 9.9 Ω 两接线柱的阻值调整范围为 0.1~9×(0.1+1)Ω;0 与 99 999.9 Ω 两接线柱的阻值调整范围为 0.1~9×(0.1+1+10+100+1 000+10 000)Ω. 在使用时,如只需要 0.1~0.9 Ω 或 9.9 Ω 的阻值变化,则将导线接到“0”和“0.9 Ω”或“9.9 Ω”两接线柱. 这种变化,可以避免电阻箱其余部分的接触电阻和导线电阻对低阻值造成不可忽略的误差.

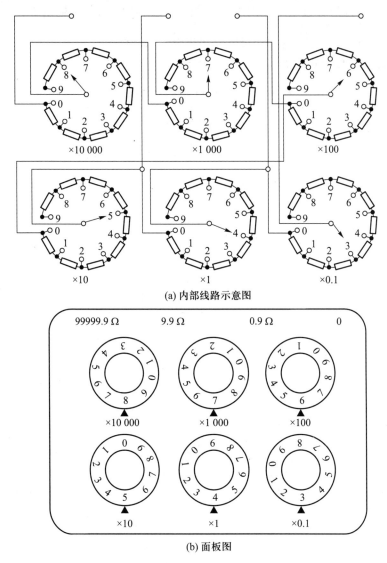

(a) 内部线路示意图

(b) 面板图

图 3-2-9 转盘式电阻箱

电阻箱根据其误差大小分为若干个准确度等级,一般分为 0.02、0.05、0.1、0.2 等,电阻箱的仪器误差可以简单地用准确度等级计算出来,即

$$\Delta_{\text{ins}} = R \times 等级\%$$

R 为电阻箱的阻值. 阻值 R 的相对误差为

$$E = \Delta_{\text{ins}} / R = 等级\%$$

例如,实验时所用电阻箱等级为 0.1 级,当电阻 $R = 662\ \Omega$ 时,则仪器误差为 $\Delta_{\text{ins}} = 662\ \Omega \times 0.1\% = 0.7\ \Omega$,$E = 0.1\%$.

需要注意的是,电阻箱的仪器误差不仅与准确度等级有关,还与阻值大小有关,这点与电表的仪器误差不同.

在实际工作中,电阻箱的等级常常用 ppm($1\ \text{ppm} = 10^{-6}$)表示,例如,×1 000 Ω 挡的准确度为 1 000 ppm,表示 1 000 ppm = 1 000/1 000 000 = 0.1%,等级为 0.1 级.

使用电阻箱应注意通过电阻箱的电流不能大于额定电流. 额定电流 $I = \sqrt{\dfrac{P}{R}}$,P 为额定功率,R 为某挡中指示的电阻. 在同一挡中,额定电流都相同.

实验室所用 ZX21 型电阻箱各挡的额定电流如表 3-2-1 所示.

表 3-2-1　ZX21 电阻箱各挡额定电流

旋钮倍率	×0.1	×1	×10	×100	×1 000	×10 000
额定电流 I/A	1.0	0.5	0.15	0.05	0.015	0.005

在使用电阻箱时,要特别注意电阻箱发生突变(即转盘从 9 到 0)时其对电路的影响,若不注意,则可能会损坏其他仪表.

3.2.2　电磁学测量常用仪器的符号

电磁学测量常用的仪器符号见表 3-2-2 和表 3-2-3.

表 3-2-2　电表表盘常用符号

符号	名称	符号	名称
∩	磁电式仪表	1.5	准确度等级
—	直流	Ω/V	内阻表示法
~	交流(单相)	☆	绝缘强度试验电压为 2 kV
≃	交直流两用	Ⅱ	Ⅱ 级防外磁场

表 3-2-3　电路常用元件符号

符号	名称	符号	名称
—⊢—	直流电源	⌒⌒⌒⌒	互感线圈

符号	名称	符号	名称
	交流电源	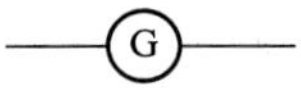 Ⓖ	检流计
	电阻的一般符号	 ⓊA	微安表
	可变电阻	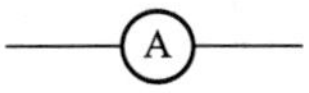 Ⓐ	电流表
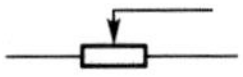	滑动变阻器	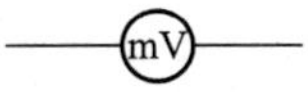 ⓜV	毫伏表
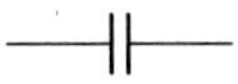	电容的一般符号	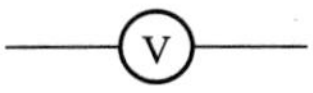 Ⓥ	电压表
	单刀单掷开关	 Ω	欧姆表
	单刀双掷开关	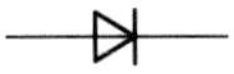	二极管
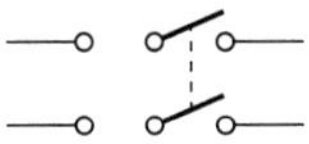	双刀双掷开关		导线交叉连线
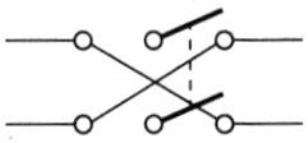	换向开关	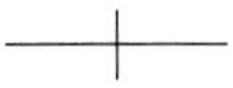	导线交叉不连线
	电感线圈		接地端

3.2.3 基本操作技术

1. 零位调整

电磁学实验中使用的仪器仪表,如电表、检流计、平衡指示仪等,多数有零位校准器,实验前应先调好零点.

2. 消除视差

人眼视线方向垂直于刻度盘表面读数可消除视差. 对于刻度盘下附有反光镜面的电表,当指针在镜中的像与指针重合时读数,可消除视差.

3. 逐次逼近调节

如果需要在一根电阻丝上找一个点,使检流计显示为零(例如电桥实验、电势差计实验),则采用"反向区逐次逼近"调节技术,可很快找到这个点. 方法是:在电阻丝上某个位置 D_1,检流计指针往一边偏转;在另一位置 D_2,检流计指针往另一边偏转,则检流计显示为零的点必定在 D_1 与 D_2 之间. 再在 D_1 与 D_2 之间观察检流计的偏转情况,如此反复,逐步逼近使检流计为零的点,直至找到这一点.

3.2.4 电磁学实验操作规则

(1) 连接线路前,应先看懂线路,了解电源、仪器仪表的使用规则或注意事项.

(2) 按照电路图接线. 从电源正极开始,经过一个回路回到负极. 接完一个回路,再接另一个回路,一个回路、一个回路地接线. 需要注意的是先不要接电源.

(3) 将仪表放在面前,需要经常操作的仪器放在近处.

(4) 检查线路连接是否正确,滑动变阻器滑动端是否在使电流最小或电压最低位置,电阻是否放在估计值位置,电表正负极是否连接正确等. 可请教师帮助检查. 未经仔细检查,绝不允许接电源.

(5) 试接电源通电,看仪器仪表是否正常,若有问题,应立即断电检查;若正常,可着手准备进行实验.

(6) 做完实验后,将数据交教师检查,教师认可签字后,方可准备拆线.

(7) 将仪器调回安全状态,切断电源后拆线. 最后将仪器整理还原,导线整理齐扎好.

— 练习题 —

1. 标准电池只能作为 _____. 使用中不能 _____,不能 _____,不能 _____.

2. 检流计专门用来检验 _____,也可用来测量 _____.

3. 电表的仪器误差 Δ_{ins} = _____.

4. 电阻箱的仪器误差 Δ_{ins} = _____.

5. 滑动变阻器有两种基本用途,一是 _____,二是 _____.

6. 连接线路的正确方法是 _____.

3.3 光学实验预备知识

3.3.1 光学实验注意事项

1. 轻拿轻放,严防破损

光学元件多为玻璃制品,容易破损,必须轻拿轻放,严防跌落、碰撞引起破损. 光学仪器的核心部件也是光学元件,并且机械操作部分的构造都很精密,使用时要轻拧轻调.

2. 避免磨损和污损

除破损外,磨损和污损也是一种严重的破坏. 光学元件往往经过精密抛光制成,有意无意地将光学元件在桌上拉动或与其他物体发生摩擦,会破坏光学表面的光洁度,甚至产生刻痕,也会使光学元件失去作用. 另外,手指上的油垢、汗渍能在光学表面留下斑渍,影响光学元件的效果,这就是污损,因此,任何时刻都不能用手去触摸光学表面,而只能触碰非光学面

（即磨砂面），或用手指夹住边框. 如图 3-3-1 所示. 若光学表面有轻微的污痕或灰尘,可用清洁的镜头纸或鹿皮轻轻擦去,不得用手帕、衣物或其他纸片代替.

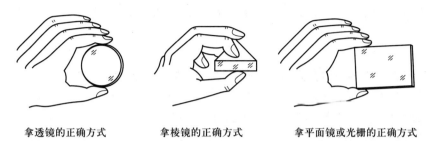

| 拿透镜的正确方式 | 拿棱镜的正确方式 | 拿平面镜或光栅的正确方式 |

图 3-3-1　拿取光学元件的正确方式示意图

3. 避免受潮和腐蚀

酸、碱等化学物品能使光学表面腐蚀,水或潮湿的空气能使光学表面受潮或发霉,因此应保持光学元件干燥,避免光学元件与酸、碱或其他化学物品的接触. 仪器用毕,应放回箱内或在外加罩.

3.3.2　光学实验常用仪器

1. 实验室常用光源

（1）白炽灯

白炽灯的发光物为钨丝. 当电流通过钨丝时,钨丝由于电流的热效应而发光,其发出的光谱为连续光谱. 使用时要注意的是,电源电压要与白炽灯额定电压一致.

实验室中,也经常在白炽灯前面加滤色片或单色玻璃,以便得到所需要的单色光.

（2）钠灯

钠灯光色单纯,是一种常用的单色光源. 这是一种气体放电光源. 当钠蒸气在电场中放电时,发出强烈的黄光. 在可见光范围内有两条黄色谱线,其波长分别为 589.0 nm 和 589.6 nm,通常取它们的中心近似值 589.3 nm 作为钠黄光的标准参考波长.

使用钠灯时要注意,电路必须配有扼流圈,否则灯管会被烧毁. 钠灯接通后通常要过十几分钟才能正常发光. 钠灯寿命很短,特别经不起反复开关,使用时一经接通不要轻易关闭,也不要在接通时移动和撞击.

（3）汞灯

汞灯也是一种气体放电光源,是利用汞放电时产生汞蒸气获得可见光光源. 汞灯通常可分为低压汞灯、高压汞灯两种,实验室常用的是低压汞灯. 汞灯的光谱在可见光范围内有五条强谱线,即 579.07 nm、576.96 nm（双黄线）、546.07 nm（绿线）、435.83 nm（蓝线）和 404.66 nm（紫线）. 汞灯用于需要较强光源的实验,加上适当的滤光片可以得到高纯度的单色光.

汞灯的使用方法和注意事项与钠灯的相同.

（4）氦氖激光器

这是一种气体放电激光器. 在高频电磁振荡的激发下,谐振腔中的气体原子受激跃迁而形成极细的一束单色光. 由于具有良好的方向性、单色性和相干性,它已成为光学实验与研究中极为有用的光源. 在实验室中,它经常用作干涉仪、准直仪、比长仪的光源. 氦氖激光器最常用的波长是 632.8 nm,为橙红色光.

使用激光器时,为了保护眼睛,不要迎着激光束直接观看激光. 另外要注意保护玻璃腔.

（5）激光二极管

激光二极管又称半导体激光器. 最简单的半导体激光器由半导体材料一个 pn 结构成,它的电子的跃迁发生在半导体材料的导带中. 与氦氖激光器相比,它具有效率高、体积小、寿命长、价格便宜的优点. 半导体激光器的波长在 800~900 nm 之间,与半导体材料有关,例如同质结砷化镓（GaAs）激光器的波长约为 904 nm,异质结 GaAs 半导体激光器的波长约为 810 nm.

2. 移测显微镜

移测显微镜是用来测量微小长度的.

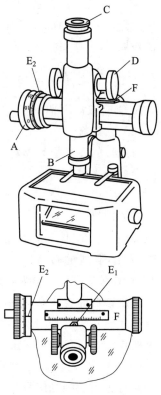

移测显微镜结构如图 3-3-2 所示. 它的光学部分是一个长焦距的显微镜 B,旋转旋钮 D 可使其上下移动调节聚焦. 转动鼓轮 A 可左右平移与显微镜相连接的滑动台. 移测显微镜的测微螺旋的螺距为 1 mm. 鼓轮 A 的周长等分为 100 个分格,每转一分格,显微镜将移动 0.01 mm,所以移测显微镜的分度值也是 0.01 mm.

用移测显微镜测量长度的步骤是:（1）转动目镜 C 看清十字叉丝;（2）转动旋钮 D 由下向上移动显微镜,改变物镜到被测物间的距离,看清被测物;（3）转动鼓轮 A 移动显微镜,使十字叉丝的交点和测量的目标对准;（4）读数:从指标 E_1 和标尺 F 读出毫米的整数部分,从指标 E_2 和鼓轮 A 读出毫米以下小数部分;（5）转动鼓轮 A 移动显微镜,使十字叉丝和被测物上的第二个目标对准读数,两个读数之差即所测两点间的距离.

使用移测显微镜时应注意:（1）使显微镜的移动方向和被测两点间连线平行;（2）防止螺距差. 由于螺丝和螺套不可能完全密接,如果鼓轮 A 在旋转时突然停下来反向旋转,则鼓轮 A 一定要空转一段距离（即鼓轮转动而显微镜不动）,由此带来的误差叫螺距差. 防止螺距差的方法是测量时只能沿同一方向旋进,中途不能反向.

图 3-3-2 移测显微镜

3. 测微目镜

测微目镜也是测量微小长度的仪器,结构如图 3-3-3 所示,A 是目镜,B 是具有毫米刻度的固定刻线板,C 是附有竖直双线和十字叉丝的活动刻线板,D 是防尘玻璃,E 是读数鼓轮,F 是接头装置. 当读数鼓轮 E 转动时,目镜中的竖直双线和十字叉丝将沿垂直于目镜光轴的平面横向移动.

测微目镜的分度值为 0.01 mm,它的十字中心移动的距离,可由固定刻线板的读数加上鼓轮上的读数而得到.

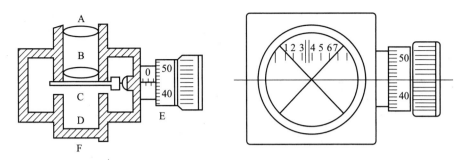

图 3-3-3 测微目镜

测微目镜的测量方法和注意事项与移测显微镜的类似.

4. 光具座

光具座结构的主体是一个平直导轨. 导轨长 2 m, 上面刻有毫米标尺.

光具座上可以放多个滑块, 滑块可沿导轨表面移动, 滑块的位置可从导轨的标尺上读出. 每个滑块上都可固定一个支架, 用来夹持各种光学元件, 例如狭缝、透镜、双棱镜、测微目镜等, 这样可组成一个光学系统. 支架在滑块上可进行上下左右的调节, 以便调节光路.

在光具座上做实验应注意:

(1) 支架上的光学元件一定要夹好, 严防跌落. 一般不允许将元件随意取下.

(2) 移动滑块时, 动作要轻缓.

3.3.3 光学实验基本操作技术

1. 消除视差

在用光学仪器进行测量时, 常常要用到带有叉丝的测微目镜、望远镜或移测显微镜, 它们的共同之处是在目镜焦平面内侧附近装有一个十字叉丝(或带有刻度的分划板). 当从目镜中看到的十字叉丝与物像不在同一平面时, 就会产生视差, 现象是当人眼在目镜前略微上下移动时, 十字叉丝与物像间有相对位移.

消除视差的方法是, 先调好目镜, 使十字叉丝清晰. 再调物镜(即调节物镜到分划板之间的距离), 使观测者从目镜中看到物像. 然后仔细调节物镜, 同时人眼上下移动, 使目镜中看到的十字叉丝与物像之间没有相对位移.

2. 共轴调整

在多折射面的光学系统中, 各光学元件的光轴重合称为共轴. 如果光学元件在光具座上, 光轴又平行于光具座导轨表面, 则称为共轴等高.

共轴调整分为两步:

(1) 粗调: 利用目测判断光源和光学元件是否中心等高, 调节它们的左右高低位置, 使各光学元件的光轴大致重合.

(2) 细调: 利用光学系统本身或借助其他光学元件成像来判断, 使得沿光轴方向移动光学元件时, 不发生像的偏移. 详见具体实验项目.

— 练习题 —

1. 使用光学元件必须注意：
（1）_____ ．
（2）_____ ．
（3）_____ ．

2. 使用移测显微镜和测微目镜时，必须消除_____，消除的方法是_____
_____ ．

3. 图 3-3-4 中移测显微镜的读数是_____ ．

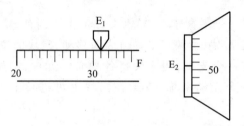

图 3-3-4　移测显微镜读数

3.4　设计性实验预备知识

3.4.1　设计性实验的性质和特点

一般的物理教学实验，在实验原理、实验仪器的选择、实验步骤、实验现象的观察、测量数据处理等方面，常常是在重复前人的实验内容，因此这类物理实验具有基础性和典型性，是科学实验入门的基本训练．教学实验的一般过程是：实验预习→教师指导→进行实验操作并获得测量数据→综合分析→提交实验报告．

而设计性物理实验，是根据给出的实验题目和提出的对实验结果要求，利用已学过的基本实验知识，确定实验方案，选择实验仪器，重现物理现象，研究物理规律，测量未知物理量．这类实验不仅具有基础性、典型性和综合性，还具有研究性和探索性．设计性物理实验的一般过程是：查阅资料→撰写实验方案→教师指导→实验实践→综合分析→提交报告．

可见，设计性物理实验是在教学实验基础之上的一种"模拟科学实验"，它能提供一个接近科学实验的环境，是对学生进行科学实验与研究全过程的初步训练．

3.4.2　设计性实验要完成的任务

（1）根据实验题目及实验要求，查阅参考书和参考资料，复习有关实验知识和仪器的使用方法.

（2）确立实验方案,包括确定实验方法,设计电路、光路或实验装置,确定测量条件,确定需要测量的数据,拟定实验程序等.

（3）按实验方案进行实验,包括观察物理现象,获得测量数据,处理实验数据,分析讨论实验结果,改进测量方法、操作方法等.

（4）完成实验报告.

3.4.3 实验方案的确定

1. 确立实验方法

用什么方法完成实验题目的要求,这是设计性实验首先要解决的问题. 简单地说,实验方法就是根据相关物理学理论或物理规律去测量某一物理量. 对于确定的实验题目,可能有几种可供选择的实验方法,这就要求学生具备一定的物理学理论知识、物理实验知识及经验,能比较各种方法能达到的实验精度、分析实验条件和物理量测量的现实可能性,确定一个既满足实验题目要求,又切实可行的实验方法.

例如,实验题目为"测量重力加速度",可选择的实验方法有单摆法、复摆法、三线摆法、自由落体法等. 又例如,实验题目为"电流计内阻的测量",实验方法有电桥法、半偏法、替代法等. 各种方法都有各自的优缺点,要根据实验题目要求的实验精度和实验条件（如测量条件的要求、实验仪器的限制等）,选出最佳实验方法.

2. 选择物理量的测量方法

实验方法确定后,就要选择相关物理量的测量方法,以使测量的不确定度最小. 这一过程需要考虑以下几个方面:

（1）操作方法的选择

在同时有几种方法时,需选取不确定度最小的操作方法. 例如测量单摆的摆长 L,如图 3-4-1 所示,有三种方法:

$$L=\frac{L_1+L_2}{2}, L=L_1+\frac{D}{2}, L=L_2-\frac{D}{2}$$

要确定应选哪一种测量方法,可分别推出这三种方法测 L 的不确定度传递公式,根据它们的不确定度大小,选择不确定度最小的那种方法.

（2）减小系统误差的影响

可采用替代法、对换测量法、异号法等方法减小系统误差的影响. 参见 2.2.3 节误差及其分类中的系统误差部分.

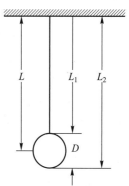

图 3-4-1 测量单摆的摆长 L

3. 选择测量仪器

（1）应使仪器的量程略大于被测量. 例如,待测电压是 3 V,应选择量程为 5 V 的电压表,而不是选择量程为 15 V 的电压表.

（2）应使仪器的额定值大于被测量. 例如使用电阻箱时不允许超过额定功率,使用滑动变阻器时不允许超过额定电流.

（3）根据不确定度要求选择仪器. 参见 2.3.3 节间接测量的不确定度中不确定度均分原理和不确定度传递公式的应用部分.

4. 测量条件的选择

在实验方案、测量方法和测量仪器已经确定的情况下,还需要确定最佳的测量条件,以使待测物理量的测量不确定度最小. 例如,测量电阻时,待测电阻两端的电压应该加多大. 可参见 2.3.3 节间接测量的不确定度中不确定度均分原理和不确定度传递公式的应用部分.

5. 合理的数据处理方法

参见 2.4 实验数据的记录和处理方法中的内容.

3.4.4　设计性实验报告的撰写

设计性实验报告要求模拟科学实验报告编写. 报告可由以下几部分组成.

1. 标题及署名

2. 内容摘要

3. 引言

简要地介绍实验的目的、意义和作用,或实验的历史背景及存在的问题,本实验要达到的目标和预期结果等.

4. 实验原理

简要说明实验中所涉及的概念、定律、公式及推导方法,指明实验条件,画出实验原理图、电路图或光路图等.

5. 实验仪器、装置

实验中使用的各种仪器及其规格、型号,重要的仪器要介绍其原理、结构和性能,必要时要附上原理图、结构图或面板图. 实验结果有不确定度要求的需写出选择仪器的原因和对仪器的具体要求.

6. 实验步骤

主要介绍实验步骤及操作方法,一般按先后顺序. 简述实验过程,重点介绍特殊的实验方法.

7. 实验数据处理及实验结果

这是实验的成果,它主要是把实验数据整理成表格形式,然后进行计算,得出实验的最终结果,画出必要的实验曲线,计算测量的不确定度、结果的表达式等.

一般应对实验结果进行讨论. 讨论的主要内容有:实验时观察到哪些现象? 如何解释这些现象? 得到哪些规律? 影响实验的主要原因是什么? 提高实验精度的措施有哪些? 说明实验结果与已知结果或理论推算对比的情况等.

8. 结论

这是对实验结果得出的规律加以肯定,并进行高度概括. 结论部分一般要指出本实验取得了什么成果,该成果有何价值、作用和意义等.

9. 参考文献

实验报告可以引用其他文章对实验内容的分析结论,但必须在文末注明所引用文章的作者姓名、题目、出版单位、出版日期等.

第 4 章
基础性实验

实验 4.1　杨氏模量的测定

教学视频

杨氏模量(也称弹性模量)是描述固体材料抵抗形变能力的物理量,在工程技术中是设计和选定材料时必须考虑的重要参量.

用一般测量长度的仪器很难准确地测出长度的微小变化.本实验中,利用光杠杆镜尺法测量原理,可以将微小长度的变化放大来测量,这是实现非接触式放大测量的一种常用方法,已被广泛地应用于很多测量技术中.

[实验目的]

(1)学习用拉伸法静态测量金属丝的杨氏模量;

(2)掌握用光杠杆镜尺法测量微小长度变化的原理和正确的调整使用方法;

(3)掌握用逐差法处理数据的方法.

[仪器设备]

杨氏模量测量仪、望远镜系统、光杠杆、螺旋测微器、米尺等.

[实验原理]

固体在外力作用下发生的形变可以分为弹性形变与塑性形变两大类.外力撤除后,固体能完全恢复原形的变化,称为弹性形变;反之,称为塑性形变.

本实验只研究弹性形变,即仅研究杨氏模量.

设一根粗细均匀的金属丝长度为 l、截面积为 S,将其上端固定,下端悬挂砝码.于是,金属丝在沿长度方向受外力 $F=mg$ 的作用,发生弹性形变,伸长量为 Δl.此时,比值 $\Delta l/l$ 称为应变,比值 F/S 称为应力.

根据胡克定律,在弹性限度内,物体的应变 $\Delta l/l$ 与物体所受的应力 F/S 成正比,即

$$\frac{F}{S} = E \frac{\Delta l}{l}$$

所以

$$E = \frac{F/S}{\Delta l/l} \tag{4-1-1}$$

式中,比例系数 E 只取决于物体材料的性质,与物体的大小、形状和所受外力无关,称为该材料的杨氏模量,它是表征固体材料力学性质的重要物理量.

杨氏模量测量仪如图 4-1-1 所示. 金属丝的上端被固定在支架上,下端挂着砝码 P.C 是一个固定平台,金属丝下端被一圆柱体夹头夹紧,从平台上的圆孔穿过,平台前方有沟槽. 外力 F 可由砝码质量计算得出,钢丝长度 l 可用米尺测出,钢丝横截面积 S 可用螺旋测微器测出直径后计算得到,伸长量 Δl 的数值很小,需要用光杠杆镜尺法测出.

光杠杆的构造如图 4-1-2 所示,上面有一个平面镜,后足到两前足连线的垂直距离称为光杠杆常量,记为 K. 测量时,光杠杆 M 的两前足放在平台 C 的沟槽内,后足放在圆柱体夹头上. 调节平面镜大致竖直,在平面镜前距离为 D 处竖放一刻度尺,尺旁边安置一架望远镜,适当调节后,从望远镜中可以清楚看到由平面镜反射的刻度尺的像,并可读出与望远镜内十字叉丝横线相重合的刻度尺的读数. 光路图如图 4-1-3 所示.

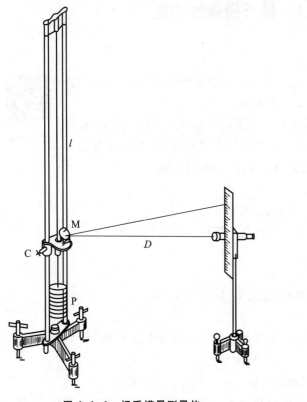 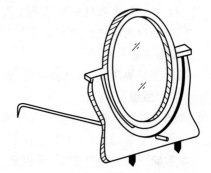

图 4-1-1　杨氏模量测量仪　　　　　　图 4-1-2　光杠杆构造图

设未增加砝码时,光杠杆镜面的法线为 $O1$,从望远镜中读得刻度尺的读数为 x_1,Ox_1 为入射光线,望远镜接收的是镜面的反射线,且入射角等于反射角,即 $i_1 = i_1'$.

增加砝码后,金属丝伸长 Δl,光杠杆的后足随圆柱体夹头一起下降 Δl,于是,光杠杆的镜面转过 α 角,同时平面镜的法线也转过相同的 α 角. 如果 α 角很小,O 点的位移可以忽略,则镜面法线为 $O2$,从望远镜中读得标尺的读数为 x_2,且入射角 i_2 等于反射角 i_2'. 由图 4-1-3 可见,x_1 与 x_2 两次入射线之间的夹角为

$$\angle x_1 O x_2 = 2\alpha \tag{4-1-2}$$

在 $\Delta l \ll K$ 的情况下,$\alpha \approx \dfrac{\Delta l}{K}$,$\angle x_2 O x_1 = \dfrac{x_2 - x_1}{D} = \dfrac{\Delta x}{D}$,代入式(4-1-2)得

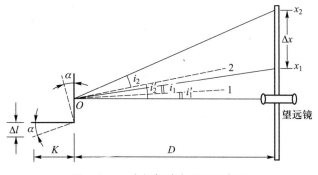

图 4-1-3   光杠杆放大原理示意图

$$\frac{\Delta x}{D} = 2\frac{\Delta l}{K}$$

于是

$$\Delta l = \frac{K}{2D} \cdot \Delta x \tag{4-1-3}$$

可见, Δl 被放大了 $\frac{2D}{K}$ 倍. 这样, 光杠杆就把原来的微小伸长量 Δl 转换成数值较大的刻度尺的读数变化量 Δx 来测量.

将式(4-1-3)代入式(4-1-1), 得

$$E = \frac{2Dl}{SK} \cdot \frac{F}{\Delta x} \tag{4-1-4}$$

金属丝横截面积为 $S = \frac{1}{4}\pi d^2$, 受力为 $F = mg$, 代入上式, 有

$$E = \frac{8Dl}{\pi d^2 K} \cdot \frac{mg}{\Delta x} \tag{4-1-5}$$

式中, d 为金属丝的直径, m 是对应于 Δx 的砝码变化的质量.

[**实验内容与步骤**]

1. 仪器调整

(1) 利用水准仪调节杨氏模量测量仪的三脚架, 使金属丝处于竖直状态.

(2) 用挂钩使金属丝拉直(此重力不计入所加作用力 F 之内).

(3) 将光杠杆两前足平稳地放入平台前沟槽内, 后足放在夹钢丝的圆柱状平面上.

(4) 调节光杠杆平面镜大致竖直.

(5) 使望远镜系统与光杠杆镜面相距 1.0~1.5 m.

(6) 调节望远镜镜筒轴线与光杠杆镜面法线基本上同轴等高, 调节刻度尺竖直.

(7) 调节望远镜, 使得观测者在目镜中能够看清楚刻度尺读数: 第一步, 调目镜, 看清十字叉丝; 第二步, 调节物镜, 在望远镜中能看清刻度尺读数; 第三步, 消除视差, 仔细调节目镜、物镜间的距离, 直到当眼睛上下微小移动时, 刻度尺像与十字叉丝无相对移动为止.

2. 测量

(1) 首先记录钢丝初始被拉直(即 $F = 0$)时望远镜中刻度尺上的读数 x_0, 以后每增加 1.000 kg 砝码(稳定不晃动后), 记录一次望远镜刻度标尺上的读数, 直到将 x_1, x_2, x_3, x_4, x_5

顺序测完.

（2）逐次减少 1.000 kg 砝码，每减少一次，相应地在表中记录一次刻度尺上的读数，直到将 x_4, x_3, x_2, x_1, x_0 测完.

（3）用米尺测出光杠杆镜面到望远镜旁刻度尺之间的距离 D，测出钢丝悬点到圆柱体夹头平面的距离 l，测出光杠杆常量 K.

（4）用螺旋测微器测钢丝直径 d，重复测量 5 次.

[数据记录表格]

（1）x_i 的测量数据记录，参见表 4-1-1.

表 4-1-1　x_i 的测量数据

量具名称：标尺，分度值：0.1 cm，$\Delta_{仪} = 0.05$ cm

i	负重 m_i/kg	镜中标尺读数 x_i/cm			负重 m_{i+3}/kg	镜中标尺读数 x_{i+3}/cm			标尺读数变化量 $\Delta x_i = x_{i+3} - x_i$/cm
		加重	减重	平均		加重	减重	平均	
0	0.000				3.000				
1	1.000				4.000				
2	2.000				5.000				
外力变化 $F = mg = 3 \times 9.8$ N 时，标尺读数变化的平均值 $\overline{\Delta x}$/cm									

（2）毫米刻度尺测 l、D、K 数据记录如下.

$l = $ _____ ± 0.05 cm

$D = $ _____ ± 0.05 cm

$K = $ _____ ± 0.05 cm

（3）螺旋测微器测钢丝直径 d 的数据记录，参见表 4-1-2.

量具名称：螺旋测微器，分度值：0.01 mm，$\Delta_{仪} = 0.004$ mm

零点误差 $d_0 = $ _____ mm

表 4-1-2　多次测量 d 的数据

次数	1	2	3	4	5	平均值
读数/mm						
修正值/mm						

[数据处理]

（1）E 测量值的计算

$$E = \frac{8Dl}{\pi \, \overline{d}^2 K} \cdot \frac{mg}{\overline{\Delta x}} = $$

（2）E 不确定度 σ_E 的计算

对于 l、D、K，由于只测量了 1 次，不确定度没有 A 类分量，只有 B 类分量，故有 $\sigma_l = \sigma_D = \sigma_K = 0.05$ cm.

对于 Δx 有

$$\overline{\Delta x} = \frac{1}{3} \sum_{i=1}^{3} \Delta x_i =$$

$$u_A = S_{\overline{\Delta x}} = \sqrt{\frac{\sum_{i=1}^{3} \left(\Delta x_i - \overline{\Delta x} \right)^2}{3 \times (3-1)}} =$$

$$u_B = \frac{\Delta_{\text{ins}}}{\sqrt{3}} = \frac{0.05}{\sqrt{3}} \text{ cm} =$$

$$\sigma_{\overline{\Delta x}} = \sqrt{u_A^2 + u_B^2} =$$

对于 d 有

$$\overline{d} = \frac{1}{5} \sum_{i=1}^{5} d_i =$$

$$u_A = S_{\overline{d}} = \sqrt{\frac{\sum_{i=1}^{5} \left(d_i - \overline{d} \right)^2}{5 \times (5-1)}} =$$

$$u_B = \frac{\Delta_{\text{ins}}}{\sqrt{3}} = \frac{0.004}{\sqrt{3}} \text{ mm} =$$

$$\sigma_d = \sqrt{u_A^2 + u_B^2} =$$

E 不确定度 σ_E 的计算

$$\sigma_r = \frac{\sigma_E}{E} = \sqrt{\left(\frac{\sigma_l}{l}\right)^2 + \left(\frac{\sigma_D}{D}\right)^2 + \left(\frac{\sigma_K}{K}\right)^2 + \left(\frac{\sigma_{\Delta x}}{\overline{\Delta x}}\right)^2 + \left(\frac{2\sigma_d}{\overline{d}}\right)^2} =$$

$$\sigma_E = E \cdot \sigma_r =$$

（3）E 测量结果的表示

$$E = E \pm \sigma_E =$$

[**复习题**]

（1）本实验用_____法来测量钢丝微小长度的变化.

（2）光杠杆的放大倍数是_____.

[**分析与讨论**]

（1）分析与讨论实验结果.

（2）在本实验中,哪一个量的测量误差对结果影响最大？如何改进？

实验 4.2　刚体转动惯量的测量

教学视频

转动惯量是描述刚体转动时惯性大小的物理量. 对于形状简单规则、质量分布均匀的刚体,通过计算就可以得到其转动惯量,但对于形状复杂、质量分布不均匀的刚体,计算其转动惯量非常困难,往往需要用实验方法测定,三线摆法就是其中一种常用的测定方法.

[实验目的]

(1) 用三线摆测量仪测量圆盘和圆环的转动惯量;

(2) 学会用百分误差评价实验结果.

[仪器设备]

三线摆测量仪、光电计数计时仪、气泡水准器、游标卡尺、米尺、圆盘、圆环.

[实验原理]

三线摆的构造如图 4-2-1 所示,下面是一圆盘 A,用三条细线悬挂起来,线的上端连接于另一个固定圆盘 B 上,圆盘 B 固定于支架上,圆盘 A 可绕其中心轴线 OO' 作扭转振动.

设下圆盘的质量为 m_A,当以小角度摆动时,它沿轴线上升的高度为 h,增加的势能为

$$E_1 = m_A g h$$

当圆盘回到平衡位置时,它所具有的转动动能为

$$E_2 = \frac{1}{2} I_A \omega_A^2$$

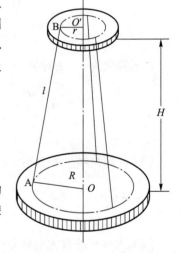

式中,I_A 为下圆盘对于通过其重心且垂直于盘面的 OO' 轴的转动惯量;ω_A 是圆盘转回到平衡位置时的角速度. 若不计摩擦阻力和空气阻力,根据机械能守恒定律得

$$\frac{1}{2} I_A \omega_A^2 = m_A g h \qquad (4-2-1)$$

图 4-2-1　三线摆结构

圆盘 A 偏转角度很小时,其扭转摆动可看成简谐运动,则圆盘的角位移与时间的关系是

$$\theta = \theta_A \sin \frac{2\pi}{T_A} t$$

式中,θ 是圆盘在时刻 t 的角位移;θ_A 是角振幅;T_A 是一个完全振动的周期,振动的初相位设为零. 于是,角速度为

$$\omega = \frac{\mathrm{d}\theta}{\mathrm{d}t} = \frac{2\pi \theta_A}{T_A} \cos \frac{2\pi}{T_A} t$$

在通过平衡位置的瞬时,即 $t = 0 \text{、} \frac{1}{2} T_A \text{、} T_A \text{、} \frac{3}{2} T_A \text{、} \cdots$ 时,ω 的值最大是

$$\omega_A = \frac{2\pi\theta_A}{T_A}$$

代入式（4-2-1），有

$$\frac{1}{2}I_A\left(\frac{2\pi\theta_A}{T_A}\right)^2 = m_A gh \qquad (4\text{-}2\text{-}2)$$

可见，只要测量出 h、θ_A、T_A、m_A，就可求出 m_A 的转动惯量 I_A.

设悬线长度为 l，上、下圆盘的悬点到圆盘中心的距离分别为 r 和 R，上下圆盘间的垂直距离为 H，如图 4-2-2 所示，当摆角为 θ_A 时，下圆盘上某悬点 A 移动到位置 A_1，圆盘上升高度 h 为

$$h = |OO_1| = |BC| - |BC_1| = \frac{|BC|^2 - |BC_1|^2}{|BC| + |BC_1|}$$

因为

$$|BC|^2 = |AB|^2 - |AC|^2 = l^2 - (R-r)^2 = H^2$$
$$|BC_1|^2 = |A_1B|^2 - |A_1C_1|^2 = l^2 - (R^2+r^2-2Rr\cos\theta_A) \quad |BC|+|BC_1| = 2H-h$$

则有

$$h = \frac{2Rr(1-\cos\theta_A)}{2H-h} = \frac{4Rr\sin^2\frac{\theta_A}{2}}{2H-h}$$

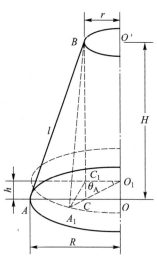

图 4-2-2 三线摆示意图

由于 $l \gg h$，所以 $2H-h \approx 2H$；当摆角 θ_A 很小时，有 $\sin^2\frac{\theta_A}{2} \approx \left(\frac{\theta_A}{2}\right)^2 = \frac{\theta_A^2}{4}$，所以上式变为

$$h = \frac{Rr\theta_A^2}{2H} \qquad (4\text{-}2\text{-}3)$$

将式（4-2-3）代入式（4-2-2）并整理可得

$$I_A = \frac{m_A gRr}{4\pi^2 H}T_A^2 \qquad (4\text{-}2\text{-}4)$$

这就是圆盘 A 对于 OO' 轴的转动惯量，可见只要测出等式右边各物理量，就可算出 I_A.

如果要测质量为 m_C 的物体对 OO' 轴的转动惯量，只需将该物体放置于下圆盘上面，根据式（4-2-4）可先测出该待测物体和下圆盘系统对 OO' 轴的总转动惯量 I，即

$$I = \frac{(m_A + m_C)gRr}{4\pi^2 H}T^2 \qquad (4\text{-}2\text{-}5)$$

式中，T 为待测物体和下圆盘一起摆动时的摆动周期. 于是，可得待测物体 m_C 对 OO' 轴的转动惯量为

$$I_C = I - I_A \qquad (4\text{-}2\text{-}6)$$

[实验内容与步骤]

（1）调整仪器. 用气泡水准器调节支架底座旋钮和三条悬线的长度，使支架竖直，使上、下圆盘水平.

（2）用米尺测出上、下圆盘的垂直距离 H.

（3）用游标卡尺测出下圆盘 A 的悬点间距离 D 和上圆盘 B 的悬点间距离 d，根据 $R=\dfrac{\sqrt{3}}{3}D$ 和 $r=\dfrac{\sqrt{3}}{3}d$ 可以求出 R 和 r.

（4）记录圆盘 A 的质量 m_A 和圆环 C 的质量 m_C.

（5）调节光电门位置，使得下圆盘 A 摆动时，其边缘的小圆柱每次都经过光电门并挡光计数. 将光电计数计时仪的计时周期数调到 40.

（6）轻轻扭动上圆盘，使之带动下圆盘摆动（摆角小于 5°），然后按下光电计数计时仪的"执行"按键，仪器开始自动测量. 40 个完全振动后（即光电门挡光次数为 80 次），仪器显示出 40 个周期的时间 t_A，记录此数据. 将 t_A 重复测量 5 次.

（7）将待测圆环 C 放在下圆盘 A 上，使圆环重心通过下圆盘中心，同步骤（6）一样测出两者一起摆动 40 个周期的时间 t，重复测 5 次.

（8）用游标卡尺测出圆盘 A 的几何直径 D_A，测出圆环 C 的几何内直径 $D_{C内}$ 和几何外直径 $D_{C外}$.

[**数据记录表格**]

（1）三线摆有关参量测量记录见表 4-2-1.

表 4-2-1　三线摆有关参量

H/mm	D/mm	d/mm	m_A/g	m_C/g	D_A/mm	$D_{C内}$/mm	$D_{C外}$/mm

（2）三线摆周期测量记录见表 4-2-2.

表 4-2-2　周期的测量

次数	t_A/s	$T_A=t_A/40$	t/s	$T=t/40$
1				
2				
3				
4				
5				
平均值				

[**数据处理**]

（1）求实验值

下盘半径：$R=\dfrac{\sqrt{3}}{3}D=$

上盘半径：$r=\dfrac{\sqrt{3}}{3}d=$

圆盘 A 的转动惯量：$I_A=\dfrac{m_A gR\overline{r}}{4\pi^2 H}\overline{T}_A^2=$

总的转动惯量：$I = \dfrac{(m_{\text{A}} + m_{\text{C}}) gRr}{4\pi^2 H} T^2 =$

圆环 C 的转动惯量：$I_{\text{C}} = I - I_{\text{A}} =$

（2）求理论值

圆盘 A 绕 OO' 轴的转动惯量理论值：$I_{\text{A理}} = \dfrac{1}{2} m_{\text{A}} \left(\dfrac{D_{\text{A}}}{2}\right)^2 =$

圆环 C 绕 OO' 轴的转动惯量理论值：$I_{\text{C理}} = \dfrac{1}{2} m_{\text{C}} \left[\left(\dfrac{D_{\text{C内}}}{2}\right)^2 + \left(\dfrac{D_{\text{C外}}}{2}\right)^2\right] =$

（3）求百分误差

圆盘 A 转动惯量的百分误差：$E_{\text{A}} = \dfrac{|I_{\text{A}} - I_{\text{A理}}|}{I_{\text{A理}}} \times 100\% =$

圆环 C 转动惯量的百分误差：$E_{\text{C}} = \dfrac{|I_{\text{C}} - I_{\text{C理}}|}{I_{\text{C理}}} \times 100\% =$

[复习题]

（1）三线摆摆动过程中，刚体的 _____ 能和 _____ 能不断相互转化，而总的 _____ 能保持不变.

（2）测量公式中的 R 和 r 叫 _____ 半径，是指 _____ 到 _____ 之间的距离.

[分析与讨论]

（1）分析与讨论实验结果.

（2）如何利用三线摆测定任意形状物体绕特定轴的转动惯量？

（3）如何使下圆盘开始摆动？为什么？

实验 4.3 液体黏度的测定

教学视频

黏度反映了流体反抗形变的能力,是描述流体黏滞性质的物理量. 在工业生产和科学研究中,如液压传动、机器的润滑和与流体性质有关的研究中,常需要考虑液体的黏度.

液体黏度的测量方法有落球法、扭摆法、转筒法和毛细管法等. 本实验学习用落球法(又称斯托克斯法)测量液体的黏度,该方法可用来测量黏度较大的透明液体.

[实验目的]

(1)用落球法测定甘油的黏度;

(2)掌握一种液体的黏度的测量方法,掌握移测显微镜、游标卡尺、秒表、温度计等基本仪器的使用;

(3)了解一种减小系统误差的方法,学习用不确定度评价实验结果.

[仪器设备]

移测显微镜、玻璃量筒、温度计、游标卡尺、秒表、镊子、培养皿、落球、甘油等.

[实验原理]

在稳定流动的液体中,各层流体的速度不同,因而在相邻两层流体之间会产生切向力. 快的一层给慢的一层以拉力,慢的一层给快的一层以阻力. 这一对等值、反向并阻碍液层间相对运动的力称为流体的内摩擦力或黏性力. 实验指出,相邻两个流层之间的黏性力 F_f,除了正比于两层液体之间的接触面积 S 外,还正比于该处速度梯度 dv/dx,即

$$F_f = \eta \frac{dv}{dx} S \qquad (4\text{-}3\text{-}1)$$

这就是牛顿黏性定律. 式中比例系数 η 称为黏度,η 的大小与液体的性质和温度等有关,温度升高,黏度迅速减小. 在国际单位制中,η 的单位为 $(N \cdot s)/m^2$,称"帕斯卡秒",简称"帕秒",用符号"Pa·s"表示.

由于液体的黏性,物体在液体中运动时要受到与其运动方向相反的黏性力的作用. 当一个小球在液体中下落时,若液体的黏度较大,小球下落速度很小,小球直径也很小,且液体各方向都可视作是无限广延的,则根据斯托克斯(Stokes)定律,小球受到的黏性力为

$$F_f = 6\pi\eta rv \qquad (4\text{-}3\text{-}2)$$

式中,η 是液体的黏度;r 是小球半径;v 是小球的下落速度.

小球在无限宽广的液体中竖直下落时,除受到上述黏性力外,还同时受到重力和浮力的作用,它们都作用在同一直线上,重力向下,浮力和黏性力向上.

由式(4-3-2)可知,黏性力随小球速度增加,小球从静止开始作变加速运动,当小球下落速度达到一定大小时,小球所受合力为零,此后小球匀速下落,如图 4-3-1 所示. 由三力平衡可得

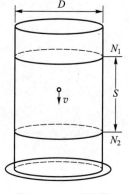

图 4-3-1 测液体黏度示意图

$$\frac{4}{3}\pi r^3 \rho g = \frac{4}{3}\pi r^3 \rho_0 g + 6\pi\eta rv \tag{4-3-3}$$

式中,ρ 是小球的密度,ρ_0 是液体的密度. 由式(4-3-3)可得

$$\eta = \frac{2}{9}\frac{(\rho-\rho_0)gr^2}{v} \tag{4-3-4}$$

本实验中,小球自液面下落数厘米以后即可达到匀速运动.

因为液体在容器内不是无限广延的,所以小球在无限广延的介质中下落实际上是不可能的. 如果小球沿直径为 D 的液柱轴线下落,我们只考虑管壁的影响,则式(4-3-4)应修正为

$$\eta = \frac{2(\rho-\rho_0)gr^2}{9v\left(1+2.4\dfrac{r}{R}\right)} \tag{4-3-5}$$

由于小球作匀速运动,则 $v=s/t$,并将 $r=d/2$,$R=D/2$ 代入式(4-3-5)得

$$\eta = \frac{(\rho-\rho_0)gd^2 t}{18s\left(1+2.4\dfrac{d}{D}\right)} \tag{4-3-6}$$

其中,d 表示小球直径,D 表示液柱直径,s 表示小球作匀速运动的距离,t 表示通过这段距离的时间.

[实验内容与步骤]

1. 用落球法测定甘油的黏度

(1)调节盛有甘油的量筒的底座螺钉,同时观察底座上的水准泡,使底座水平,以保证量筒在竖直方向.

(2)用游标卡尺测出量筒内径 D,用刻度尺量出量筒外壁两条标线 N_1、N_2 之间的距离 s(注意保证 s 是小球作匀速运动的一段距离).

(3)用移测显微镜测小钢球直径 d. 将小钢球放在培养皿上,调节显微镜,使视场中的小钢球清晰(移测显微镜的使用可参见第 3 章中的光学实验预备知识),让显微镜筒向同一方向平移,竖丝与小钢球两次相切,分别读出其读数 d_1 和 d_2,则 $d=|d_1-d_2|$,如图 4-3-2 所示. 操作时要防止产生螺距差.

(4)用镊子夹起小钢球,将小球浸入甘油量筒中心液面下,松开镊子使之沿液柱中轴线下落,用秒表测出小球下降通过路程 s 所需要的时间 t(注意避免小球通过 N_1 和 N_2 时观测者会产生的视差).

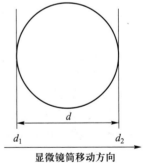

图 4-3-2 小球直径的测量

(5)测 5 个小钢球下落过程的数据. 观察温度计,记录实验室温度,记下实验室给出的小钢球的密度 ρ 和甘油的密度 ρ_0.

2. 选做内容

用激光光电门与电子计时器代替电子秒表,测量蓖麻油的黏度.

[注意事项]

(1)黏度随温度变化比较大,不要用手摸量筒.

（2）测小钢球直径 d 时,不要将小钢球夹出培养皿.

[数据记录表格]

小球密度 : $\rho =$ ＿＿＿＿＿＿＿＿ kg/m^3　　　甘油密度 : $\rho_0 =$ ＿＿＿＿＿＿＿＿ kg/m^3

重力加速度 : $g =$ ＿＿＿＿＿＿＿ m/s^2　　　室温 : $T =$ ＿＿＿＿＿＿＿ ℃

量筒内径 : $D =$ ＿＿＿＿＿＿＿ cm　　　游标卡尺分度值 : ＿＿＿＿＿＿＿ mm

移测显微镜分度值 : ＿＿＿＿＿ mm　　　秒表分度值 : ＿＿＿＿＿＿＿ s

米尺分度值 : ＿＿＿＿＿＿＿ mm

表 4-3-1　黏度的测定数据记录表

小球编号	d_1/mm	d_2/mm	d/mm	s/cm	t/s	η/(Pa·s)	σ_η/(Pa·s)
1							
2							
3							
4							
5							

[数据处理]

1. η 测量值的计算

由 $\eta = \dfrac{(\rho-\rho_0)gd^2t}{18s\left(1+2.4\dfrac{d}{D}\right)}$ 可得

$\eta_1 =$

$\eta_2 =$

$\eta_3 =$

$\eta_4 =$

$\eta_5 =$

$\overline{\eta} = \dfrac{1}{5}\sum\limits_{i=1}^{5}\eta_i =$

2. η 不确定度 σ_η 的计算

根据式(4-3-6)的推导,修正项 $(1+2.4d/D)$ 引起的不确定度很小,可忽略不计. 其中 σ_d、σ_t 和 σ_s 都只有 B 类不确定度 u_B,分别用各自的 Δ_{ins} 计算.

$\sigma_d = 0.005$ mm　　　　　$\sigma_t = 0.01$ s　　　　　$\sigma_s = 0.5$ mm

由 $\sigma_\eta = \eta \cdot \sqrt{\left(2\dfrac{\sigma_d}{d}\right)^2 + \left(\dfrac{\sigma_t}{t}\right)^2 + \left(\dfrac{\sigma_s}{s}\right)^2}$ 可得

$\sigma_{\eta_1} =$

$\sigma_{\eta_2} =$

$\sigma_{\eta_3} =$

$\sigma_{\eta_4} =$

$\sigma_{\eta_5} =$

$$\overline{\sigma_\eta} = \frac{1}{5} \sum_{i=1}^{5} \sigma_{\eta_i} =$$

3. 测量结果表示

$\eta = \overline{\eta} \pm \overline{\sigma_\eta} =$

[复习题]

（1）本实验用＿＿＿＿＿＿＿＿测量＿＿＿＿＿＿＿＿，这种方法适应于＿＿＿＿＿＿＿＿＿＿＿

＿＿＿＿＿＿＿＿＿＿＿＿＿＿＿的液体.

（2）η 的修正公式(4-3-6)是修正＿＿＿＿＿＿＿＿实验条件不满足带来的＿＿＿＿＿＿＿

误差.

（3）使用移测显微镜必须消除螺距差,消除的方法是＿＿＿＿＿＿＿＿.

[分析与讨论]

（1）分析与讨论实验结果.

（2）如何避免小球通过 N_1 和 N_2 时会产生的视差?

（3）小球下落速度与时间的关系是 $v = v_0 [1 + \exp(-18\eta/\rho d^2) t]$,开始下落时为加速运动,如当 $(v_0 - v)/v_0 < 10^{-4}$ m/s 时,就可以认为小球作匀速直线运动. 试根据有关数据估算液面与标线 N_1 间的距离应取多大.

实验 4.4 电表的改装与校准

电表是电学测量中广泛使用的基本仪器. 微安表可以测量微小电流,但它允许通过的电流和电压太小,为了测量更大范围的电流和电压,必须对它进行扩程和改装.

[实验目的]

(1) 分别将表头改装成电流表和电压表;

(2) 学习校准电表的方法.

[仪器设备]

100 μA 微安表、10 mA 电流表、2 V 电压表、直流电源、滑动变阻器、电阻箱、固定电阻.

[实验原理]

1. 将微安表改装并扩程(扩大量程)

如图 4-4-1 所示,在微安表的两端并联分流电阻 R_p,使超过其满度电流的那部分电流从 R_p 通过. 由微安表和分流电阻 R_p 组成的整体就是扩程后的电流表. 并联不同限值的 R_p,可以得到不同量程的电流表.

设微安表的满度电流为 I_g,内阻为 R_g,扩大量程为 I,则扩大的倍数 $n=I/I_g$,因为有 $I_g R_g = (I-I_g)R_p$,所以 R_p 为

$$R_p = \frac{R_g}{n-1} \tag{4-4-1}$$

2. 将微安表改装成电压表

如图 4-4-2 所示,在微安表的一端串联一个分压电阻 R_s,使超过微安表所能承受的那部分电压分在 R_s 上. 由微安表和分压电阻 R_s 组成的整体,就是改装而成的电压表. 串联不同阻值的 R_s,可以得到不同量程的电压表.

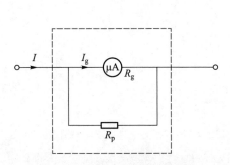

图 4-4-1 微安表改装为电流表

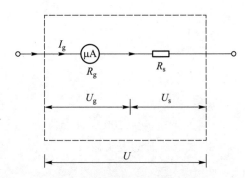

图 4-4-2 微安表改装为电压表

如微安表的满度电流为 I_g,内阻为 R_g,改装后的电压表量程为 U,则分压电阻 R_s 为

$$R_s = \frac{U}{I_g} - R_g \tag{4-4-2}$$

3. 电表的校准

改装后的电表必须经过校准才能使用. 所谓校准, 就是用改装后的电表和一个标准表, 同时去测量一定的电流或电压, 进行比较. 利用校准的结果, 可以得到改装表各个刻度的绝对误差, 选取其中一个最大的绝对误差除以量程, 就是该表改装后的标称误差, 即

$$标称误差 = \frac{最大绝对误差}{量程} \times 100\%$$

电表的等级就是由标称误差确定的. 例如, 标称误差在 0.2% ~ 0.5% 之间的电表定为 0.5 级, 表盘上用符号 0.5 表示. 可见, 实验者拿到一个电表, 从表盘上得到该表的等级和最大量程, 就可大致得知其最大绝对误差.

为了更准确地得知电表的误差, 可以不用电表的等级作为确定误差的最后依据, 而是通过作校准曲线的方法. 在校准时, 读出被校表各个刻度的指示值 I_x (或 U_x) 和标准表对应的指标值 I_s (或 U_s), 得到该刻度的修正值 $\Delta I_x = I_s - I_x$ (或 $\Delta U_x = U_s - U_x$), 以 I_x (或 U_x) 为横坐标, ΔI_x (或 ΔU_x) 为纵坐标描点, 两个校准点间用直线连接, 就得到该表的校准曲线. 在以后使用该表时, 根据校准曲线可以修正电表的读数, 得到较为准确的结果. 图 4-4-3 就是一条校准曲线.

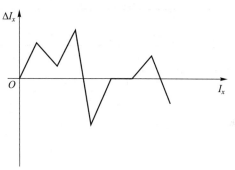

图 4-4-3　电表校准曲线

电流表和电压表的校准电路分别如图 4-4-4 和图 4-4-5 所示.

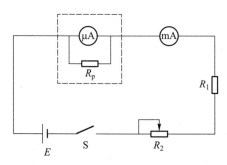

图 4-4-4　校准电流表的电路

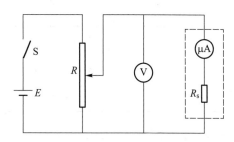

图 4-4-5　校准电压表的电路

[实验内容与步骤]

1. 将满度电流为 100 μA 的表头改装成量程为 10 mA 的电流表并校准

（1）根据给定的表头内阻 R_g, 由式 (4-4-1) 算出分流电阻 R_p 的值.

（2）按图 4-4-4 连接线路, R_p 用电阻箱, R_1 为 510 Ω 电阻, R_2 为滑动变阻器, ⓜⒶ 为标准表.

（3）校准电表时, 先校准量程, 如果量程不对, 与计算值有差异, 可微调 R_p, 使得量程与标准表指示一致.

（4）校准电表刻度, 使电流从小到大校准 5~8 个刻度值. 然后电流从大到小重复一遍.

2. 将满度电流为 100 μA 的表头改装成量程为 2 V 的电压表并校准

（1）由式 (4-4-2) 算出分压电阻 R_s 的数值.

（2）按图 4-4-5 所示连接线路，R_s 用电阻箱，Ⓥ为标准表.

（3）校准电压表的方法与校准电流表的方法相同.

[**数据记录表格**]

微安表改装成电流表与校准的数据记录，参见表 4-4-1 和表 4-4-2.

表 4-4-1　电流表的扩程与校准

满度电流 I_g/μA	扩程后量程 I/mA	内阻 R_g/Ω	R_p/Ω	
			计算值	实验值

表 4-4-2　电流表的扩程与校准

被校表读数 I_x/mA	标准表读数 I_s/mA			ΔI_x/mA
	小→大	大→小	平均值	$I_s - I_x$

作出校准曲线 $I_x-\Delta I_x$.

微安表改装成电压表与校准的数据记录，参见表 4-4-3 和表 4-4-4.

表 4-4-3　电压表的扩程和校准

满度电流 I_g/μA	扩程后量程 U/V	内阻 R_g/Ω	R_p/Ω	
			计算值	实验值

表 4-4-4　电压表的扩程和校准

被校表读数 U_x/V	标准表读数 U_s/V			ΔU_x/V
	小→大	大→小	平均值	$U_s - U_x$

续表

| 被校表读数 U_x/V | 标准表读数 U_s/V | | | ΔU_x/V |
	小→大	大→小	平均值	$U_s - U_x$

作校准曲线 U_x-ΔU_x.

[数据处理]

分别作出电流表和电压表的校准曲线.

[复习题]

（1）将表头扩大量程改装成电流表,需 _____;将表头改装成电压表,需 _____ .

（2）校准电表分两步进行,一是校准 _____ ,二是校准 _____ .

[分析与讨论]

校准电表刻度时,为什么要在电表读数上升时读一次数,下降时再读一次数?

实验 4.5 导热系数的测定

导热系数(又称热导率)是反映材料导热性能的重要物理量. 热传导是热交换的三种(热传导、对流和辐射)基本形式之一,是工程热物理、材料科学、固体物理及能源、环保等各个研究领域的课题. 材料的导热机理在很大程度上取决于它的微观结构,热量的传递依靠原子、分子围绕平衡位置的振动以及自由电子的迁移. 在金属中,电子流起支配作用,在绝缘体和大部分半导体中,则是晶格振动起主导作用. 因此,某种材料的导热系数不仅与构成材料的物质种类密切相关,而且还与它的微观结构、温度、压力及杂质含量有关. 在科学实验和工程设计中,所用材料的导热系数都需要用实验的方法精确测定.

教学视频

[实验目的]

(1) 了解热传导的基本规律;

(2) 掌握用稳态法测量不良导热体导热系数的实验方法;

(3) 掌握用稳态法测量良导热体导热系数的实验方法.

[仪器设备]

加热器件、加热盘、待测样品(硅橡胶、硬铝、胶木板)、散热盘、热电偶、导热系数测量仪.

[实验原理]

不同的物质具有不同的热传导性能,导热系数高的物质为良好的导热体,简称良导热体,否则为不良导热体. 热量在导体内流动的同时还要从导体的周围散失,良导热体散失的热量要大于不良导热体,所以说良导热体导热系数的测定有一定的难度. 本实验将采用稳态法测量待测样品的导热系数.

假定温度 $T_1 > T_2$,根据热传导的原理可知,热量从温度高处向低处流动,当时间足够长时,T_1 和 T_2 的温度达到稳定并保持不变,此时称系统达到稳恒状态(稳态).

当系统达到稳态时,在 $\mathrm{d}t$ 时间内通过待测样品的热量 $\mathrm{d}Q$ 满足下式:

$$\frac{\mathrm{d}Q}{\mathrm{d}t} = \frac{\lambda S_A (T_1 - T_2)}{H_A} \tag{4-5-1}$$

其中 $\dfrac{\mathrm{d}Q}{\mathrm{d}t}$ 为热流量;S_A 为待测样品的截面积;λ 为待测样品的导热系数;H_A 为待测样品的厚度.

散热盘 B 的冷却速率为

$$\frac{\mathrm{d}Q}{\mathrm{d}t} = -mc \frac{\mathrm{d}T}{\mathrm{d}t} \tag{4-5-2}$$

式中,$\mathrm{d}T$ 为散热盘上温度的变化量,$\dfrac{\mathrm{d}T}{\mathrm{d}t}$ 表示单位时间内的温度变化,称为冷却速率,$mc\dfrac{\mathrm{d}T}{\mathrm{d}t}$ 为散热盘上的散热速度.

稳态时散热盘 B 的冷却速率的表达式应作面积修正:

$$\frac{\mathrm{d}Q}{\mathrm{d}t} = -mc\frac{\mathrm{d}T}{\mathrm{d}t} \cdot \frac{S'_B}{S_B} \qquad (4-5-3)$$

其中，$S'_B = \pi R_B^2 + 2\pi R_B H_B$ 为散热盘 B 的实际散热面积，而 $S_B = 2\pi R_B^2 + 2\pi R_B H_B$ 为全表面面积，其中 m 为散热盘 B 的质量，c 为散热盘 B 的比热容，R_A 为待测样品的半径. 由式（4-5-1）和式（4-5-3）可得

$$\lambda = -mc\frac{S'_B}{S_B} \cdot \frac{\mathrm{d}T}{\mathrm{d}t}\frac{1}{(T_1 - T_2)} \cdot \frac{H_A}{S_A} \qquad (4-5-4)$$

化简后，待测样品的导热系数 λ 为

$$\lambda = -mc\frac{R_B + 2H_B}{2R_B + 2H_B} \cdot \frac{\mathrm{d}T}{\mathrm{d}t} \cdot \frac{1}{(T_1 - T_2)} \cdot \frac{H_A}{\pi R_A^2} \qquad (4-5-5)$$

本实验中，导热系数测量仪实际测量的是热电偶输出的电压，实验公式为

$$\lambda = -mc\frac{R_B + 2H_B}{2R_B + 2H_B} \cdot \frac{\Delta V_2}{\Delta t} \cdot \frac{1}{(V_1 - V_2)} \cdot \frac{H_A}{\pi R_A^2} \qquad (4-5-6)$$

[实验内容与步骤]

（1）记录实验室给出的加热盘和散热盘以及测试样品的有关参量.

（2）调整仪器. 松开固定螺钉，将硅橡胶放在加热盘与散热盘之间，硅橡胶要求与加热盘、散热盘完全对准. 调节底部的三个微调螺钉，使硅橡胶与加热盘、散热盘接触良好，但不宜过紧或过松.

插好加热盘的电源插头；再将两根连接线的一端分别插入主机，另一传感器端分别插在加热盘和散热盘小孔中（如图 4-5-1 所示），要求传感器完全插入小孔中，以确保传感器与加热盘和散热盘接触良好. 在安放加热盘和散热盘时，还应使放置传感器的小孔上下对齐，加热盘和散热盘两个传感器要一一对应，不可互换.（注意：在测硬铝样品时要从上、下两盘中取出热电偶并插入硬铝两端的小孔中.）

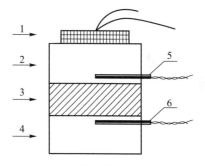

图 4-5-1

1—加热器件；2—加热盘；3—待测样品；
4—散热盘 B；5，6—热电偶

（3）打开电源开关.

（4）将加热控制方式调为"自动控制"，PID 温控表上的温度"设置值"调至 100 ℃. 此时加热元件对上面加热盘进行加热. 实验者注意不要接触加热盘、散热盘和待测物体，以免烫伤.

（5）通过信号选择开关的转换，可以在电压表上观察加热盘、散热盘的电压，其中 I 为上铜盘的电压 V_1，II 为下铜盘的电压 V_2.

当加热温度升至设定温度 100 ℃ 时，观测加热盘、散热盘输出电压值，当散热盘电压 V_2 趋于稳定后，每隔 2 min 记录 V_1 和 V_2 的值，直到 V_2 的读数稳定（波动小于 0.01 mV），或加热盘、散热盘温度差 $V_1 - V_2 = \Delta V$ 维持 10 min 保持不变，即可认为达到稳态，此时电压 V_2 即稳态 V_{2W}.

（6）冷却速率 $\overline{\dfrac{\Delta V_2}{\Delta t}}$ 的测量：

① 样品为硅橡胶时，测量冷却速率是在测量完 V_1 和 V_2 之后，取下硅橡胶，让加热盘和散热盘直接接触，使散热盘的电压 V_2 相对 V_{2w} 升高 0.4~1 mV，然后将"控制方式"开关置于"停"，停止加热，将加热盘移开，每隔 30 s 记录一次散热盘的输出电压 V_2，将数据填入表 4-5-2 中，直到电压低于稳态时的电压值 V_{2w}，再记录五组数据（至少要保证高于和低于稳态电压 V_{2w} 的数据各有五组）.

② 样品为硬铝时，把热电偶插入硬铝的上、下孔中，达到稳态时，记录下 V_1 和 V_2 后，把硬铝下孔中的热电偶取出，插入散热盘中，待电压稳定后记为稳态电压 V_{2w}，再测硬铝 V_{2w} 时的冷却速率，步骤同①.

[数据记录表格]

铜块比热容：$c =$ _____ J/(kg·℃)

铜块：$m =$ _____ kg

铜块半径：$R_B =$ _____ m

散热盘厚度：$H_B =$ _____ m

硅橡胶厚度：$H_{A1} =$ _____ m

硬铝厚度：$H_{A2} =$ _____ m

硅橡胶半径：$R_{A1} =$ _____ m

硬铝半径：$R_{A2} =$ _____ m

热电偶分度值：_____ mV

秒表分度值：_____ s

表 4-5-1　稳态电压差 ΔV 及稳态电压 V_{2w}

t/min	V_1/mV	V_2/mV	ΔV/ mV	t/min	V_1/ mV	V_2/ mV	ΔV/ mV
2				16			
4				18			
6				20			
8				22			
10				24			
12				26			
14				…………			

表 4-5-2　散热速率的测量

V_2/mV	V_{21}	V_{22}	V_{23}	V_{24}	V_{25}	V_{26} V_{2w}	V_{27}	V_{28}	V_{29}	V_{210}	V_{211}

[数据处理]

（1）稳态时的 ΔV 及稳态电压 V_{2w}：

取表 4-5-1 中 $V_1 - V_2$ 相等的五组数据来确定 ΔV：$V_1 - V_2 = \Delta V$；确定 V_2 为稳态电压 V_{2w}.

（2）冷却速率的计算：

取高于和低于稳态电压 V_{2w} 的 V_2 数据计算冷却速率：

$$\frac{\Delta V_2}{\Delta t} = \frac{V_{2_{11}} - V_{2_1}}{30 \text{ s} \times (11-1)} = \underline{\hspace{2cm}} \text{ mV/s}$$

（3）计算导热系数 λ 及其不确定度 σ_λ：

$$\lambda = -mc\,\frac{R_B + 2H_B}{2R_B + 2H_B} \cdot \frac{\Delta V_2}{\Delta t} \cdot \frac{1}{(V_1 - V_2)} \cdot \frac{H_A}{\pi R_A^2} = \underline{\hspace{2cm}} \text{ W/(m·℃)}$$

由式(4-5-6)可以看出各项误差之中，主要误差来源于散热速率这一项，即可推导出相对不确定度：

$$\frac{\sigma_\lambda}{\lambda} = \underline{\hspace{2cm}}$$

可得到：$\sigma_\lambda = \lambda \cdot \left(\dfrac{\sigma_\lambda}{\lambda}\right) = \underline{\hspace{2cm}} \text{ W/(m·℃)}$.

（4）测量结果：$\lambda \pm \sigma_\lambda = \underline{\hspace{2cm}} \text{ W/(m·℃)}$.

[复习题]

（1）稳态是指 _____.

（2）冷却速率是指 _____.

[分析与讨论]

（1）分析与讨论实验结果.

（2）通过本次实验，试分析为什么主要误差来源于散热速率这一项.

（3）试说明调整仪器时，为什么要使被测物体与加热盘和散热盘接触良好.

实验 4.6 电 势 差 计

电势差计是一种精密的电学测量仪器,它可利用补偿原理和比较法精确测量直流电势差或电源电动势,测量结果准确度高,使用方便,稳定可靠.它主要用来测量电动势、电势差和校准电表,还常被用来精确地间接测量电流、电阻和校正各种精密电表以及一些非电学量(如温度、压力、位移和速度等),其精度可达 0.1%~0.03%.电势差计是应用最广的仪器之一,在现代工程技术中,电子电势差计还广泛用于各种自动检测和自动控制系统.

[实验目的]

(1)了解电势差计的补偿原理;

(2)掌握电势差计的工作原理、结构和特点;

(3)学会用线式电势差计测量电源的电动势和内阻.

[仪器设备]

稳压电源、线式电势差计、检流计、标准电池、可变电阻器、电阻箱、干电池.

[实验原理]

1. 电势差计的基本原理——补偿法

直接用电压表测量电动势时,得到的是电池两端的路端电压,由于电池有内阻,只要有电流通过,就会有电压降,所以电压表的示值(端电压)总是小于电源电动势.

$$E = E_x - IR_内 \tag{4-6-1}$$

2. 补偿法的实现

要消除电池内阻产生的电压降,就必须使流过电池的电流为零,因此要测量未知电动势,原则上按图 4-6-1 所示电路进行,电势差计就是利用补偿法测电池的电动势.

3. 电势差计工作原理

实际使用中,精度高而连续可调的电源是没有的.为了实现上述测量,通常采用分压的方法.电势差计就是根据补偿原理制成的高精度分压装置.电势差计有多种类型,本实验使用的是线式电势差计(如图 4-6-2 所示),其中,由电源 E、滑动变阻器 R_1 和标准均匀电阻丝 AB 段组成的回路,叫辅助回路;由检流计 G、标准电池 E_s(或待测电池 E_x)和标准均匀电阻丝 AD 段组成的回路,叫补偿回路.

4. 测量未知电动势 E_x

接通 S 后,有电流 I 通过电阻丝 AB.

标准化:把 S_1 拨向标准电池 E_s,检流计 G 上可能有电流流过,适当调整 D 点位置,找到合适的 AD 长度,使 G 的指针指"零",即 $E_s = U_{AD}$,此时,电路处于平衡状态,电阻 R_{AD} 上的电压降与标准电池的电动势互为补偿.

如果单位长度电阻丝电阻为 R_0,AD 长度为 L_{AD},则 AD 端的电势差为

$$E_s = I R_0 L_{AD} \tag{4-6-2}$$

保持电阻 R_2 不变,即工作电流 I 保持不变,把 S_1 倒向待测电池 E_x,重新调整 D 点位置于 D',使检流计 G 再次指零,达到补偿状态,此时 AD' 长度为 $L_{AD'}$,则

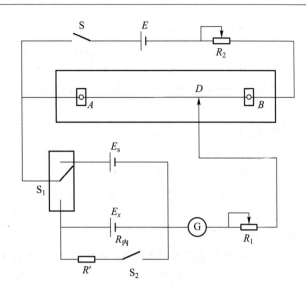

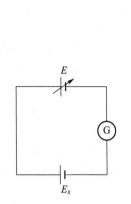

图 4-6-1　电压补偿示意图

图 4-6-2　电势差计实验原理图

$$E_x = IR_0 L_{AD} \tag{4-6-3}$$

代入式(4-6-2)并化简:

$$E_x = \frac{L_{AD'}}{L_{AD}} E_s \tag{4-6-4}$$

当 E_s, L_{AD}, $L_{AD'}$ 都已知时, 电源电动势 E_x 即可求出.

5. 测量电源内阻

如图 4-6-2 所示, 保持电阻 R_2 不变, 即工作电流 I 保持不变, 把 S_1 倒向待测电池 E_x, 闭合 S_2, 重新调整 D 点位置于 D'' 位置, 使检流计 G 再次指零, 达到补偿状态, 此时 AD'' 长度为 $L_{AD''}$, 则 R' 两端电压 U' 为

$$U' = IR_0 L_{AD''} \tag{4-6-5}$$

在由 E_x, R' 和 S_2 组成的回路中, 有

$$E_x = i(R' + R_内) = U' + iR_内 = U' + \frac{U'}{R'} R_内 \tag{4-6-6}$$

即

$$R_内 = \frac{E_x}{U'} R' - R' \tag{4-6-7}$$

由式(4-6-3), (4-6-5), (4-6-7)得

$$R_内 = \frac{L_{AD'}}{L_{AD''}} R' - R' \tag{4-6-8}$$

式中, R' 已知, 测出 $L_{AD'}$, $L_{AD''}$, 则 $R_内$ 即可求出.

[实验内容与步骤]

按图 4-6-2 连接线路, 其中 R_1, R_2 是可调滑动变阻器, R' 用电阻箱(取为 20 Ω), S_1 为单刀双掷开关, E_s 是标准电池, E_x 是待测电动势.

首先确定工作电流, 闭合开关 S, 断开开关 S_1、S_2, 调整 R_2 阻值使电阻丝 AB 两端电压

E_{AB} 至少要大于标准电池 E_s 及待测电动势 E_x(调整好 R_2 的阻值后,在以下的操作中都不能再改变 R_2 的阻值).将 R_1 阻值调到最大,闭合开关 S,将 S_1 倒向 E_s,观察检流计 G 的偏转的同时,滑动触头 D 不断和电阻丝 AB 接触、断开,直到检流计 G 指零;再减小 R_1 的阻值至零,细调滑动触头 D,使检流计 G 指针指零,记下此时 AD 间的长度 L_{AD}.

1. 测量未知电动势 E_x

恢复 R_1 阻值到最大,将开关 S_1 倒向待测电动势 E_x,断开 S_2,观察检流计 G 的偏转的同时,滑动触头 D 不断和电阻丝 AB 接触、断开,直到检流计 G 指零;再减小 R_1 的阻值至零,细调滑动触头 D,使检流计 G 指针指零,记下此时 AD 间的长度 $L_{AD'}$.

不改变工作电流(即 R_2 不变),重复上述步骤,重复测五次.

2. 测量电池内阻

恢复 R_1 阻值到最大,将开关 S_1 倒向待测电动势 E_x,S_2 闭合,观察检流计 G 的偏转的同时,滑动触头 D 不断和电阻丝 AB 接触、断开,直到检流计 G 指零;再减小 R_1 的阻值至零,细调滑动触头 D,使检流计 G 指针指零,记下此时 AD 间的长度 $L_{AD''}$.

不改变工作电流(即 R_2 不变),重复上述步骤,重复测五次.

3. 用箱式电势差计测内阻

电势差计测电阻阻值,实际上是通过测量电阻两端电压而间接测到的.如图 4-6-3 所示,如果用电势差计分别测得 R_s 和 R_x 两端的电压 U_s 和 U_x,则有

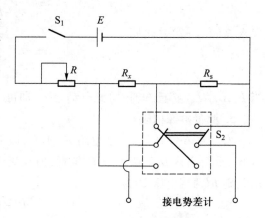

$$\frac{U_s}{R_s} = \frac{U_x}{R_x} \qquad (4\text{-}6\text{-}9)$$

即有

$$R_x = \frac{U_x}{U_s} R_s \qquad (4\text{-}6\text{-}10)$$

在图 4-6-3 中,R_s 用电阻箱(阻值调为 50 Ω),R 用滑动变阻器(0~10 kΩ),S_2 是双刀双掷开关.

图 4-6-3 测量电阻电路图

将 S_2 分别掷向上方接通 R_s 和掷向下方接通 R_x,分别测出 R_s 和 R_x 两端的电压 U_s 和 U_x,代入式(4-6-10)中计算出 R_x.

[注意事项]

(1) 线路接好后,要仔细检查,确认无误方可接通电源,特别要注意正负极的连接,断开电源时,应先断开校准回路.

(2) 实验过程中要保护标准电池和检流计不受损害,标准电池的通电时间不宜过长,通过的电流都不宜过大.

(3) 调节电势差计 D 端时,D 端与电阻丝只作点接触,严禁将 D 端按下后左右移动,避免刮伤电阻丝.

[数据记录表格]

标准电池精度:$\alpha =$

电阻箱精度:$\alpha =$

室温：$t =$ _____ ℃

标准电池电动势：$E_s =$ _____ V

米尺分度值：_____ m

表 4-6-1 电势差计数据测量

次数	L_{AD}/m	$L_{AD'}$/m	$L_{AD''}$/m
1			
2			
3			
4			
5			
平均			

[数据处理]

（1）测量未知电动势 E_x

未知电动势 E_x 的合成不确定度（忽略检流计灵敏度不够引起的误差）：

$$\sigma_{\overline{E_x}} = \underline{\quad\quad} \text{ V}$$

未知电动势 E_x 的测量结果表达式：

$$E_x = \overline{E_x} \pm \sigma_{\overline{E_x}} = \underline{\quad\quad} \text{ V}$$

（2）测量电源内阻 $R_内$

电源内阻 $R_内$ 的合成不确定度：

$$\sigma_{\overline{R_内}} = \underline{\quad\quad} \Omega$$

电源内阻 $R_内$ 的测量结果表达式：

$$R_内 = \overline{R_内} \pm \sigma_{\overline{R_内}} = \underline{\quad\quad} \Omega$$

[复习题]

（1）电势差计的基本原理是_____．

（2）在图 4-6-1 中，电路达到补偿时，检流计 G 指_____，E 与 E_x 大小_____，方向_____．

（3）R_1 的作用是_____；它的正确使用方法是_____．

[分析与讨论]

（1）分析与讨论实验结果．

（2）检流计始终无偏转，可能是何原因？

（3）当电路平衡时，是否电路中电流都为零？

[附录] 箱式电势差计

1. 箱式电势差计的原理电路

箱式电势差计是应用补偿原理设计而成的一种精密且使用方便的仪器，其型号较多，但一般都包含以下三部分，如图 4-6-4 所示．

（1）工作电流调节回路，主要由 E、R_p、R_1、R、S_0 等组成；

（2）校正工作电流回路：主要由 E_s、R_s、S_1、S_2 等组成；

（3）待测回路：主要由 E_x、R_x、G、S_1、S_2 组成.

2. 电压补偿原理

图 4-6-1 为电压补偿原理图. 在图 4-6-1 中，E_x 为被测未知电动势，E_0 为可以调节的已知电源，G 为检流计. 在此回路中，若 $E_0 \neq E_x$，则回路中一定有电流，检流计指针偏转. 调整 E_0 值，总可以使检流计 G 指示零值，这就说明此时回路中两电源的电动势必然大小相等、方向相反，数值上有 $E_0 = E_x$，因而相互补偿（平衡）. 这种测电压或电动势的方法称为补偿法. 电势差计就是应用这种补偿原理设计而成的测量电动势或电势差的仪器.

由上可见，构成电势差计需要有一个特定的可调电源 E_0，而且要求它满足两个条件：① 它的大小便于调节，使 E_0 能够和 E_x 补偿；② 它的电压很稳定，并能读出精确的电压值.

3. 电势差计原理

图 4-6-4 为电势差计原理图. 电势差计应用的补偿原理，是用可调的已知电压 $E_0 = IR_0$ 与被测电动势 E_x 相比较，当检流计指示零时，两者相等，由此获得测量结果. 由欧姆定律 $U = IR$ 可知，要想得到可调的已知电压 E_0，可先使电流 I 确定为一恒定的已知标准电流 I_0，然后使 I_0 流过电阻 R_1，如果 R_x 的大小可调并可知（R_x 是 R_1 在补偿回路 $E_x S_1 G R_x$ 中的部分），则 R_x 两端的电压降 U 为可调已知，有 $U = I_0 R_x$，将 R_x 两端的电压 U 引出，并与未知电动势 E_x 进行比较，组成补偿回路，则 U 相当于可调的已知电压"E_0".

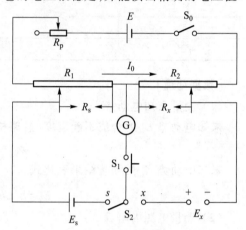

图 4-6-4　箱式电势差计的原理图

在图 4-6-4 中，$ERR_s R_p$ 组成工作回路，$E_x R_x GS_1$ 和 $E_s R_s GS_1$ 各组成一个补偿回路.

（1）校准工作电流

工作回路中的电流叫工作电流. 为使 R_x 中通过的电流是已知的标准电流 I_0，在图 4-6-4 中，使开关 S_1 倒向左端 s，调节 R_p 改变工作回路中的电流，当检流计指示零时，R_s 上的电压降恰与补偿回路中标准电池的电动势 E_s 相等，有 $E_s = I_0 R_s$，$I_0 = E_s / R_s$，由于 E_s 和 R_s 都是很准确的，所以这时工作回路中的工作电流就被精确地校准到所需要的 I_0 值.

（2）测量未知电动势

在图 4-6-4 中，把 S_1 倒向右端 x，保持 I_0 不变，只要 $E_x \leqslant I_0 R$，就可以调节 R_x 使检流计再度指示零，此时可得

$$E_x = I_0 R_x = E_s \frac{R_x}{R_s} \tag{4-6-11}$$

由于测量时保证 I_0 恒定不变，所以 E_x 与 R_x 一一对应. 一般来讲，箱式电势差计在制造时，用可调节的标准电动势取代 E_x 给 R_x 定标，在测量未知电动势 E_x 时就可以从 R_x 示值上直接读出所测电动势 E_x 的值.

补偿法具有以下优点：

① 电势差计是一个电阻分压装置，其中被测电压 U_x 和标准电动势 E_s 二者接近于直接并列比较. U_x 的值仅取决于电阻比 R_x / R_s 及标准电动势 E_s，因而可能达到的测量准确度较高.

② 上述"校准"和"测量"两步骤中电流计两次均指零，表明测量时既不从标准回路内的

标准电动势源(通常用标准电池)中吸取电流,也不从测量的回路中吸取电流.因此,不改变被测回路的原有状态及被测电压值等参量,同时可避免测量回路导线电阻、标准电池内阻及被测回路等效内阻等对测量准确度的影响,这是补偿法测量的准确度较高的另一原因.

4. UJ-31 型直流电势差计简介

UJ-31 型电势差计是一种测量低电势差的仪器,分为量程 17 mV(最小分度 1 μV,倍率开关 S 旋到 ×1)和量程 170 mV(最小分度 10 μV,倍率开关 S 旋到 ×10)两挡.图 4-6-5 面板示意图上方的五对接线端钮从左到右依次接入标准电池、检流计、5.7~6.4 V 直流电源和待测的两组未知电压(未知 1 和未知 2).图 4-6-5 是 UJ-31 型电势差计的面板示意图.图 4-6-4 是用电势差计测电源电动势的原理图.面板上各旋钮、开关及调节盘的名称、作用及操作注意事项见表 4-6-2.

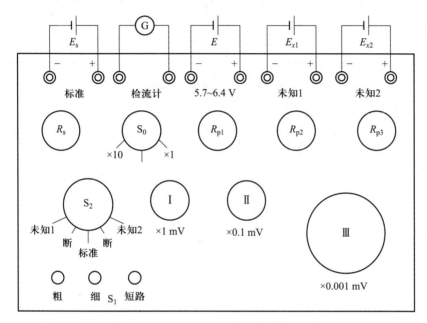

图 4-6-5　UJ-31 型电势差计面板示意图

I, II —十进制步进测量盘;III —滑动测量盘;R_s —温度补偿盘;S_0 —倍率选择开关;

S_2 —测量选择开关;S_1 —检流计按钮;R_{p1}, R_{p2}, R_{p3} —工作电流调节盘

表 4-6-2　UJ-31 型电势差计的面板及操作注意事项

图 4-6-5 中标记及名称		作用、特点及操作注意事项
S_2:测量选择开关		进行"校准"时 S_2 旋至"标准"位置,"测量"时旋至"未知 1"或"未知 2"位置,不用时旋至"断"位置
校准	R_s:温度补偿盘	"校准"前根据室温查出当时的标准电池电动势 E_s,将 R_s 盘旋至对应位置,该盘已直接按电池电动势值标注. $R_s = E_s /$ 0.010 000 A
	R_{p1}、R_{p2}、R_{p3}:工作电流调节盘	"校准"时旋转面板上三个粗、中、细调节盘,使检流计指零,这时 $I_0 = 10.000$ mA

图 4-6-5 中标记及名称		作用、特点及操作注意事项
测量	S_0：倍率选择开关	"测量"前根据被测电压的约值预先选定，先使用最大的一挡测量盘．未知电压＝测量盘读数×倍率（有×1 和 10 两挡）
	Ⅰ、Ⅱ、Ⅲ：测量盘	测量未知电压用的粗、中、细调节盘，已按倍率为×1 时的电压值标定分度，可直接读数
	S_1 粗、细、短路：检流计按钮	进行"校准"或"测量"的操作时，应先按"粗"按钮，这时检流计回路串联有 10 kΩ 电阻，调节待测检流计，几乎为零后再按下"细"按钮继续调节，直至指零．按下"短路"按钮时，检流计被短路，检流计光标或指针能很快停住．当光标或指针左右摆动、长久不停时可用它，一般不用

5. UJ-31 型直流电势差计测电动势（或电压）的步骤

（1）连接线路

线路没有接通前，先将测量选择开关 S_2 转到"断"的位置，并将面板左下角"粗""细""短路"按钮松开，将倍率选择开关 S_0 按测量需要指标在"×10"或"×1"的位置上．按图 4-6-5 上分布的接线柱的极性，分别接上"标准电池""检流计"，待测电动势 E_x 接在"未知 1"（或"未知 2"）接线柱上．

（2）校准工作电流

① 因为标准电池的电动势随温度也有微小的变化，所以应按照实验室温度计示值，参照参考资料，把温度补偿器 R_s 转到所查得的数值位置上；

② 调好检流计；

③ 将测量选择开关 S_2 转到"标准"位置，将图 4-6-5 中左下角的检流计按钮"粗"按下，用变阻器 R_{p1}、R_{p2}、R_{p3}（或称工作电流调节盘），按粗、中、细顺序校准工作电流，使检流计指零，再将图 4-6-5 中左下角按钮"细"按下，进一步调节 R_{p2}、R_{p3} 使检流计重新指示到零位，这时工作电流校准完毕；

（3）测量未知电动势 E_x

① 估计待测电动势（或电压）的大小，将倍率选择开关 S_0 按测量需要置于"×10"（或"×1"）的位置上；

② 工作电流校准完毕后，将待测电动势（或电压）接"未知 1"（或"未知 2"）的位置，将测量选择开关 S_2 转到对应的"未知 1"（或"未知 2"），调节 R_x（即依次转动测量盘Ⅰ、Ⅱ、Ⅲ），使检流计指"零"．此时所得待测电动势 E_x（或电压 U_x）的大小，是电势差计上所有测量盘Ⅰ、Ⅱ、Ⅲ上的读数之和乘以倍率选择开关 S_0 所指示的"×10"（或"×1"）．

6. UJ-33a 型直流电势差计简介

UJ-33a 为直流携带式电势差计．内附晶体管放大检流计、标准电池及工业电池，不需外加附件便可进行测量．可在实验室、车间及现场测量直流电压，亦可经换算后测量直流电阻、电流、功率及温度等．

主要指标如下：

准确度等级	工作电流	量程因数	有效量程	分辨力	基本误差允许极限
0.05	3 mA	×5	0～1.055 0 V	50 μV	≤ 0.05% U_x+50 μV
		×1	0～211.0 mV	10 μV	≤ 0.05% U_x+50 μV
		×0.1	0～21.10 mV	1 μV	≤ 0.05% U_x+50 μV

面板图如图 4-6-6 所示

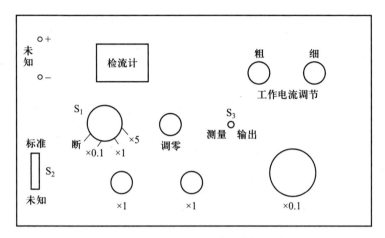

图 4-6-6　UJ-33a 型直流电势差计

UJ-33a 型直流电势差计的使用方法：

（1）将待测电压按极性接在"未知"接线柱上；

（2）校准：将倍率选择开关 S_1 由"断"旋到所需位置，S_3 开关置"测量"位置，此时上述电源接通，2 min 后旋转"调零"旋钮，使检流计指针指零. 将 S_2 开关置向"标准"，旋转调节"工作电流调节"旋钮"粗""细"，直到检流计指零；

（3）测量：将 S_2 置于"未知"位置，调节读数盘，使检流计指针指零，则待测电动势（或电压）为三个读数盘示数之和与倍率的乘积.

7. 标准电池简介

原电池的电动势与电解液的化学成分、浓度、电极的种类等因素有关，因而一般要想把不同电池做到电动势完全一致是比较困难的. 标准电池就是用来当成电动势标准的一种原电池. 实验室常见的所谓干式标准电池和湿式标准电池，湿式标准电池又分为饱和式和非饱和式两种. 这里仅简介最常用的饱和式标准电池，亦称"国际标准电池"，它的结构如图 4-6-7 所示.

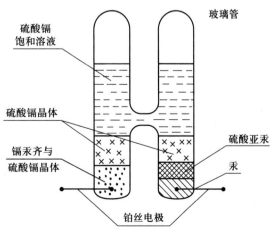

图 4-6-7　标准电池结构图

（1）标准电池具有如下特点：

① 电动势恒定,使用中电动势大小随时间变化很小.

② 电动势因温度的改变而产生的变化可用下面的经验公式具体地计算.

$$E_t \approx E_{20} - 0.000\ 04(t-20) - 0.000\ 001(t-20)^2$$

式中 E_t 表示室温为 t 时标准电池的电动势值,单位为 V;E_{20} 表示室温为 20 ℃时标准电池的电动势值,单位为 V,此值一般为已知 1.018 60 V;t 的单位为℃.

③ 电池的内阻具有相当大的稳定性.

（2）使用标准电池要特别注意下列事项：

① 从标准电池取用的电流不得超过 1 μA. 因此,不许用一般电压表(如万用表)测量标准电池电压. 使用标准电池的时间要尽可能短.

② 绝不能将标准电池当一般电源使用.

③ 不许倒置、横置电池装置或使其剧烈震动.

表 4-6-3　不同温度下标准电池的电动势

温度/℃	标准电池 E_s/V	温度/℃	标准电池 E_s/V
10	1.018 91	20	1.018 60
11	1.018 89	21	1.018 56
12	1.018 86	22	1.018 52
13	1.018 84	23	1.018 47
14	1.018 81	24	1.018 42
15	1.018 78	25	1.018 37
16	1.018 75	26	1.018 32
17	1.018 71	27	1.018 27
18	1.018 68	28	1.018 21
19	1.018 64	29	1.018 16

实验 4.7　静电场的测绘

带电体的周围存在静电场,场的分布是由电荷的分布、带电体的几何形状及周围介质所决定的.由于带电体的形状复杂,大多数情况求不出电场分布的解析解,因此只能靠数值解法求出或用实验方法测出电场分布.直接用电压表法去测量静电场的电势分布往往是困难的,因为静电场中没有电流,磁电式电表不会偏转;另外,由于与仪器相接的探测头本身是导体或电介质,若将其放入静电场中,探测头上会产生感应电荷或束缚电荷.由于这些电荷又会产生电场,与被测静电场叠加起来,使被测电场产生显著的畸变.因此,实验时一般采用间接的测量方法(即模拟法)来解决.

一般情况下,模拟可分为物理模拟和数学模拟,对一些物理场的研究主要采用物理模拟(物理模拟就是保持物理本质不变的模拟),数学模拟也是一种研究物理场的方法,它把不同本质的物理现象或过程,用同一个数学方程来描绘.对一个稳定的物理场,若它的微分方程和边界条件确定,则其解是唯一的.对两个不同本质的物理场,如果描述它们的微分方程和边界条件相同,那么它们的解也是一一对应的,只要对其中一种易于测量的场进行测绘,并得到结果,那么与它对应的另一个物理场的结果也就知道了.由于恒定电流场易于被测量,所以就用恒定电流场来模拟与其具有相同数学形式的静电场.

模拟法是在实验和测量难以直接进行,尤其是在理论难以计算时,采用的一种方法,它在工程设计中有着广泛的应用.

[**实验目的**]

(1)学会用模拟法描绘和研究静电场的分布状况;

(2)了解并掌握模拟法应用的条件和方法;

(3)加深对电场强度及电势等基本概念的理解.

[**仪器设备**]

静电场测绘仪、稳压电源、电压表、记录纸(自备).

[**实验原理**]

1.用恒定电流场模拟静电场

模拟法本质上是用一种易于实现、便于测量的物理状态或过程模拟不易实现、不便测量的物理状态或过程,它要求这两种状态或过程有一一对应的两组物理量,而且这些物理量在两种状态或过程中满足数学形式基本相同的方程及边界条件.

本实验是用便于测量的恒定电流场来模拟不便测量的静电场,这是因为这两种场可以用两组对应的物理量来描述,并且这两组物理量在一定条件下遵循数学形式相同的物理规律.例如对于静电场,电场强度 E 在无源区域内满足以下积分关系.

$$\oint_S \boldsymbol{E} \cdot \mathrm{d}\boldsymbol{S} = 0 \qquad (4-7-1)$$

$$\oint_l \boldsymbol{E} \cdot \mathrm{d}\boldsymbol{l} = 0 \qquad (4-7-2)$$

对于恒定电流场,电流密度 $\boldsymbol{j}$ 在无源区域内也满足类似的积分关系:

$$\oint_S \boldsymbol{j} \cdot \mathrm{d}\boldsymbol{S} = 0 \qquad\qquad (4-7-3)$$

$$\oint_l \boldsymbol{j} \cdot \mathrm{d}\boldsymbol{l} = 0 \qquad\qquad (4-7-4)$$

在边界条件相同时,二者的解是相同的.

当采用恒定电流场来模拟研究静电场时,还必须注意以下使用条件.

(1) 恒定电流场中的导电介质分布必须相应于静电场中的介质分布.具体地说,如果被模拟的是真空或空气中的静电场,则电流场中的导电介质应是均匀分布的,即导电介质中各处的电阻率 ρ 必须相等;如果被模拟的静电场中的介质不是均匀分布的,则电流场中的导电介质应有相应的电阻分布.

(2) 如果产生静电场的带电体表面是等势面,则产生电流场的电极表面也应是等势面.为此,可采用良导体做成电流场的电极,而用电阻率远大于电极电阻率的不良导体(如石墨粉、自来水或稀硫酸铜溶液等)充当导电介质.

(3) 电流场中的电极形状及分布,要与静电场中的带电导体形状及分布相似.

2. 长直同轴圆柱面电极间的电场分布

如图 4-7-1(a)所示,在真空中有一半径为 r_a 的长圆柱形导体和一内半径为 r_b 的长圆筒形导体,它们同轴放置,分别带等量异号电荷.由高斯定理知,在垂直于轴线的任一截面 S 内,都有均匀分布的辐射状电场线,这是一个与坐标轴 z 轴无关的二维场.在二维场中,电场强度 E 平行于 Oxy 平面,其等势面为一簇同轴圆柱面.因此只要研究 S 面上的电场分布即可.

图 4-7-1(b)是长直同轴圆柱形电极的横截面图.设内圆柱的半径为 r_a,电势为 V_a,外圆环的内半径为 r_b,电势为 V_b,则两极间电场中距离轴心为 r 处的电势 V_r 可表示为

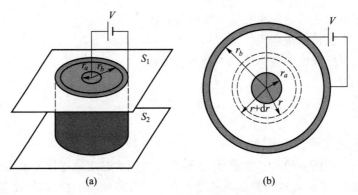

(a)　　　　　　　　　　　　(b)

图 4-7-1　同轴电缆及其静电场分布

$$V_r = V_a - \int_{r_a}^{r} E \, \mathrm{d}r \qquad\qquad (4-7-5)$$

又根据高斯定理,得圆柱内距轴心 r 处的电场强度:

$$E = K/r \qquad (r_a < r < r_b) \qquad\qquad (4-7-6)$$

式中,K 由圆柱体上线电荷密度决定.

将式(4-7-6)代入式(4-7-5):

$$V_r = V_a - \int_{r_a}^{r} \frac{K}{r} dr = V_a - K \ln \frac{r}{r_a} \tag{4-7-7}$$

在 $r = r_b$ 处应有

$$V_b = V_a - K \ln \frac{r_b}{r_a}$$

所以

$$K = \frac{V_a - V_b}{\ln(r_b/r_a)} \tag{4-7-8}$$

如果取 $V_b = 0$，将式(4-7-8)代入式(4-7-7)，得到

$$V_r = V_a \frac{\ln(r_b/r)}{\ln(r_b/r_a)} \tag{4-7-9}$$

式(4-7-9)表明,两圆柱面间的等势面是同轴的圆柱面.用模拟法可以验证这一理论计算的结果.

当电极接上交流电时,产生交流电场的瞬时值是随时间变化的,但交流电压的有效值与直流电压是等效的,所以在交流电场中用交流电压表测量有效值的等势线与在直流电场中测量同值的等势线,其效果和位置完全相同.

3. 静电场测绘仪

如图 4-7-2 所示,静电场测绘仪分为上、下两层.上层用来放描绘等势点的记录纸,下层安装电极系统,探针也分为上、下两个,由手柄连接起来,两探针保证在同一竖直线上.移动手柄时,上探针在上层记录纸上的运动和下探针在自来水中的运动轨迹是一样的.下探针要始终保证与自来水接触良好.实验中,移动手柄由电压表的示数找到所要的等势点时,压下上探针,在记录纸上扎一个小孔,便记下了自来水中的位置完全相应的等势点.

[实验内容与步骤]

(1) 同轴圆柱电极的静电场分布

① 按线路图连接线路,图 4-7-3 为同轴圆柱电极.

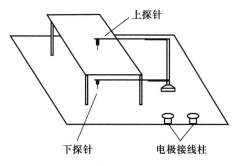

图 4-7-2　静电场测绘仪装置图

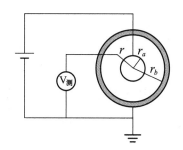

图 4-7-3　实验线路图

② 调节水槽架使底座水平.在水槽内注入一定量的自来水(水要没过电极),在水槽架上层压好记录纸,用于记录测绘点;接通电源,电压调至 10 V 以上,其值由电压表置"输出"时读出,探针置于水槽外.

③ 将探针与内电极紧密接触,电压显示为 10 V 以上;若电压为 0 V,则需改变电源电压

的输出极性.

④ 让探针在两极间慢慢移动,依次测出电压分别为 6.0 V、5.0 V、4.0 V、3.0 V、2.0 V、1.0 V 的等势线,每条等势线测等势点的数量不得少于 8 个.

⑤ 用探针沿外电极内、外侧分别取三个记录点,用于确定电极的圆心和外电极的厚度;测量并记录内电极半径 r_a 和外电极内半径 r_b.

⑥ 在同轴圆柱电极记录纸上,用几何方法确定圆心,画出内、外电极,用不同符号标注出各等势线上的测量点和等势线数值,绘出理论等势线(根据公式计算)和电场线.

(2)描绘一对长直平行导线形成的静电场分布

① 用两圆柱电极换下同轴圆柱电极,重复之前的②、③两个步骤,分别沿 7.5 V、5.0 V、2.5 V 三个等势线,各记录 8 个测量点(均匀分布),并作出确定电极位置的测量点.

② 在两圆柱电极测量纸上用不同符号标注出各等势线上的测量点和等势线数值,画出电极,绘出实验等势线,再根据电场线与等势线垂直的特点,画出被模拟空间的电场线.

(3)选作内容

量出同轴圆柱电极记录纸上等势线各测量点到圆心的距离,求出平均值. 在半对数坐标纸上绘出 $V_r/V_a\text{-}\ln r$ 理论曲线,标出对应的实验测量点 $\ln r$,画出实验曲线.

[注意事项]

(1)水槽底座一定要水平,溶液电导率要远小于电极且处处均匀.

(2)导线的连接一定要牢固,避免因接触电阻而造成输出电压达不到要求.

(3)电极、探针应与导线保持良好的接触,上探针应尽量与坐标纸面垂直.

[数据记录表格]

同轴圆柱电极的静电场分布测量数据参见表 4-7-1.

内电极半径 r_a = ＿＿＿ cm,外电极半径 r_b = ＿＿＿ cm,V_a = ＿＿＿ V.

表 4-7-1　同轴圆柱电极的静电场分布测量数据

$V_测/\text{V}$							
r/cm							
$V_理/\text{V}$							
$\dfrac{V_理-V_测}{V_理}$							

[复习题]

(1)用恒定电流场模拟静电场的理论依据是 ＿＿＿＿＿＿＿＿＿＿＿＿＿＿＿＿＿＿＿＿＿;

必须满足的条件:一是 ＿＿＿＿＿＿＿＿＿＿＿＿＿＿＿＿＿＿＿＿＿＿＿＿＿＿＿＿＿＿＿;

二是 ＿＿＿＿＿＿＿＿＿＿＿＿＿＿＿＿＿＿＿＿＿＿＿＿＿＿＿＿＿＿＿＿＿＿＿＿＿.

(2)测绘静电场的方法是先找 ＿＿＿＿ 点,再画 ＿＿＿＿ 线,然后根据 ＿＿＿＿ 和相互垂直的关系,画出 ＿＿＿＿ 线.

[分析与讨论]

(1)如果实验时电源的输出电压不够稳定,那么是否会改变电场线和等势线的分布?为什么?

（2）试从你测绘的等势线和电场线分布图,分析何处的电场强度较强,何处的电场强度较弱.

（3）从实验结果能否说明电极的电导率远大于导电介质的电导率？若不满足这个条件会出现什么现象？

实验 4.8　用惠斯通电桥测电阻

教学视频

电桥电路是电磁学测量中一种基本的电路,其测量方法巧妙、测量结果准确,被广泛用于物理量的测量和仪器的设计中. 为适应不同的目的,电桥有平衡电桥、非平衡电桥、直流电桥、交流电桥等多种类型. 直流单臂电桥(惠斯通电桥)被用于测量待测电阻为中值电阻($1 \sim 100 \text{ k}\Omega$)的电阻.

[实验目的]

(1) 分别用自组式和箱式惠斯通电桥测中值电阻;

(2) 掌握惠斯通电桥测电阻的原理和调节电桥平衡的方法;

(3) 了解电桥灵敏度的意义和交换法消除系统误差的方法.

[仪器设备]

电阻箱、检流计、滑动变阻器、直流电源、待测电阻、箱式电桥、开关、导线.

[实验原理]

惠斯通电桥的原理如图 4-8-1 所示. 电阻 R_1、R_2、R_s 为已知,R_x 为待测电阻. 当检流计 G 中无电流通过时,称为电桥平衡,此时有 $R_x/R_s = R_1/R_2$.

惠斯通电桥的实际装置通常有两种形式,一种是自组式,另一种是箱式.

1. 自组式惠斯通电桥

如图 4-8-2 所示,R_1、R_2、R_s 为电阻箱,R_x 为待测电阻,R、R_r 为滑动变阻器,保持 R_1、R_2 两个电阻箱的阻值不变,改变 R_s 的电阻,使检流计 G 中无电流通过,即电桥达到平衡. 此时有

$$\frac{R_x}{R_s} = \frac{R_1}{R_2} \tag{4-8-1}$$

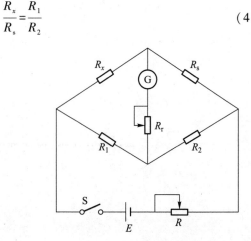

图 4-8-1　惠斯通电桥原理图　　　　图 4-8-2　自组式惠斯通电桥

电桥不对称性会带来系统误差,可以采用交换法消除这种系统误差,即在第一次测量完以后,将待测电阻 R_x 与 R_s 交换位置,R_1 与 R_2 的阻值保持不变,再调节 R_s 的阻值,使电桥重新达到平衡,设此时 R_s 的阻值变为 R_s',则有

$$\frac{R_x}{R'_s} = \frac{R_2}{R_1} \tag{4-8-2}$$

由式(4-8-1)和式(4-8-2)可得到

$$R_x = \sqrt{R_s R'_s} \tag{4-8-3}$$

2. 箱式惠斯通电桥

箱式惠斯通电桥是将可调节的电阻 R_1、R_2 和 R_s 以及检流计、电源和开关等组成电桥的元件安装在一个箱子内,它便于携带、使用方便.

它的结构原理如图 4-8-3 所示,其中 R_1 和 R_2 作为比例臂,R_s 为比较臂,改变 C 点的位置就可以改变 R_1/R_2 的比值. 而比较臂由 4 只可以调节的变阻器串联而成,其总阻值可达 9 999 Ω.

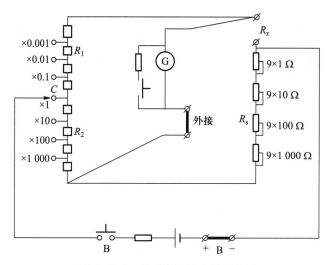

图 4-8-3　箱式惠斯通电桥原理图

QJ23 型箱式惠斯通电桥面板如图 4-8-4 所示. 1 和 2 分别是内外接电源和检流计旋钮,3 是比例臂旋钮,4 是灵敏电流计零位调节器,5 是比较臂旋钮,6 接待测电阻,7 是检流计 G 按钮开关,8 是电源按钮开关,9 是灵敏电流计.

另一种是 QJ23a 型箱式惠斯通电桥,面板如图 4-8-5 所示,其功能标示数字同 QJ23 型箱式电桥.

QJ23 型电桥的准确度等级为 0.2 级,保证准确度测量范围为 10~9 999 Ω. QJ23a 型电桥的准确度等级为 0.1 级.

3. 电桥灵敏度

实验中,电桥是否达到平衡是通过观察检流计指针有无偏转来判断的,由于指针的偏转小于 0.1 格时,眼睛很难察觉出来,所以检流计本身的灵敏度直接影响了电桥的灵敏度.

电桥的灵敏度是这样定义的:当电桥达到平衡时,使其中一个臂的电阻值 R 改变一个微小的量 ΔR,电桥偏离平衡,检流计指针偏转格数为 Δn,则电桥灵敏度为

$$S = \Delta n / (\Delta R / R) \tag{4-8-4}$$

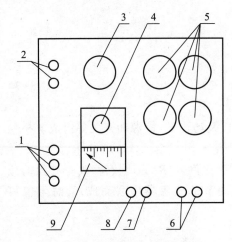

图 4-8-4　QJ23 型箱式电桥面板

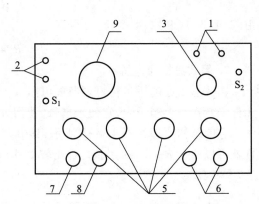

图 4-8-5　QJ23a 型箱式电桥面板

[实验内容与步骤]

1. 用自组式惠斯通电桥测电阻

（1）按图 4-8-2 所示的线路测量电阻 R_{x1}、R_{x2} 和 R_{x1}、R_{x2} 的串、并联电阻 $R_{x串}$、$R_{x并}$. R_1、R_2、R_s 为电阻箱，R 和 R_r 为滑动变阻器.

（2）将 R_r 放在电阻最大处，使 $R_1 = R_2$，调节 R_s 与 R_x 的估计值相等，接通开关 S.

（3）保持 R_1/R_2 的比值不变，调节电阻箱 R_s，使检流计指针指零，粗调电桥平衡.

（4）将 R_r 放在电阻最小处，重复（3）的操作，细调电桥平衡.

（5）为消除电桥不对称性带来的系统误差，用交换法再测一次. 将 R_x 交换前后分别测得的 R_s、R_s' 代入公式（4-8-3），计算 R_x 的值.

2. 用箱式惠斯通电桥测电阻

本实验用 QJ23a 型箱式惠斯通电桥，面板如图 4-8-5 所示.

（1）将待测电阻 R_x 用导线连接于 6 上.

（2）估计待测电阻的数量级，调好比例臂旋钮 3 和比较臂旋钮 5.

（3）调节灵敏电流计零位调节器使灵敏电流计 9 指针指零.

（4）用跃接法按下 7 和 8，进一步调节比较臂旋钮 5，使检流计指针指零. 设比例臂读数为 C，比较臂读数为 R_s，则

$$R_x = C \cdot R_s \tag{4-8-5}$$

（5）注意：不管 R_x 大小如何，比较臂上的 ×1 000 挡不要旋到 0，以保证比较臂 4 个盘上都有读数.

3. 测量箱式电桥灵敏度（选做）

（1）调箱式电桥平衡后，将比较臂电阻 R 改变一个微小量 ΔR，记下此时检流计偏转的格数 Δn，代入式（4-8-4）计算出相应的 S 值.

（2）用箱式电桥测量 R_{x1}、R_{x2}、$R_{x串}$、$R_{x并}$ 相应的电桥灵敏度.

[注意事项]

（1）严禁在箱式电桥未接上 R_x 或者未调节好比例臂和比较臂时按下按钮 7 和 8.

（2）箱式电桥使用完毕后，应将比例臂和比较臂的读数调到最大.

[数据记录表格]

表 4-8-1 自组式电桥实验数据表

待测电阻	R_s/Ω	R_s'/Ω	$R_x(=\sqrt{R_sR_s'})/\Omega$	σ_{R_x}/Ω	$R_x(=R_x\pm\sigma_{R_x})/\Omega$
R_{x1}					
R_{x2}					
$R_{x串}$					
$R_{x并}$					

表 4-8-2 箱式电桥实验数据表

待测电阻	比例臂(C)	比较臂(R_s/Ω)	$R_x(=C\cdot R_s)/\Omega$	σ_{R_x}/Ω	$R_x(=R_x\pm\sigma_{R_x})/\Omega$
R_{x1}					
R_{x2}					
$R_{x串}$					
$R_{x并}$					

[数据处理]

（1）测量结果用 $R_x=R_x\pm\sigma_{R_x}$ 表示；

（2）自组式惠斯通电桥的不确定度传递公式为

$$\frac{\sigma_{R_x}}{R_x}=\frac{\sqrt{2}}{2}\alpha\%$$

其中，α 为电阻箱准确度等级（上式未考虑由电桥灵敏度造成的不确定度）.

（3）箱式电桥的允许误差限为

$$\sigma_{R_x}=\pm\alpha\%\cdot(R_x+R_N/10)$$

其中，α 为箱式电桥准确度等级；R_N 为基准值，与量程有关. QJ23a 型箱式电桥的允许误差限可简化为 $\sigma_{R_x}=0.1\%(R_x+1\ 000C)$.

[复习题]

（1）惠斯通电桥测电阻用的实验方法是_____法. 这种方法是在_____时，将_____与_____比较，确定_____.

（2）所谓电桥平衡，是指_____.

（3）自组式惠斯通电桥测电阻的主要步骤是（简述）：

① _____；

② _____；

③ _____；

④ _____ .

（4）使用箱式电桥,必须先调好_____臂和_____臂,这两个臂分别与图 4-8-1 中的
_____和_____对应.

[**分析与讨论**]

（1）用自组式惠斯通电桥测电阻时,采用了哪些方法减小误差?

（2）如果图 4-8-2 所示的电桥无论如何也不能调到平衡,会是哪里出现了什么故障?

（3）能用惠斯通电桥测微安表内阻吗? 请简述测量方法及注意事项.

实验 4.9　用双电桥测低电阻

电阻按其阻值大小可以分为高、中、低三类,小于 1 Ω 的电阻称为低电阻. 在电阻测量中,不可避免地会引入接线电阻和接触电阻,当被测电阻的阻值大小可以与接线电阻和接触电阻相比较时,后两者必然会给测量结果带来较大的误差. 要消除这种误差,可以从电路设计方面着手解决,双电桥就是测量低电阻的一种电路,它巧妙地克服了接线电阻和接触电阻对测量的影响.

［实验目的］

(1) 了解测量低电阻的特殊矛盾和解决方法;

(2) 了解双电桥的设计思想和结构;

(3) 学习使用双电桥测量低电阻.

［仪器设备］

双电桥实验板、直流稳压电源、平衡指示仪、电阻箱、螺旋测微器、接触式开关、QJ44 型箱式双电桥.

［实验原理］

双电桥测低电阻的原理电路如图 4-9-1 所示.

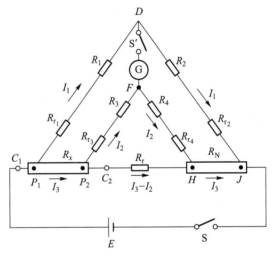

图中 R_x 为待测低电阻,R_N 为比较用的标准电阻,R_1、R_2、R_3、R_4 组成电桥双臂电阻,其阻值为中值电阻. 由于桥的一端 F 接到附加电路 $C_2 R_3 F R_4 H$ 上且 R_1、R_3 和 R_2、R_4 并列,故称双臂电桥. 其中 R_{r_1}、R_{r_2}、R_{r_3}、R_{r_4} 分别为 P_1、J、P_2、H 的接触电阻,R_r 为 C_2、H 接导线的电阻,C_1、C_2 称为电流接头,在电桥电路外的接触电阻与电桥平衡无关. P_1、P_2 称为电压接头,在电桥电路内.

图 4-9-1　双电桥原理图

当电桥平衡时,分析电流、电压的关系可得

$$
\left.
\begin{aligned}
u_{P_1P_2F} = u_{P_1D} & \quad I_3 R_x + I_2(R_3 + R_{r_3}) = I_1(R_1 + R_{r_1}) \\
u_{JHF} = u_{JD} & \quad I_3 R_N + I_2(R_4 + R_{r_4}) = I_1(R_2 + R_{r_2}) \\
u_{P_2FH} = u_{P_2H} & \quad I_2(R_3 + R_{r_3} + R_4 + R_{r_4}) = (I_3 - I_2)R_r
\end{aligned}
\right\}
\tag{4-9-1}
$$

考虑到 R_1、R_2、R_3、R_4 远大于 R_{r_1}、R_{r_2}、R_{r_3}、R_{r_4},上式可近似为

$$I_3 R_x + I_2 R_3 = I_1 R_1$$

$$I_3 R_N + I_2 R_4 = I_1 R_2$$

$$I_2(R_3 + R_4) = (I_3 - I_2)R_r$$

解联立方程可得

$$R_x = \frac{R_1}{R_2}R_N + \frac{R_3 R_r}{R_3 + R_4 + R_r}\left(\frac{R_1}{R_2} - \frac{R_3}{R_4}\right) \tag{4-9-2}$$

为了测量方便，令 $R_1/R_2 = R_3/R_4$，上式可化简为

$$R_x = \frac{R_1}{R_2}R_N \tag{4-9-3}$$

可见，由于采用了双电桥结构，即电流接头和电压接头分开的四端连线方式，可以把各部分的接线电阻和接触电阻分别引入电流计回路或电源回路中，使它们或者与电桥平衡无关，或者被引入大电阻支路中，可忽略其影响. 这就是双电桥避免或减小接线电阻和接触电阻对结果影响而采用的设计思想.

[实验内容与步骤]

1. 用自组式双电桥测量低电阻

实验接线图如图 4-9-2 所示，设待测电阻 R_x（铝丝）的电阻率为 ρ_x，直径为 d_x，长度为 l_x；设电阻 R_N（铜丝）在 0 ℃时的电阻率为 ρ_0，温度系数为 α，则铜丝在温度为 $t(℃)$ 时的电阻率为 $\rho_N = \rho_0(1+\alpha t)$，铜丝直径为 d_N，电桥平衡时铜丝长度为 l_N，则有

$$R_x = \rho_x \frac{l_x}{\frac{1}{4}\pi d_x^2}, \quad R_N = \rho_0(1+\alpha t)\frac{l_N}{\frac{1}{4}\pi d_N^2}$$

将以上两式代入式（4-9-3），得

$$\rho_x = \frac{R_1}{R_2}\rho_0(1+\alpha t)\frac{d_x^2 l_N}{d_N^2 l_x} \tag{4-9-4}$$

由式（4-9-4）即可求出未知电阻的电阻率.

（1）按图 4-9-2 接好电路，取 $R_1 = R_2 = 500\ \Omega$，$R_3 = R_4 = 300\ \Omega$，夹好接头 P_1、P_2、H、J.

（2）使 $l_x = 40.00$ cm，按下 S，移动接头 H 和 J，使平衡指示仪指针指零，记下 H、J 之间的长度 l_N.

（3）使 $l_x = 30.00$ cm、20.00 cm，分别重复上述步骤，测得电桥平衡时对应的长度 l_N.

（4）用螺旋测微器在铝丝和铜丝上几个不同处测其直径 d_x 和 d_N，分别取平均值.

（5）记录下测量时的室温 t.

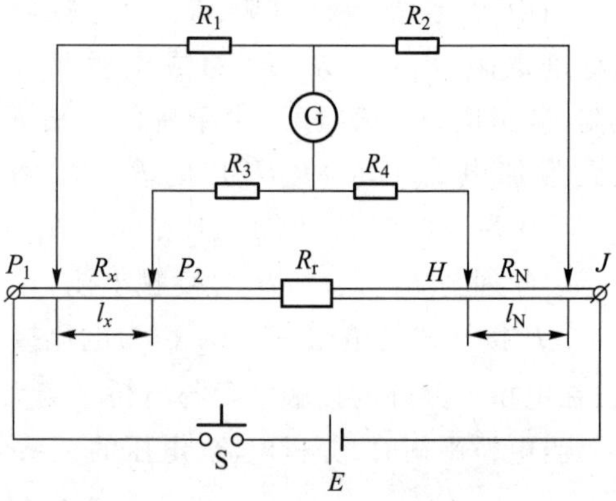

2. 用箱式双电桥测量低电阻

实验室提供的 QJ44 型箱式双电桥的面板如图 4-9-3 所示.

（1）接通电源开关，待放大器稳定后，调节检流计使其指针指零.

（2）将待测电阻以四端接线方式接在电桥的 C_1、P_1、P_2、C_2 接头上.

（3）估计被测量电阻的阻值，选择适当的倍率，调节检流计，使其灵敏度在最低位置.

（4）按下 B 和 G 按钮，调节步进读数开关 R_N 和滑线盘 R_T，使检流计指针指零.

（5）适当调高检流计灵敏度，并微调 R_N 和 R_T，使检流计指针指零，从而取得电桥平衡，则 R_N 和 R_T 之和乘以倍率，就等于被测电阻的阻值，即 $R_x = R_s \cdot (R_N + R_T)$

图 4-9-2　双电桥测低电阻线路

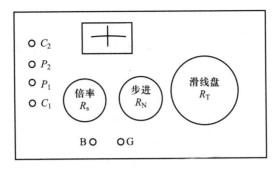

图 4-9-3　QJ44 型箱式双电桥面板图

[数据记录表格]

箱式双电桥测量低电阻数据记录如表 4-9-1 所示.

表 4-9-1　箱式双电桥测量低电阻数据记录

铝丝长度/cm	倍率 R_s	R_N/Ω	R_T/Ω
40.00	0.1		
30.00	0.1		
20.00	0.1		
10.00	0.01		

[数据处理]

用公式 $R_x = \dfrac{R_1}{R_2} R_N$ 计算出待测电阻的阻值. 计算待测电阻的电阻率, 按照以下公式计算不确定度.

$$E = \frac{\sigma_{\rho_x}}{\rho_x} = \sqrt{\left(\frac{\sigma_{R_1}}{R_1}\right)^2 + \left(\frac{\sigma_{R_2}}{R_2}\right)^2 + \left(\frac{\alpha\sigma_t}{1+\alpha t}\right)^2 + \left(\frac{2\sigma_{d_x}}{d_x}\right)^2 + \left(\frac{2\sigma_{d_N}}{d_N}\right)^2 + \left(\frac{\sigma_{l_x}}{l_x}\right)^2 + \left(\frac{\sigma_{l_N}}{l_N}\right)^2} \quad (4-9-5)$$

则

$$\sigma_{\rho_x} = \rho_x \cdot E \quad (4-9-6)$$

[分析与讨论]

(1) 实验时平衡指示仪指针始终不动, 其原因是什么?

(2) 实验时平衡指示仪指针始终偏向一边, 其原因是什么?

(3) 双电桥与惠斯通电桥有何异同?

实验 4.10　示波器的原理和使用

示波器是利用电子束的偏转来观察电压波形的一种常用电子仪器,主要用于观察电信号随时间变化的波形,定量测量波形的幅度、周期、频率、相位等参量.

教学视频

一般的电学量(如电流、电功率、阻抗等)和可转化为电学量的非电学量(如温度、位移、速度、压力、光强、磁场、频率)以及它们随时间变化的规律都可以用示波器来观测. 由于电子的惯性很小,电子射线示波器一般可在很高的频率范围内工作.

采用高增益放大器的示波器可以观察微弱的信号,具有多通道的示波器,则可以同时观察几个信号,并比较它们之间的关系(如时间差或相位差),是目前科研及生产常用的电子仪器.

[实验目的]

(1) 了解示波器的基本结构,掌握示波器显示波形的原理,熟悉示波器的调节和使用方法;

(2) 能够熟练使用示波器观察不同信号的特征,并利用李萨如图形测量信号频率;

(3) 观察 RC 输入电压和输出电压之间的电路波形,并测量 RC 电路输入电压和输出电压之间的相位差.

[仪器设备]

双踪示波器、函数信号发生器、RC 电路、同轴电缆等.

[实验原理]

示波器能够动态显示随时间变化的电压信号,将电压加在电极板上,极板间形成相应的变化电场,使进入变化电场的电子运动情况相应地随时间变化,最后把电子运动的轨迹用荧光屏显示出来. 示波器主要由示波管(图 4-10-1)、放大器、锯齿波扫描电压和电源等构成. 示波器的基本结构见图 4-10-2.

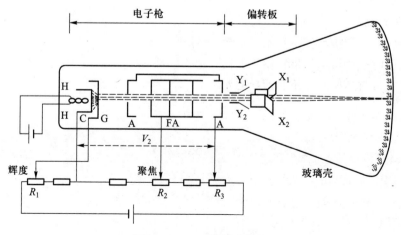

图 4-10-1　示波管示意图

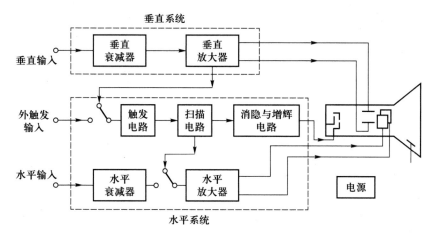

图 4-10-2　示波器的基本结构简图

1. 偏转电场控制电子束在视屏上的轨迹

偏转电压 U 与偏转位移 Y(或 X)成正比关系,如图 4-10-3 所示:$Y \propto U_y$.

如果只在竖直偏转板(Y 轴)上加一正弦电压,则电子只在竖直方向随电压变化而往复运动,见图 4-10-4.要能够显示波形,必须在水平偏转板(X 轴)上加一扫描电压,见图 4-10-5.

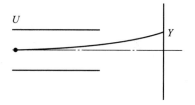

图 4-10-3　偏转电压 U 与偏转位移 Y

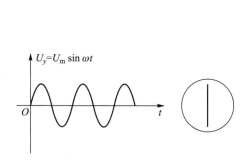

图 4-10-4　随时间变化的信号

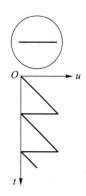

图 4-10-5　锯齿波电压

示波器显示波形的原理如图 4-10-6 所示,图中是沿 Y 轴方向的简谐运动与沿 X 轴方向的匀速运动合成的一种合运动. 显示稳定波形的条件是扫描电压的周期为被观察信号周期的整数倍,即 $T_x = nT_y (n=1,2,3,\cdots)$,如图 4-10-7 所示.

2. 李萨如图形测频率

设将未知频率 f_y 的电压 U_y 和已知频率 f_x 的电压 U_x(均为正弦电压),分别接入示波器的"CH$_1$"和"CH$_2$"通道,由于两个电压的频率、振幅和相位不同,在荧光屏上将显示各种不同波形,一般得不到稳定的图形,但当两电压的频率成简单整数比时,将出现稳定的封闭曲线,称为李萨如图形,$f_y : f_x$ 为简单整数比的几个图形如图 4-10-8 所示.

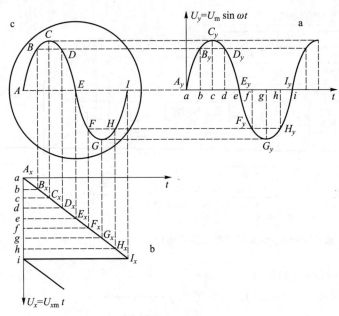

图 4-10-6　示波器显示波形原理图($T_x = T_y$)　　　　图 4-10-7　$T_x = 2T_y$ 时合成的图形

当已知一个正弦信号的频率时,可以利用如下公式求出另一个正弦信号的频率:

$$\frac{f_y}{f_x} = \frac{n_x}{n_y} \tag{4-10-1}$$

式中,n_x、n_y 分别为李萨如图形与 X 轴、Y 轴的切点个数.

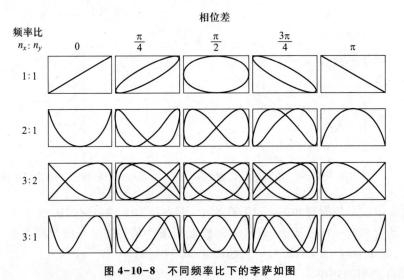

图 4-10-8　不同频率比下的李萨如图

3. 测量 RC 电路的相位差

当一正弦交流电压 U 加在由电阻、电容组成的 RC 电路上时,电路中电容上的电压 U_C 和电源电压 U 间的相位差随电源频率的变化关系称为相频特性.

RC 串联电路如图 4-10-9 所示.令 ω 表示电源电压的圆频率,U、I、U_R、U_C 分别表示电

源电压、电流、R 上的电压、电容 C 上电压的有效值,则

$$I = \frac{U}{\sqrt{R^2 + \left(\frac{1}{\omega C}\right)^2}} \qquad (4-10-2)$$

$$U_C = \frac{I}{\omega C} \qquad (4-10-3)$$

图 4-10-9　RC 串联电路

令 φ 表示电容 U_C 和电源电压 U 间的相位差,则

$$\varphi = \arctan \omega CR = \arccos \frac{U_C}{U} \qquad (4-10-4)$$

由式(4-10-2)、式(4-10-3)、式(4-10-4)可知,当电源的频率增加时,R 上的电压幅值将增加,而 C 上的电压幅值则减小,φ 接近 $\pi/2$;当电源的频率减小时,R 上的电压幅值将减小,而 C 上的电压幅值则增加,φ 接近零. 利用元件的幅频特性可以把不同的频率分开,构成各种滤波器.

4. 示波器面板图

示波器的面板如图 4-10-10 所示.

图 4-10-10　示波器面板示意图

1—CH$_1$ 的垂直位移旋钮;2—工作方式选择按钮;3—CH$_2$ 的垂直位移旋钮;4—CH$_1$ 和 CH$_2$ 的水平位移旋钮;5—扫描方式按钮;6—电平旋钮;7—扫描速率选择开关(SEC/DIV);8—CH$_2$ 的灵敏度选择开关;9—扫描速率选择开关(SEC/DIV)的微调旋钮;10—CH$_2$ 灵敏度选择开关的微调旋钮;11—CH$_1$(X);12—CH$_2$ 的耦合方式开关;13—CH$_1$ 灵敏度选择开关的微调旋钮;14—CH$_2$(Y);15—CH$_1$ 的耦合方式开关;16—电源开关;17—CH$_1$ 的灵敏度选择开关;18—聚焦;19—辉度

[**实验内容与步骤**]

打开示波器电源开关,预热后,分别调节"聚焦"和"辉度"旋钮,使荧光屏上的扫描界线清晰,亮度适中,将示波器的"扫描方式按钮"的"自动"按下,调节"CH₂的垂直位移旋钮",使扫描基线移到水平中心刻线处,"扫描速率选择开关(SEC/DIV)"置"0.5 ms".

1. 观测并记录波形

将函数信号发生器输出信号设置为 100 Hz,将其与示波器的"CH₂"相连,同时将示波器的输入信号耦合置"AC"(或"DC"),再按下方形的"工作方式选择按钮""CH₂",适当调整通道"CH₂的灵敏度选择开关"及"微调旋钮"和"扫描速率选择开关(SEC/DIV)"及"微调旋钮",如果波形不稳定,适当调节"电平旋钮",直到出现稳定的正弦波形,并记录该波形;按同样的方法分别观察、描绘记录频率为 100 Hz 的方波、三角波等 12 种波形图.

2. 观察李萨如图并测量待测正弦波信号频率 f_y

(1) 将函数信号发生器输出的频率设置为 100 Hz(或示波器后面板"1V_{p-p}50 Hz"处输出的频率为 50 Hz)的正弦信号作为已知频率信号 U_x,用电缆线接入示波器的"CH₁"[此时需将右侧中间的"扫描速率选择开关(SEC/DIV)"旋转置于下方的"X-Y"处],再将函数信号发生器输出的信号选择为"正弦信号"U_y,接入示波器的 CH₂,然后将 CH₁的"耦合开关"置于"AC"(或"DC").

(2) 示波器上显示出李萨如图后,调"CH₂的垂直位移旋钮"和"水平位移旋钮",使波形居中;再分别调节 CH₁和 CH₂的"灵敏度选择开关(VOLTS/DIV)"及其微调旋钮,使函数信号幅度的大小适中,再改变函数信号发生器输出的信号频率 f_y,使屏幕上分别显示出 $n_x:n_y$ 分别为 1:1,2:1,3:1 和 3:2 等四种李萨如图,观察并记录下这四种波形,计算四种图形下函数信号发生器输出的待测正弦波信号的频率大小 f_y.

3. 测量 RC 电路的相位差

将"工作方式选择按钮""CH₁"和"CH₂"同时按下,恢复"扫描速率选择开关(SEC/DIV)"置扫描状态"0.5 ms",将函数信号发生器输出的正弦信号接入 RC 电路的三通端口,再连接到示波器的"CH₁",电容 C 输出的信号接入示波器的"CH₂".

方法 1:调节"垂直位移旋钮"和"水平位移旋钮",使波形居中,再调节"扫描速率选择开关(SEC/DIV)"及"微调旋钮",使信号的一个周期水平距离为 8 cm,则单位长度的相位为 π/4;若两个信号波峰之间的水平距离为 d,则可求出两个信号的相位差为:$\varphi=d\cdot(\pi/4)$,如图 4-10-11 所示.

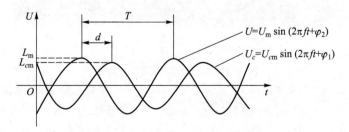

图 4-10-11　RC 串联电路波形图

方法 2:将 CH₁和 CH₂的"灵敏度选择开关"(VOLTS/DIV)的"微调旋钮"关掉(逆时针旋到底),调节 CH₁和 CH₂的"灵敏度选择开关"(VOLTS/DIV)于合适的灵敏度大

小 K_1、K_2，使待测波形大小适中，分别测出在垂直方向上两个信号振幅所占的格数 L_U 和 L_{UC}，可得

$$U = L_U \cdot K_1 , U_C = L_{UC} \cdot K_2$$

则可求出两个信号的相位差为

$$\varphi = \arccos \frac{U_C}{U}$$

[注意事项]

（1）为了保护荧光屏和人眼，示波器上光点或扫描线的亮度不可调得太强，也不能让亮点或扫描线长时间停在荧光屏的某一处.

（2）示波器上所有开关与旋钮都有一定的强度和调节角度，调节时不要用力过猛.

（3）注意公共端的使用，接线时严禁短路.

[数据处理]

（1）观察记录波形：将正弦波、三角波、方波等 12 种波形画在原始记录纸上；

（2）观察 4 个李萨如图形，记录在原始记录纸上，根据 $f_x : f_y = n_y : n_x$ 分别计算函数信号发生器输出的四种图形的待测正弦波信号的频率大小 f_y（其中已知频率 $f_x = 100$ Hz），并填入表 4-10-1 中.

表 4-10-1 频率测量数据

$f_y : f_x$				
李萨如 图形				
n_x				
n_y				
f_y/Hz				

（3）测量 RC 串联电路输入电压和输出电压之间的相位差.

方法 1：用位移法测 RC 电路的相位差：$\varphi = d \cdot (\pi/4) = $ _____ ；

方法 2：用电压法测 RC 电路的相位差：$\varphi = \arccos(U_C/U) = $ _____ ；对两种方法的测量结果进行分析比较.

[复习题]

（1）示波器由 _____ 、_____ 、_____ 、_____ 等部分组成.

（2）示波器显示波形时，在水平偏转板上必须输入一个 _____ 波，此波又称为 _____ 信号.

（3）示波器面板控制大致可分为三部分，即位于右下方的 _____ 调节控制系统、位于右上方的 _____ 调节控制系统和位于左方的 _____ 调节控制系统.

[分析与讨论]

（1）示波器是怎样显示信号波形的？

（2）若示波器一切正常,但开机后看不见光迹和光点,可能的原因有哪些?

（3）若发现示波器上的图形向右运动,扫描信号的频率与待测电信号的频率有什么关系?

（4）如何使用示波器测量两个频率相同的正弦信号的相位差?

实验 4.11　分光计的调节与使用

分光计是一种精确测定光线偏转角度的光学仪器.

分光计主要由望远镜、平行光管、载物台、游标读数圆盘和底座五部分组成.底座在分光计下方,其轴称为分光计的中心轴.除平行光管固定在底座上外,其他各组成部分均可绕中心轴转动.实验室常用的分光计如图 4-11-1 所示.

教学视频

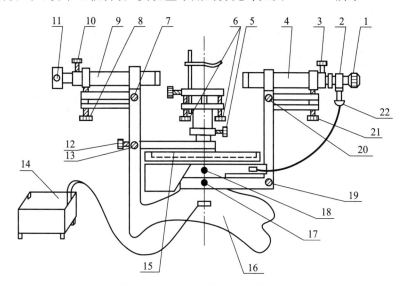

图 4-11-1　实验室常用的分光计

1—望远镜目镜调焦手轮;2—分划板和全反射棱镜;3—望远镜套筒锁紧螺钉;4—望远镜筒;5—载物台锁紧螺钉;6—载物台水平调节螺钉;7—平行光管水平移动调节螺钉;8—平行光管倾斜度调节螺钉;9—平行光管;10—狭缝套筒锁紧螺钉;11—狭缝宽度调节螺钉;12—游标盘锁紧螺钉;13—游标盘微调螺钉;14—照明灯泡电源;15—刻度圆盘;16—底座;17—望远镜锁紧螺钉(背面);18—刻度圆盘锁紧螺钉;19—望远镜转动微调螺钉;20—望远镜水平移动调节螺钉;21—望远镜倾斜度调节螺钉;22—照明灯泡

[实验原理]

1. 构造

(1) 读数圆盘

它由刻度圆盘和游标盘构成,如图 4-11-2所示.

刻度圆盘按圆周分为 720 等份,最小分度值为 $0.5°(30')$,游标上共有 30 个等分线,它与刻度圆盘上 29 个等份相当,故此角游标的分度值为 $1'$. 角游标的读数方法与直游标相同. 如图4-11-2所示,读数为

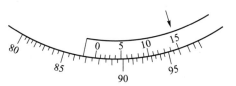

图 4-11-2　读数圆盘示意图

$$87°30'+15'=87°45'$$

为了消除读数圆盘中心轴与仪器中心轴不重合带来的系统误差,读数圆盘上设有两个相距 180° 的游标,测角时可采取下式取平均值:

$$\varphi = \frac{1}{2}\left[\left(\theta_2 - \theta_1\right) + \left(\theta_2' - \theta_1'\right)\right]$$

式中,φ 为望远镜实际转动的角度值;θ_1、θ_2 为游标 1 的初、末读数;θ_1'、θ_2' 为游标 2 的初、末读数.

（2）载物台

载物台位于读数圆盘中心上方,台上附有弹簧片,是用来固定待测件的. 载物台可以和游标盘固定在一起,也可以单独绕中心轴转动,还可以上下调节. 台下有三个等距的螺钉,调节螺钉可使台面与中心轴垂直.

（3）平行光管

平行光管是一个可伸缩的圆筒,一端为狭缝,其宽度可调节,另一端为凸透镜. 当狭缝位于凸透镜焦平面上时,进入狭缝的光线经过凸透镜后成为平行光线.

（4）望远镜

望远镜通过支架与刻度圆盘固定在一起,可以绕中心轴转动. 阿贝自准直望远镜系统示意图如图 4-11-3 所示. 光线经小方孔 1 进入刻有透光十字窗的小棱镜 2. 透光窗与分划板 4 在同一平面,若此平面在物镜 6 的焦平面上,由透光十字窗发出的光线经物镜 6 后变成平行光,再经平面镜 5 反射回物镜 6 后成像在分划板 4 上,分划板上出现一个亮十字. 若亮十字位于透光十字窗关于望远镜光轴的对称位置,如图 4-11-3 所示则望远镜光轴与平面镜的反射面 5 垂直. 光路图如图 4-11-4 所示.

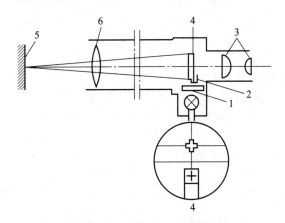

图 4-11-3　阿贝自准直望远镜系统示意图

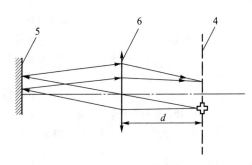

图 4-11-4　光路图

2. 分光计的调整要求

（1）平行光管发出平行光;

（2）望远镜接收平行光(即望远镜聚焦于无穷远);

（3）平行光管和望远镜的光轴以及载物台平面与仪器中心轴垂直.

[实验内容与步骤]

1. 分光计的调整(图 4-11-1)

（1）粗调

从仪器侧面看,用眼睛估测,调 6、8、21,使望远镜筒、平行光管和载物台大致水平.

（2）目镜的调焦

转动 1,使眼睛能清楚地看到目镜中分划板上的"+"形刻线.

（3）调望远镜聚焦于无穷远

接通电源 14,在载物台中央放一平面反射镜,其反射面对着望远镜物镜,且与望远镜光轴大致垂直.调节载物台水平调节螺钉 6 和转动载物台,使通过透光十字窗、经望远镜物镜出射的光线反射回分划板.从目镜中观察,此时可看到一亮斑.松开望远镜套筒锁紧螺钉 3,伸缩套筒,可看到清晰的绿色亮十字像.然后,眼睛稍微上下移动,如发现绿色亮十字像与分划板的刻线无相对位移（即无视差）,则说明望远镜已聚焦于无穷远,即望远镜能接收平行光.

（4）调整望远镜光轴和载物台平面与仪器中心轴垂直

第一步,将平面反射镜按图 4-11-5(a)所示的方式放置.

转动载物台（连同平面反射镜）,从望远镜中看到平面反射镜正、反两面反射回来的绿色亮十字像（如果看不到,需进行粗调）;然后调载物台水平调节螺钉 b 或 c,使绿色亮十字像向分划板上水平线靠近一半距离;再调望远镜倾斜度调节螺钉 21,使绿色亮十字像位于上水平线,如图 4-11-3 所示.将载物台转过 180°,用同样的方法将绿色亮十字像调到上水平线.如此反复数次,使绿色亮十字像始终位于分划板上水平线,与十字窗对称.

第二步,将平面反射镜的位置按图4-11-5(b)所示的方式放置.

转动载物台,从望远镜中看到十字像,调节载物台水平调节螺钉 a,使绿色亮十字像位于上水平线,与十字窗对称.注意:载物台水平调节螺钉 b、c 和望远镜倾斜度调节螺钉 21 不能动.

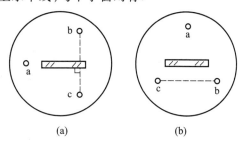

图 4-11-5　平面反射镜放置示意图

（5）调节平行光管使其发出平行光

取下平面反射镜,将已聚焦于无穷远的阿贝自准直望远镜正对着平行光管,接通狭缝前的钠灯电源.调平行光管的狭缝宽度调节螺钉 11,打开狭缝.松开狭缝套筒锁紧螺钉 10,伸缩狭缝套筒,使狭缝位于平行光管透镜的焦平面上,这时从望远镜中看到一条轮廓清晰的窄长条形狭缝像,并无视差.

（6）调节平行光管使光轴垂直于仪器中心轴

转动狭缝套筒,使狭缝像与分划板水平刻线平行.调节平行光管倾斜度调节螺钉 8,使狭缝像与分划板中心水平线重合.

转动狭缝套筒,使狭缝像与分划板垂直刻线平行,旋转狭缝套筒锁紧螺钉 10,固定狭缝套筒.重新调节狭缝宽度调节螺钉 11,使狭缝像宽为 1~2 mm.

注意:调节平行光管是以调好的望远镜为标准,所以在调节平行光管的过程中,望远镜不能再调.

2. 分光计的使用

分光计调节好后,就可以用来精确测量角度了.在测量过程中,必须注意以下几点:

（1）载物台的高低可以调节（调螺钉 5）,但平行光管、望远镜及载物台水平调节螺钉不能再调.

（2）必须锁紧刻度圆盘锁紧螺钉 18,使刻度圆盘和望远镜固定在一起.

（3）必须锁紧游标盘锁紧螺钉 12,否则望远镜和刻度盘连在一起转动时,会带动游标盘转动,造成测量误差.

（4）如果望远镜需要微调转动,必须先锁紧望远镜锁紧螺钉 17,然后调望远镜转动微调螺钉 19.

[复习题]

（1）使用移测显微镜和测微目镜时,必须要消除_____,消除的方法是
_____.

（2）分光计由哪几部分组成?

（3）分光计的调整要求是什么?

实验 4.12 光栅常量的测定

由大量等宽和等间距的平行狭缝组成的光学器件叫光栅. 光栅分为透射式和反射式两类. 常用的光栅是用金刚石刀在玻璃片上刻制或用全息照相等方法制成的.

教学视频

衍射光栅是一种利用多缝衍射原理制成的、能将复色光分解成光谱的重要分光元件. 光栅不仅适用于可见光, 还能用于红外线和紫外线, 常被用来精确地测定光波的波长及进行光谱分析. 以衍射光栅为色散元件组成的摄谱仪和单色仪是物质光谱分析的基本仪器之一. 光栅衍射原理也是晶体 X 射线结构分析和光学信息处理的基础.

[实验目的]

(1) 观察光栅的分光现象, 理解光栅衍射基本规律;

(2) 用钠黄光测量光栅常量.

[仪器设备]

分光计、钠灯、衍射光栅.

[实验原理]

1. 衍射光栅及光栅常量

本实验所使用的光栅是全息光栅, 它是用激光全息照相的方法摄于感光玻璃板上制成的. 如图 4-12-1 所示, a 为光栅刻痕(不透明)宽度, b 为透明狭缝宽度, $d=a+b$ 为相邻狭缝之间的距离, 称为光栅常量, 它是光栅的基本参量之一.

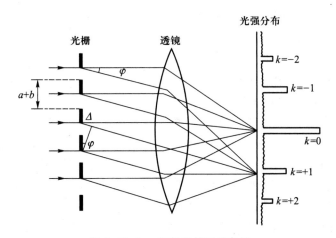

图 4-12-1 衍射光的干涉条纹

2. 光栅方程及光栅光谱

根据夫琅禾费衍射理论, 当波长为 λ 的平行光垂直射到光栅平面时, 光波将在各个狭缝处发生衍射, 所有狭缝的衍射又彼此发生干涉, 而这种干涉条纹定域于无穷远处. 当在光栅后面放置一个会聚透镜时, 各方向上的衍射光都将会聚于透镜的焦平面上, 从而得到如图

4-12-1 所示的衍射光的干涉条纹(称为谱线).

由图 4-12-1 可得到相邻两狭缝对应点射出光束的光程差为

$$\Delta = (a+b)\sin\varphi = d\sin\varphi$$

式中,d 为光栅常量;φ 为衍射角.

当衍射角 φ 满足光栅方程

$$d\sin\varphi = k\lambda, \quad k = 0, \pm1, \pm2, \cdots \tag{4-12-1}$$

时,光会加强.式中,λ 为单色光波长;k 为明条纹级数.衍射后的光波经透镜会聚后,在焦平面上将形成分隔开的一系列对称分布的明条纹,如图 4-12-1 所示.

如果光源中包括几种不同波长的复色光,除零级外,同一级谱线将有不同的衍射角 φ,因而在透镜焦平面上会出现按波长次序排列的谱线,称为光栅光谱.相同 k 值谱线的光谱为同一级光谱,于是就有一级光谱、二级光谱……之分.

3. 光栅常量的测量

用钠黄光($\lambda = 589.3$ nm)作光源,若 $\pm k$ 级衍射光之间的夹角为 θ,则衍射角 $\varphi = \dfrac{\theta}{2}$,代入 $d\sin\varphi = k\lambda$,求出 d.

[实验内容与步骤]

1. 调整分光计(参见实验 4.11)

2. 光栅调节

(1) 将光栅置于载物台上,并使光栅平面与载物台下面两个水平调节螺钉 a、b 的连线垂直平分,如图 4-12-2 所示.利用光栅衬底玻璃的反射作用来调整分光计,按本书前面"分光计的调整"要求,使望远镜聚焦于无穷远,并且其光轴与分光计的转轴垂直,还要使光栅平面与分光计的转轴平行.

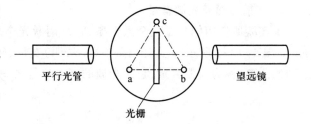

图 4-12-2　光栅放置示意图

(2) 调节光栅,使入射光垂直照射于光栅平面,且光栅平面与分光计中心转轴平行,方法如下:接通钠灯电源,预热一段时间后,照亮平行光管狭缝,使望远镜中正下方的十字叉丝的竖线与狭缝亮线重合.观察被光栅平面反射回来的绿色亮十字像,调节载物台下面的一个水平调节螺钉 a 或 b,使绿色亮十字像的水平线与分划板上方的水平线重合(注意:此时不能转动望远镜和光栅),这表明光栅平面垂直于望远镜筒,而前面已调整到与望远镜同轴的平行光管也就自然垂直于光栅平面,即入射光将垂直照射光栅平面.

(3) 调节光栅使其刻痕与分光计中心转轴平行,方法如下:转动望远镜观察各级谱线,每条谱线都应在同一高度上,否则应调节载物台下面的水平调节螺钉 c,以校正光栅刻痕的倾斜,直到各谱线都在同一高度上.

(4) 由于调节了螺钉 c,光栅平面与入射光垂直的情况可能发生变化.这时,应将望远镜对准中央亮线,看绿色亮十字像与上十字叉丝是否重合,若不重合,再调节螺钉 a 或 b,使它们重合;再看两边谱线是否等高,若不等高,再调节螺钉 c,使它们等高……这样反复操作,直到最后既使入射光垂直于光栅平面,又使两边的光谱谱线等高,如图 4-12-3 所示.

3. 测量衍射角 φ

（1）转动望远镜，使分划板十字叉丝竖线与左边第 k 级明条纹重合，记下此时刻度盘上的读数 θ_1 和 θ_1'. 再转动望远镜，使分划板十字叉丝竖线与右边第 k 级明条纹重合，记下此时读数 θ_2 和 θ_2'，则第 k 级谱线相对应的衍射角 φ 为

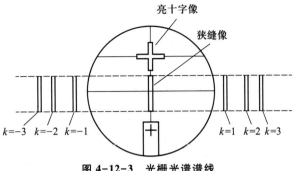

图 4-12-3　光栅光谱谱线

$$\varphi = \frac{1}{4}\left[\,|\,\theta_2 - \theta_1\,| + |\,\theta_2' - \theta_1'\,|\,\right] \tag{4-12-2}$$

重复上述步骤 5 次，对此衍射角进行 5 次重复测量.

（2）根据测得的衍射角及实验室给出的光波的波长 λ，求出光栅常量 d.

[注意事项]

（1）左右游标不要记错.

（2）分光计调整好以后，放上光栅测量时，不能再调望远镜和平行光管的聚焦和高低等.

（3）拿光栅时，应拿光栅的基座，切不可用手接触光栅的表面，以免污染或损坏光栅上的刻痕.

[数据记录表格]

表 4-12-1　光栅常量测量数据记录表　　（钠黄光 $\lambda = 589.3$ nm）

次数	位置 1 读数		位置 2 读数		φ
	左游标 θ_1	右游标 θ_1'	左游标 θ_2	右游标 θ_2'	
1					
2					
3					
4					
5					

[数据处理]

1. d 的测量值的计算

$$\overline{\varphi} = \frac{1}{5}\sum_{i=1}^{5}\varphi_i =$$

$$d = \frac{k \cdot \lambda}{\sin \overline{\varphi}} =$$

2. d 的不确定度的计算

对于 φ 有

$$\mu_{A(\varphi)} = \sqrt{\frac{\sum_{i=1}^{5} (\varphi_i - \overline{\varphi})^2}{5 \times (5-1)}} =$$

$$\mu_{B(\varphi)} = \frac{\Delta_{ins}}{\sqrt{3}} =$$

$$\sigma_{\overline{\varphi}} = \sqrt{\mu_{A(\varphi)}^2 + \mu_{B(\varphi)}^2} = \qquad （需将角度化为弧度）$$

所以 d 的不确定度为

$$\sigma_d = \frac{k\lambda \cdot \cos \overline{\varphi}}{\sin^2 \overline{\varphi}} \cdot \sigma_{\overline{\varphi}} =$$

3. d 的测量结果的表示

$d = d \pm \sigma_d =$

[分析与讨论]

（1）如果在望远镜中观察到的谱线是斜的,应如何调整?

（2）光栅方程中各量的意义是什么? 该式的适用条件是什么? 实验时应如何判断这些条件已具备?

（3）光栅常量相同,但刻痕数不同,对测量有无影响?

实验 4.13　用分光计测三棱镜的折射率

教学视频

　　折射率是物质的重要特性参量,也是光学材料品质的主要指标之一.测量折射率的方法很多,本实验所采用的最小偏向角法是常用方法之一.

　　光线在传播过程中,遇到不同介质的分界面时,会产生折射和反射,光线会改变传播方向,入射光和折射光或反射光之间形成夹角.通过对一些角度的测量,可以测定折射率、光波波长、色散率等物理参量.因而精确测量角度在光学实验中显得十分重要.分光计是一种典型的分光和精确测量角度的光学仪器,它的结构精密,对操作的要求较高.熟悉分光计的结构、调整原理、方法和技巧,对调整和使用其他光学测量仪器具有普遍的指导作用.

［实验目的］

（1）熟悉分光计结构及调整要求,掌握其调整技术;

（2）学习棱镜顶角、最小偏向角的测量方法,测定棱镜材料的折射率.

［仪器设备］

分光计、纳灯、玻璃三棱镜等.

［实验原理］

三棱镜是实验室中常用的分光元件,它至少有两个透光的光学表面,称为折射面,其夹角称为三棱镜的顶角.

　　1. 自准法测量三棱镜的顶角

　　图 4-13-1 为自准法测量三棱镜顶角的示意图.光线垂直入射 AB 面沿原路反射回来,记下此时光线的入射方位 T_1,然后使光线垂直入射 AC 面,记下沿原路反射回来的方位 T_2,则 $\varphi=|T_2-T_1|$,而顶角 $A=180°-\varphi$,即

$$A=180°-|T_2-T_1| \tag{4-13-1}$$

　　2. 由最小偏向角求折射率

　　一束平行的单色光射入三棱镜的 AB 面,经折射后由另一面 AC 射出,如图 4-13-2 所示.入射光和 AB 面法线的夹角 i 称为入射角,出射光和 AC 面法线的夹角 i' 称为出射角,入射光和出射光的夹角 β 称为偏向角.如果转动三棱镜,使入射角 i 等于出射角 i',根据折射定律可知折射角 $\gamma=\gamma'$,此时入射光和出射光之间的夹角最小,称为最小偏向角,用 $\beta_{\min}$ 表示.三棱镜的折射率 n 与顶角 A、最小偏向角 $\beta_{\min}$ 有如下关系:

$$n=\frac{\sin\frac{1}{2}(\beta_{\min}+A)}{\sin\frac{A}{2}} \tag{4-13-2}$$

用分光计测出顶角 A 及最小偏向角 $\beta_{\min}$,就可由式(4-13-2)求出折射率 n.

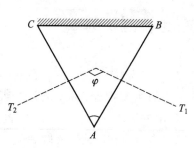
图 4-13-1　自准法测顶角

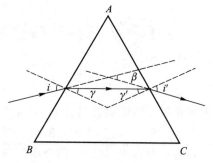
图 4-13-2　最小偏向角的测量

[实验内容与步骤]

在对三棱镜的顶角及最小偏向角进行测量以前,应首先按实验 4.11"分光计的调整"要求,对分光计进行调节,将分光计各部分调整好以后,才能进行以下测量.

1. 自准法测三棱镜的顶角 A

(1) 三棱镜的调整. 调整的要求是三棱镜的两个折射面的法线与分光计中心转轴相垂直. 调整的方法是根据自准原理,用已调好的望远镜来进行. 为了便于调整,三棱镜应按图 4-13-3 所示位置放置在载物台上,使载物台上 3 个螺钉 a、b、c 中的每两个的连线与三棱镜的一个镜面正交,如 $AC \perp ab$,$AB \perp ac$,这时旋转载物台,使三棱镜的一个折射面 AC 对准望远镜,调节 AC 面下方的水平调节螺钉 a,使绿色亮十字像的水平线与望远镜目镜分划板上部的水平线重合(注意:此时望远镜已调好,不可再调);再旋转载物台,使三棱镜另一折射面 AB 对准望远镜,调节 c,同样使绿色亮十字像的水平线与分划板上部的水平线重合;来回反复调节、逐次靠近,直到 AC、AB 面反射回来的亮十字像的水平线均能和分划板上部的水平线重合为止. 此时表明,三棱镜的两个折射面的法线均与分光计的中心轴相垂直.

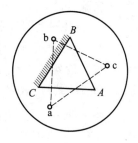

望远镜

图 4-13-3　三棱镜
顶角的测量

(2) 顶角的测量. 将望远镜的光轴垂直于 AB 面(即通过望远镜看到反射回来的绿色亮十字像与分划板上部的十字叉丝重合),由两个游标读出望远镜的位置 θ_1 和 θ_1';再转动望远镜,使它垂直对准 AC 面,同样从两个游标读出望远镜的位置 θ_2 和 θ_2',则三棱镜的顶角 A 为

$$A = 180° - \frac{1}{2}(|\theta_2 - \theta_1| + |\theta_2' - \theta_1'|) \qquad (4\text{-}13\text{-}3)$$

重复测量 5 次,计算所测顶角 A 的平均值.

2. 测量最小偏向角

(1) 将平行光管狭缝对准光源,并使平行光管、三棱镜、望远镜处于如图 4-13-4 所示的相对位置,即可在望远镜中看到谱线.

(2) 旋转载物台,使谱线向入射光方向靠拢,即减小偏向角 β;继续转动载物台,并同时转动望远镜跟踪该谱线,直至三棱镜连同载物台继续沿着该方向转动时谱线突然发生逆转,此转折点即该谱线的最小偏向角位置. 这时,固定载物台锁紧螺钉,微调望远镜,使分划板竖线与谱线重合,从两个游标读出望远镜的位置 d_1 和 d_1'.

（3）取下三棱镜，将望远镜转到直接对准平行光管，使分划板竖线与狭缝重合，从两个游标读出望远镜的位置 d_2 和 d_2'，则最小偏向角 $\beta_{\min}$ 为

$$\beta_{\min} = \frac{1}{2}(\,|\,d_2 - d_1\,| + |\,d_2' - d_1'\,|\,) \tag{4-13-4}$$

重复步骤（2）（3），测量 5 次，计算 $\beta_{\min}$ 的平均值.

3. 平行光法测量三棱镜的顶角

图 4-13-5 为平行光法测量三棱镜顶角的示意图. 使三棱镜的顶角对准平行光管，平行光管射出的光束照射在三棱镜的两个光学面上. 将望远镜转到一侧（如左侧）的反射方向上观察，将望远镜十字叉丝竖线对准反射光线，此时从两个游标读出望远镜的位置 θ_1 和 θ_1'；再将望远镜转到另一侧，将十字叉丝竖线对准另一侧的反射光线读出 θ_2 和 θ_2'，则三棱镜的顶角为

$$A = \frac{1}{2} \cdot \varphi = \frac{1}{4} \cdot \left[\,|\,\theta_2 - \theta_1\,| + |\,\theta_2' - \theta_1'\,|\,\right] \tag{4-13-5}$$

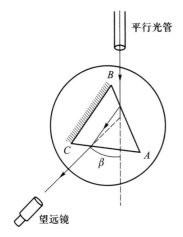

图 4-13-4　最小偏向角的测量

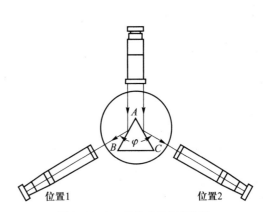

图 4-13-5　平行光法测量顶角

[注意事项]

计算 φ 角时，如果出现 $|\theta_2 - \theta_1| > 180°$ 或 $|\theta_2' - \theta_1'| > 180°$ 的情况，应将小示数的值加上 360° 再进行运算.

[数据记录表格]

三棱镜顶角 A 的测量数据如表 4-13-1 所示；最小偏向角的测量数据如表 4-13-2 所示.

表 4-13-1　三棱镜顶角 A 的测量数据

次数	位置 1 读数		位置 2 读数		A
	左游标 θ_1	右游标 θ_1'	左游标 θ_2	右游标 θ_2'	
1					
2					
3					
4					
5					

表 4-13-2　最小偏向角 $\beta_{\min}$ 的测量数据

次数	位置 1 读数		位置 2 读数		$\beta_{\min}$
	左游标 θ_1	右游标 θ_1'	左游标 θ_2	右游标 θ_2'	
1					
2					
3					
4					
5					

[数据处理]

1. 顶角 A 的测量值和不确定度

测量值：$\overline{A} = \dfrac{1}{5} \sum\limits_{i=1}^{5} A_i =$

不确定度：

$$\mu_{A(A)} = \sqrt{\dfrac{\sum\limits_{i=1}^{5} \left(A_i - \overline{A} \right)^2}{5 \times (5-1)}} = \qquad \mu_{B(A)} = \dfrac{\Delta_{\text{ins}}}{\sqrt{3}} =$$

$$\sigma_A = \sqrt{\mu_{A(A)}^2 + \mu_{B(A)}^2} = \qquad\qquad （需将角度转化为弧度）$$

2. 最小偏向角 $\beta_{\min}$ 的测量值和不确定度

测量值：$\overline{\beta_{\min}} = \dfrac{1}{5} \sum\limits_{i=1}^{5} \beta_{\min_i} =$

不确定度：

$$\mu_{A(\beta_{\min})} = \sqrt{\dfrac{\sum\limits_{i=1}^{5} \left(\beta_{\min_i} - \overline{\beta_{\min}} \right)^2}{5 \times (5-1)}} = \qquad \mu_{B(\beta_{\min})} = \dfrac{\Delta_{\text{ins}}}{\sqrt{3}} =$$

$$\sigma_{\beta_{\min}} = \sqrt{\mu_{A(\beta_{\min})}^2 + \mu_{B(\beta_{\min})}^2} = \qquad\qquad （需将角度转化为弧度）$$

3. 折射率的测量值

$$n = \dfrac{\sin \dfrac{1}{2} \left(\overline{\beta_{\min}} + \overline{A} \right)}{\sin \dfrac{\overline{A}}{2}} =$$

4. 折射率的不确定度

$$\sigma_n = n \cdot \sqrt{\left(\dfrac{1}{2} \cdot \cot \dfrac{\overline{\beta_{\min}} + \overline{A}}{2} \cdot \sigma_{\beta_{\min}} \right)^2 + \left[\dfrac{1}{2} \cdot \left(\cot \dfrac{\overline{\beta_{\min}} + \overline{A}}{2} - \cot \dfrac{\overline{A}}{2} \right) \cdot \sigma_A \right]^2} =$$

5. 测量结果表示

$n = n \pm \sigma_n =$

[**分析与讨论**]

（1）分光计各主要组成部件的作用是什么？

（2）若要使绿色亮十字像与分划板上部十字叉丝相重合,应该用什么调节法？

（3）判断最小偏向角的方法是什么？不同光的最小偏向角是否相同？

（4）如果三棱镜的材质不变,顶角变大（或变小）,用同样的光源测量,其折射率及最小偏向角有无变化,如何变化？

实验 4.14　牛顿环和劈尖干涉实验

牛顿环实验和劈尖干涉实验是典型的光波等厚干涉实验. 牛顿环常用来测量透镜的曲率半径, 劈尖用来测量薄膜的厚度, 它们都可用来检测光学元件的平整度、光洁度. 利用光的干涉现象测量物理量的方法称为干涉法.

教学视频

[实验目的]

（1）用牛顿环测量平凸透镜的曲率半径, 用劈尖测量纸的厚度（或发丝的直径）；

（2）通过实验了解等厚干涉的原理, 学习一种光学测长方法: 干涉法, 掌握移测显微镜的使用方法.

[仪器设备]

牛顿环仪、平板玻璃、钠灯、移测显微镜.

[实验原理]

频率相同、相位差恒定、存在互相平行的振动分量的两束光是相干光. 它们相遇时, 在相遇的区域内产生干涉条纹, 这称为光的干涉现象. 牛顿环实验和劈尖干涉实验是典型的等厚干涉, 它们都是通过分振幅的方法获得相干光: 光源发出的一束平行光, 分别经过装置所形成的空气层上、下表面反射后成为两束相干光, 并在空气层上表面相遇产生干涉现象.

1. 用牛顿环测量平凸透镜的曲率半径

取曲率半径 R 较小的平凸透镜 A, 将其凸面放在一片平板玻璃 B 上, 在玻璃面之间就形成一个很薄的空气层（图 4-14-1）, 当有平行光束垂直向下射入平凸透镜时, 由空气层的上下表面反射所形成的两束光满足相干条件, 在平凸透镜的上表面产生干涉现象, 空气层厚度相等的地方, 就会出现一条干涉条纹. 由于空气层的厚度是从中心向四周逐渐增加的, 所以整个干涉图样是: 以接触点 O 为圆心的许多同心圆环, 中心 O 为暗点, 越向四周, 条纹间的距离越窄, 这样的干涉图样称为牛顿环. 如果平行光是单色光源, 则干涉条纹是明暗相间的同心圆环（图 4-14-2）；如果平行光是白光, 则干涉条纹是彩色的.

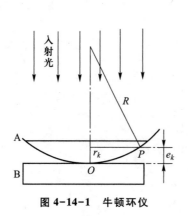

图 4-14-1　牛顿环仪

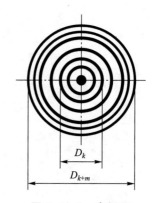

图 4-14-2　牛顿环

用钠灯作为单色光源, 由图 4-14-1 进行光路分析, 设在 P 点处干涉级次为 k 的牛顿环

半径为 r_k，此处空气层厚度为 e_k，则空气层下表面的反射光比上表面的反射光多经过的路程为 $2e_k$，且由于在下表面处光由光疏介质射入光密介质，有相位突变 π，产生半波损失，故空气层下表面反射的光与上表面反射的光的总光程差为

$$\Delta = 2e_k + \frac{\lambda}{2} \tag{4-14-1}$$

其中，$\dfrac{\lambda}{2}$ 为光在下表面反射时产生的半波损失.

由图 4-14-1 所示的几何关系可知：$r_k^2 + (R - e_k)^2 = R^2$，即 $r_k^2 = 2e_k R - e_k^2$，由于 $R \gg e_k$，可略去高阶小量 e_k^2，得

$$r_k^2 = 2e_k R \tag{4-14-2}$$

即 $e_k = \dfrac{r_k^2}{2R}$，这说明 e_k 与 r_k 的平方成正比，所以离中心越远，光程差增加越快，故牛顿环干涉条纹离中心越远，干涉级次越高，条纹越密.

由式（4-14-1）和式（4-14-2）可知光程差为

$$\Delta = \frac{r_k^2}{R} + \frac{\lambda}{2} \tag{4-14-3}$$

由干涉条件可知：

当 $\Delta = k\lambda$ 时为亮条纹，$k = 1, 2, \cdots$；

当 $\Delta = (2k+1)\dfrac{\lambda}{2}$ 时为暗条纹，$k = 0, 1, 2, \cdots$. $\qquad$ (4-14-4)

在实验中，暗条纹比较容易观察，由式（4-14-3）及式（4-14-4）得

$$R = \frac{r_k^2}{k\lambda}, \quad k = 0, 1, 2, \cdots \tag{4-14-5}$$

由式（4-14-5）可见，用单色光产生牛顿环，只要测出第 k 级暗条纹的半径 r_k，就可计算出平凸透镜 A 的曲率半径 R. 但是，由于接触点 O 有压力产生形变，平板玻璃与平凸透镜凸面之间不可能是理想的点接触，牛顿环中心只能是一个暗斑而不是暗点，牛顿环的级数 k 和中心难以确定，因而利用式（4-14-5）来测定 R 实际上是不可能的. 在实际测量中，常作以下变化.

设第 k 级暗环的直径为 D_k，第 $(k+m)$ 级暗环的直径为 D_{k+m}，由式（4-14-5）得

$$D_k^2 = (2r_k)^2 = 4kR\lambda$$

$$D_{k+m}^2 = (2r_{k+m})^2 = 4(k+m)R\lambda$$

所以

$$D_{k+m}^2 - D_k^2 = 4mR\lambda$$

即

$$R = \frac{D_{k+m}^2 - D_k^2}{4m\lambda} \tag{4-14-6}$$

由式（4-14-6）可知，R 只与级差 m 有关，而与 k 和圆心位置无关，避免了实验中牛顿环级数和中心难以确定的困难. 这样，已知钠黄光波长 $\lambda = 589.3$ nm，只需用移测显微镜测出 D_k 和 D_{k+m}，便可计算出透镜 A 的曲率半径 R.

2. 用劈尖干涉测定薄纸的厚度

如图 4-14-3 所示，在两块平板玻璃 A 和 B 之间形成了一个空气劈尖，C 为待测薄纸，e_k

为薄纸厚度. 当用平行钠光垂直照射时,空气劈尖上表面反射的光束和下表面反射的光束在劈尖的上表面相遇发生干涉,所形成的干涉图样为一组平行于两玻璃板交线、间隔相等、明暗相间的干涉条纹. 显然,这也是一种等厚干涉条纹.

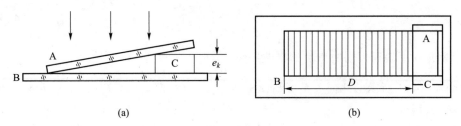

图 4-14-3　劈尖干涉

考虑到劈尖干涉也受到半波损失的影响,两束相干光的光程差为式(4-14-1),当光程差为半波长的奇数倍时,干涉条纹为暗条纹,即

$$\Delta = 2e_k + \frac{\lambda}{2} = (2k+1)\frac{\lambda}{2}, \qquad k = 0,1,2,\cdots$$

由此可知,当 $k=0$ 时, $e_k=0$,也就是两玻璃板交界处是零级暗条纹,与 k 级暗条纹相对应的薄纸厚度为

$$e_k = k\frac{\lambda}{2}, \qquad k = 0,1,2,\cdots \tag{4-14-7}$$

因此,只要知道待测薄纸处的暗条纹级数 k ,就可以求得薄纸的厚度. 由于一般 k 值比较大,为避免计数出现差错和减小条纹定位误差,可先求出单位长度的暗条纹数 n ,再测出玻璃板交线到薄纸之间的距离 D ,则由式(4-14-7)可得

$$e_k = nD\frac{\lambda}{2} \tag{4-14-8}$$

若在任意位置用移测显微镜测出 20 条暗条纹的间距 L ,可得

$$n = \frac{20}{L}$$

$$e_k = \frac{20}{L}D\frac{\lambda}{2} = 10\lambda\frac{D}{L} \tag{4-14-9}$$

[**实验内容与步骤**]

1. 用牛顿环测量平凸透镜的曲率半径

(1)把钠灯放在移测显微镜正前方,打开钠灯开关,预热约 10 min,灯管发光稳定,发出明亮的黄光. 注意不要随意开关钠灯.

(2)调节装置. 实验装置如图 4-14-4 所示,L 为平行入射的钠黄光,T 为移测显微镜的显微镜筒,G 为可调角度的反射玻璃片,附在显微镜筒上. 使移测显微镜底座平面镜避光,以免影响干涉现象的观察. 将牛顿环仪放在移测显微镜的载物台上,调节 G 的角度,直到显微镜视场充满明亮的黄光. 向下移动显微镜筒时,眼睛要离开目镜在侧面观察,以免压碎牛顿环仪. 由下向上缓缓调节显微镜镜筒,直到看清干涉条纹,移动牛顿环仪,使牛顿环中心位于视场中央. 缓缓旋动目镜调焦,使镜筒内的十字叉丝清晰可见,轻轻移动牛顿环仪,使牛顿环中心与十字叉丝交点重合.

（3）测平凸透镜 A 的曲率半径. 取 $k=25$ 和 $m=5$,测出 25 级和 30 级暗环的直径 D_{25} 和 D_{30}. 方法是:旋转显微镜鼓轮,使显微镜镜筒向左移动,同时从中心开始数干涉条纹暗环级次到第 32 级;再反向移动镜筒,当显微镜十字叉丝与第 30 级暗环中心相切时,记下显微镜读数 $d_{左30}$,继续向右移动,读出 $d_{左25}$;继续移动镜筒,越过干涉圆环中心,测出另一边的 $d_{右25}$ 和 $d_{右30}$,十字叉丝移到牛顿环右边第 32 级暗环再反转进行重复测量. 移测显微镜读数要读到千分之一毫米. $D_{25}=\left|d_{左25}-d_{右25}\right|$,$D_{30}=\left|d_{左30}-d_{右30}\right|$,$D_{25}$ 和 D_{30} 分别测 5 次.

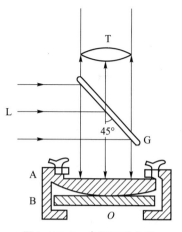

图 4-14-4　牛顿环测曲率
实验装置图

2. 用劈尖干涉测定薄纸的厚度

（1）将一张薄纸插在两块平板玻璃之间,形成如图 4-14-3（a）所示的空气劈尖. 将空气劈尖放到移测显微镜的载物台上,先下移显微镜镜筒,再由下向上缓缓调节显微镜镜筒,直到看清如图 4-14-3（b）所示的干涉条纹.

（2）用移测显微镜测出两玻璃板交线到薄纸之间的距离 D,测 5 次.

（3）用移测显微镜测出任意 20 条暗条纹的间距 L,测 5 次.

[注意事项]

（1）不要将牛顿环仪的三个螺钉拧得太紧,以免损坏牛顿环仪.

（2）在测量牛顿环直径时,为避免螺距差,移测显微镜在读数时只能向一个方向移动,测量途中不能反转方向.

（3）拿取牛顿环仪或平板玻璃时,切忌触摸光学面,如需擦拭,要用专门的擦镜纸.

[数据记录表格]

1. 用牛顿环测量平凸透镜的曲率半径,记入表 4-14-1

移测显微镜 $\Delta_{ins}=\pm0.005$ mm,　　$m=5$,　　$\lambda=589.3$ nm

表 4-14-1　用牛顿环测量平凸透镜的曲率半径

	$d_{左30}$/mm	$d_{左25}$/mm	$d_{右25}$/mm	$d_{右30}$/mm	D_{25}/mm	D_{30}/mm
1						
2						
3						
4						
5						
平均	—	—	—	—		

[数据处理]

（1）R 的测量值的计算

$$R=\frac{\overline{D}_{k+m}^{2}-\overline{D}_{k}^{2}}{4m\lambda}=\frac{\overline{D}_{30}^{2}-\overline{D}_{25}^{2}}{20\lambda}=$$

（2）R 的不确定度的计算

对于 D_{30} 有

$$\overline{D_{30}} = \frac{1}{5} \sum_{i=1}^{5} D_{30i} =$$

$$u_A = S_{\overline{D_{30}}} = \sqrt{\frac{\sum_{i=1}^{5} (D_{30i} - \overline{D_{30}})^2}{5(5-1)}} =$$

$$u_B = \frac{\Delta_{\text{ins}}}{\sqrt{3}} = \frac{0.005 \text{ mm}}{\sqrt{3}} =$$

$$\sigma_{\overline{D_{30}}} = \sqrt{u_A^2 + u_B^2} =$$

对于 D_{25} 有

$$\overline{D_{25}} = \frac{1}{5} \sum_{i=1}^{5} D_{25i} =$$

$$u_A = S_{\overline{D_{25}}} = \sqrt{\frac{\sum_{i=1}^{5} (D_{25i} - \overline{D_{25}})^2}{5(5-1)}} =$$

$$u_B = \frac{\Delta_{\text{ins}}}{\sqrt{3}} = \frac{0.005 \text{ mm}}{\sqrt{3}} =$$

$$\sigma_{\overline{D_{25}}} = \sqrt{u_A^2 + u_B^2} =$$

R 的不确定度：

$$\sigma_R = \frac{1}{2m\lambda} \sqrt{(\overline{D_{30}} \sigma_{\overline{D_{30}}})^2 + (\overline{D_{25}} \sigma_{\overline{D_{25}}})^2} =$$

（3）R 的测量结果的表示

$R = R \pm \sigma_R =$ 　　　　m

2. 用劈尖干涉测定薄纸的厚度，记入表 4-14-2

移测显微镜 $\Delta_{\text{ins}} = \pm 0.005$ mm，　　$\lambda = 589.3$ nm

表 4-14-2　用劈尖干涉测定薄纸的厚度

次数	1	2	3	4	5	平均值
D/mm						
L/mm						

（1）薄纸厚度 e_k 测量值的计算

$$e_k = 10\lambda \frac{\overline{D}}{L} =$$

（2）e_k 不确定度的计算

对于 D 有

$$\overline{D} = \frac{1}{5} \sum_{i=1}^{5} D_i =$$

$$u_A = S_{\overline{D}} = \sqrt{\frac{\sum_{i=1}^{5} (D_i - \overline{D})^2}{5(5-1)}} =$$

$$u_B = \frac{\Delta_{\text{ins}}}{\sqrt{3}} = \frac{0.005 \text{ mm}}{\sqrt{3}} =$$

$$\sigma_{\overline{D}} = \sqrt{u_A^2 + u_B^2} =$$

对于 L 有

$$\overline{L} = \frac{1}{5} \sum_{i=1}^{5} L_i =$$

$$u_A = S_{\overline{L}} = \sqrt{\frac{\sum_{i=1}^{5} (L_i - \overline{L})^2}{5(5-1)}} =$$

$$u_B = \frac{\Delta_{\text{ins}}}{\sqrt{3}} = \frac{0.005 \text{ mm}}{\sqrt{3}} =$$

$$\sigma_{\overline{L}} = \sqrt{u_A^2 + u_B^2} =$$

e_k 的相对不确定度：

$$E = \frac{\sigma_{e_k}}{\overline{e_k}} = \sqrt{\left(\frac{\sigma_{\overline{D}}}{\overline{D}}\right)^2 + \left(\frac{\sigma_{\overline{L}}}{\overline{L}}\right)^2} =$$

e_k 的绝对不确定度：

$$\sigma_{e_k} = e_k \times E =$$

（3）e_k 测量结果的表示

$$e_k = e_k \pm \sigma_{e_k} =$$

[复习题]

（1）用干涉法测长度的两束相干光应满足的条件是＿＿＿＿＿＿＿＿＿＿＿＿＿＿＿＿．

（2）用牛顿环实验测凸透镜的曲率半径 R 时，直接测量的是牛顿环的直径而不是半径，这是因为＿＿＿＿＿＿＿＿＿＿＿＿＿＿＿＿＿＿＿＿＿＿＿＿＿＿＿＿＿＿．

（3）使用移测显微镜时，若鼓轮反转，螺纹间隙会引起回程误差即螺距差．为避免螺距差的影响，测量方法是＿＿＿＿＿＿＿＿＿＿＿＿＿＿＿＿＿＿＿＿＿＿＿＿＿＿＿＿．

[分析与讨论]

（1）在牛顿环实验中，为什么牛顿环中心会出现亮斑而非暗斑？为什么有的牛顿环干涉条纹会出现不圆的情况？

（2）为什么牛顿环离中心越远，条纹越密？受劈尖干涉启发，如果要得到等间距的牛顿环干涉图样，平凸透镜的凸面应加工成什么形状？

（3）参考牛顿环实验，分析能否用同样的实验方法测量凹透镜的曲率半径．

实验 4.15　双棱镜干涉实验

教学视频

菲涅耳双棱镜干涉实验曾在历史上为确立光的波动学说起到过重要作用, 它不但用双棱镜实现了光的干涉, 而且提供了一种用简单仪器测量光波波长的方法.

[实验目的]

(1) 观察由双棱镜所产生的干涉现象, 并测定单色光波长;

(2) 加深对光的波动性的了解, 学习调节光路的一些基本知识和方法.

[仪器设备]

光源、光具座、狭缝、双棱镜、凸透镜、测微目镜、滤波片、光屏.

[实验原理]

双棱镜形状如图 4-15-1 所示, 其折射角很小, 因而折射棱角接近 180°. 设有一平行于折射棱的缝光源 S 产生的光束射到双棱镜上, 则光线经过双棱镜折射后, 形成两束犹如从虚光源 S_1 和 S_2 发出的相干光束. 它们在空间传播时有一部分叠加发生干涉 (画有双斜线的区域), 屏幕 E 上就会显现干涉条纹, 如图 4-15-2 所示.

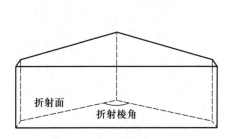

图 4-15-1　双棱镜示意图

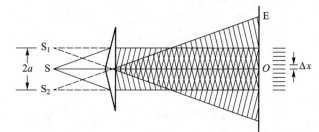

图 4-15-2　双棱镜产生的相干光束示意图

如图 4-15-3 所示, 设 S_1S_2 间的距离为 $2a$, 它们到屏幕的距离为 D. 设 P 为屏幕上任意一点, r_1 和 r_2 分别为从 S_1 与 S_2 到 P 点的距离, 则由 S_1 和 S_2 发出的光波到达 P 点的光程差为

$$\Delta r = r_2 - r_1 \qquad (4\text{-}15\text{-}1)$$

令 N_1 和 N_2 分别为 S_1 和 S_2 在屏幕上的投影, O 为 N_1 和 N_2 连线的中点, 且 $OP = x$, 则由三角形 S_1N_1P 和 S_2N_2P 可得

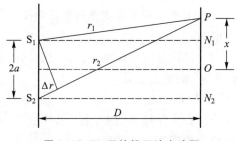

图 4-15-3　双棱镜干涉光路图

$$r_1^2 = D^2 + (x-a)^2$$
$$r_2^2 = D^2 + (x+a)^2$$

两式相减得

$$r_2^2 - r_1^2 = (r_2 - r_1)(r_2 + r_1) = \Delta r(r_2 + r_1) = 4ax$$

一般来说，D 远大于 $2a$，所以 $r_2 + r_1$ 可近似地看成等于 $2D$，因此可得光程差为

$$\Delta r = \frac{2ax}{D} \qquad (4\text{-}15\text{-}2)$$

当 $\Delta r = \frac{2ax}{D} = \pm 2k \frac{\lambda}{2}$，即 $x = \pm k \frac{D}{a} \frac{\lambda}{2}$ 时，对应的 P 点为亮条纹，在 O 点，$x = 0$，即 $k = 0$，因此 O 点出现亮条纹，称为中央亮条纹，其他和 $k = 1, k = 2, \cdots$ 相对应的亮条纹称为第一级、第二级……亮条纹；当 $\Delta r = \frac{2ax}{D} = \pm(2k+1)\frac{\lambda}{2}$，即 $x = \frac{2ax}{D} = \pm(2k+1)\frac{D}{2a}\frac{\lambda}{2}$ 时，两波在 P 点相互抵消形成暗条纹.

从以上讨论可得出如下结论：

（1）干涉条纹以 O 点为对称点上下交错地分布.

（2）用不同的单色光源做实验时，各亮条纹的距离也不同，波长越短的单色光，条纹越密集；波长越长的单色光，条纹越稀疏. 如果用白光做实验，则只有中央亮条纹是白色的，其余条纹在中央亮条纹两边，形成由紫到红的彩色条纹.

（3）利用干涉条纹可测出单色光的波长. 由上面的讨论可知，第 k 极暗条纹与中点 O 的距离 x_k 由下式决定：

$$x_k = (2k+1)\frac{D}{2a}\frac{\lambda}{2}, \qquad k = 0, \pm 1, \pm 2, \cdots$$

则任意两条相邻暗条纹之间距离为

$$\Delta x = x_{k+1} - x_k = \frac{D\lambda}{2a}$$

因此，单色光的波长 λ 为

$$\lambda = \frac{2a}{D}\Delta x \qquad (4\text{-}15\text{-}3)$$

若用实验方法测得 $S_1 S_2$ 间的距离 $2a$、$S_1 S_2$ 到屏幕的距离 D 和任意两条暗条纹之间的距离 Δx，则光波波长可由式（4-15-3）算出.

[实验内容与步骤]

（1）调整光路. 实验装置如图 4-15-4 所示，接通光源，先将狭缝稍放大一些，观察光通过狭缝后是否照射到双棱镜的棱背并射入目镜，若不能，则需调整光源及目镜的位置.

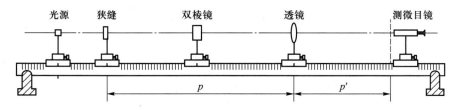

图 4-15-4　双棱镜干涉装置图

（2）调出清晰的干涉条纹. 取下透镜，缩小狭缝，并用测微目镜观察是否有彩色条纹出现，若没有，则需调节狭缝的倾角使之与双棱镜的棱背平行，轻轻转动狭缝，使测微目镜中能

够看到干涉条纹. 若条纹不清晰,可继续缩小狭缝或轻轻转动狭缝,直到能清楚地看到干涉条纹为止.

（3）测干涉条纹间距 Δx. 在光源与狭缝之间加上红色滤波片,则条纹变为明暗相间的红光干涉条纹. 将测微目镜的十字叉丝对准所选定的某一条暗条纹,从测微目镜里的标尺和旋转鼓轮上记下读数 d_1,再转动鼓轮,使十字叉丝经过 10 个暗条纹,记下读数 d_2,则

$$\Delta x = \frac{|d_1 - d_2|}{10} \tag{4-15-4}$$

（4）测虚光源的间距 $2a$. 不改变狭缝、双棱镜、测微目镜的位置,在双棱镜与测微目镜之间加上凸透镜,调节透镜高度,并前后移动透镜,使观测者在测微目镜中能看到两个虚光源 S_1、S_2 的实像 S_1'、S_2';将测微目镜的十字叉丝先后对准 S_1' 和 S_2',测出它们之间的距离为 $2a'$（如图 4-15-5 所示）,然后根据凸透镜成像公式

$$2a = \frac{p}{p'} 2a' \tag{4-15-5}$$

即可求得两个虚光源的间距 $2a$. 其中,p 为物距（狭缝到凸透镜距离）,p' 为像距（凸透镜到测微目镜分划板的距离）. p 和 p' 可由光具座上的米尺测出.

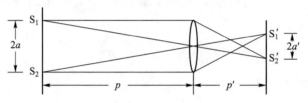

图 4-15-5　测虚光源成像光路图

[数据记录表格]

测微目镜分度值:_____mm,光具座米尺分度值:_____mm

表 4-15-1　测定单色光波长

次数	d_1/mm	d_2/mm	n	Δx/mm	S_1'/mm	S_2'/mm	$2a'$/mm
1							
2							
3							
4							
5							
平均值	—	—	—	$\overline{\Delta x}$/mm	—	—	$\overline{2a'}$/mm

$p = $ _____mm,$p' = $ _____mm

[数据处理]

1. λ 的测量值的计算

$$\lambda = \frac{\dfrac{p}{p'}\overline{2a'}}{p + p'} \cdot \overline{\Delta x} = $$

2. λ 的不确定度的计算

对于 p 和 p',由于只测量了 1 次,不确定度没有 A 类分量,只有 B 类分量,故有

$$\sigma_A = \sigma_B = \Delta_{ins} = \frac{1}{2}分度值 = 0.5 \text{ mm}$$

对于 Δx 有

$$\overline{\Delta x} = \frac{1}{5}\sum_{i=1}^{5}\Delta x_i =$$

$$u_A = S_{\overline{\Delta x}} = \sqrt{\frac{\sum_{i=1}^{5}(\Delta x_i - \overline{\Delta x})^2}{5(5-1)}} =$$

$$u_B = \frac{\Delta_{ins}}{\sqrt{3}} = \frac{0.005}{\sqrt{3}} \text{ mm} =$$

$$\sigma_{\overline{\Delta x}} = \sqrt{u_A^2 + u_B^2} =$$

对于 $2a'$ 有

$$\overline{2a'} = \frac{1}{5}\sum_{i=1}^{5}2a'_i =$$

$$u_A = S_{\overline{2a'}} = \sqrt{\frac{\sum_{i=1}^{5}(2a'_i - \overline{2a'})^2}{5(5-1)}} =$$

$$u_B = \frac{\Delta_{ins}}{\sqrt{3}} = \frac{0.005}{\sqrt{3}} \text{ mm} =$$

$$\sigma_{\overline{2a'}} = \sqrt{u_A^2 + u_B^2} =$$

λ 的不确定度:

$$E = \frac{\sigma_\lambda}{\lambda} = \sqrt{\left(\frac{1}{p}-\frac{1}{p+p'}\right)^2\sigma_A^2 + \left(\frac{1}{p'}+\frac{1}{p+p'}\right)^2\sigma_B^2 + \left(\frac{1}{\Delta x}\right)^2\sigma_{\overline{\Delta x}}^2 + \left(\frac{1}{2a'}\right)^2\sigma_{\overline{2a'}}^2}$$

$$=$$

$$\sigma_\lambda = \lambda \cdot E =$$

3. λ 的测量结果的表示

$$\lambda = \lambda \pm \sigma_\lambda = \qquad \text{nm}$$

[复习题]

(1) 双棱镜实验采用_____方法获得相干光源.

(2) 从式(4-15-3)中看出,任意两条相邻暗条纹之间的距离 Δx 与_____、_____和_____有关. 当_____时,条纹变宽;当_____时,条纹变窄.

[分析与讨论]

(1) 分析与讨论实验结果.

(2) 若要观察到清晰的干涉条纹,对光路的调节要点是什么?

(3) 如果狭缝和双棱镜不平行或狭缝太宽,能看到干涉条纹吗? 为什么?

第5章
综合性实验和近代物理实验

实验 5.1　声速的测量

教学视频

声波是在弹性介质中传播的一种机械波. 声波的传播速度与传播介质的特性和状态相关. 在实际应用中, 通过对声速的测量, 可以测定溶液的浓度和液体的密度, 可以测试和分析岩石的性质(如密度、孔隙度等), 可以对气体的成分进行分析.

振动频率在 20 Hz~20 kHz 的声波, 可以被人耳听见, 频率低于 20 Hz 的声波称为次声波, 而频率超过 20 kHz 的声波称为超声波. 在超声波测距和定位、流体速度测量、材料弹性模量的测量等应用中, 超声波声速都是一个很重要的物理量. 本实验采用压电陶瓷换能器来实现对超声波在空气中传播速度的测量.

[实验目的]

(1) 了解声波在空气中的传播速度和气体状态参量的关系;

(2) 用共振干涉法和相位比较法测量超声波在空气中的传播速度;

(3) 掌握用逐差法处理实验数据.

[仪器设备]

声速测定仪、示波器、函数发生器、屏蔽线等.

[实验原理]

1. 声波在空气中的传播速度

在标准状态下, 声音在干燥空气中传播的速度是 $v_0 = 331.5$ m/s, 在温度为 t 时, 声音的传播速度为

$$v = v_0 \sqrt{1 + \frac{1}{T_0}} = 331.5 + 0.6t \, (\text{SI 单位}) \tag{5-1-1}$$

2. 测量声速的实验方法

声速 v、频率 f 和波长 λ 的关系是

$$v = f\lambda \tag{5-1-2}$$

由于频率 f 可由函数发生器直接读出, 因此本实验的主要任务是测出声波的波长 λ.

实验用两个压电陶瓷换能器(图 5-1-1 中的 S_1 和 S_2)作为超声波的发生器和接收器. S_1 利用压电体的逆压电效应, 由函数发生器发出的电信号使压电陶瓷换能器 S_1 产生机械振

动,在空气中激发出声波.S_2 利用压电体的正压电效应,将接收到的声波转换成电信号.

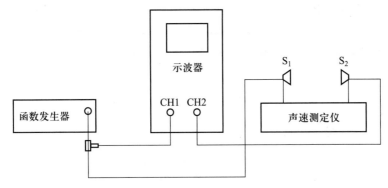

图 5-1-1　声速的测量

（1）共振干涉法

如图 5-1-1 所示,将函数发生器的正弦电信号接到 S_1 上,使 S_1 发出一个平面波.S_2 作为接收端,将接收到的声压信号转换成正弦电信号输入示波器观测.S_1 发出的声波和 S_2 反射的声波在 S_1 和 S_2 之间往返反射,相互叠加形成干涉.移动 S_2,当 S_1 和 S_2 之间的距离 l 为 $\lambda/2$ 的整数倍时,形成驻波,S_2 处为驻波波节,声压最大,示波器显示出 S_2 的信号也最大;当 l 不是 $\lambda/2$ 的整数倍时,未形成驻波,则 S_2 处声压较小.继续移动 S_2,当 S_1 和 S_2 之间的距离 l 再次为 $\lambda/2$ 的整数倍时,又形成驻波,S_2 处声压达到最大,示波器显示出 S_2 的信号再次达到最大.可见,当移动 S_2 时,示波器上的电信号幅度每变化一个周期,就相当于 S_1 和 S_2 之间的距离改变了 $\lambda/2$,测定这个距离,就可以测出波长 λ.

（2）相位比较法

如图 5-1-1 所示,函数发生器输出的正弦电信号接至 S_1 发射器,同时该信号输入示波器的 CH1 输入端,接收器 S_2 接至示波器的 CH2 输入端.这样,发射与接收间的相位差,可以通过示波器显示的李萨如图来观测.移动 S_2,每当 S_1 和 S_2 之间距离变化一个波长,S_1 与 S_2 的相位差改变 2π,示波器上显示的李萨如图就相应变化一个周期,这样就可以测出波长 λ.

[实验内容与步骤]

1. 共振干涉法测量声速

（1）按图 5-1-1 连好线路.使 S_1 和 S_2 接近但留有适当的间隙.

（2）根据实验室给出的压电陶瓷换能器的谐振频率 f,将函数发生器输出正弦信号的频率调至 f 处,缓慢移动 S_2,可在示波器上观察到正弦信号振幅的变化,当变化到振幅较大时,停下 S_2,再仔细微调函数发生器的输出频率,直到显示屏上正弦振幅为最大,记录此时函数发生器的输出频率 f,这就是谐振频率.

（3）在谐振频率下,移动 S_2,观察示波器上信号的周期性变化.选择一个振幅的极大值作为起点,移动 S_2,逐一记下 10 个振幅的极大值位置 L_i.

（4）利用逐差法求出超声波的波长,即

$$\lambda_i = \frac{2}{5} \cdot |L_{i+5} - L_i| \tag{5-1-3}$$

（5）记录下测量时的室温 t.

2. 相位比较法测量声速

（1）按图 5-1-1 连接线路.

（2）在谐振频率下，移动 S_2，观察示波器上李萨如图的周期性变化. 以图形为斜直线作为测量起点，连续记录下 10 次图形为斜直线时 S_2 的位置 L_i.

（3）利用逐差法求出波长 $\lambda_i = \dfrac{1}{5} \cdot |L_{i+5} - L_i|$.

[数据记录表格]

1. 共振干涉法测量声速

表 5-1-1　共振干涉法测声速

环境温度 $t=$ _____ ℃　频率 $f=$ _____ kHz

测量次数	L/mm	测量次数	L/mm	$\Delta L = L_{i+5} - L_i/\mathrm{mm}$
1		6		
2		7		
3		8		
4		9		
5		10		

2. 相位比较法测量声速

表格自拟.

[数据处理]

（1）列表记录实验数据.

（2）用逐差法分别计算两种测量方法测出的波长及声速.

（3）由式（5-1-1）计算声速的理论值，与上述两种方法测出的实验值比较，求出其百分误差，即

$$E = \frac{|v - v_{理}|}{v_{理}} \times 100\% \tag{5-1-4}$$

[复习题]

（1）共振干涉法测量声波波长是通过测量_____而得到的.

（2）相位比较法测量声波波长是通过测量_____而得到的.

[分析与讨论]

（1）分析与讨论实验结果.

（2）为什么要在换能器谐振状态下测量声速？如何调到谐振频率？

（3）是否可以用本实验的方法测量超声波在其他介质（如固体或液体）中传播的速度？

实验 5.2　温差电偶实验

　　在现代测量技术中,非电学量(如压力、温度、声压等)的电测是一种重要的实验技术,这种技术具有测量精度高、测量范围宽、测量速度快的特点. 非电学量电测系统的核心是传感器. 传感器是利用物理学中的物理量之间存在的各种效应和关系把被测的非电学量转换成电学量的器件. 传感器输出的电信号经过测量电路的处理,最后通过显示器显示出来.

　　温差电偶是一种利用温差电现象将温度转换成电动势的传感器. 温差电偶具有结构简单、热容量小、灵敏度高、测量准确、测量范围广等优点. 例如,铜-康铜温差电偶的量程是 -200 ℃ ~ 200 ℃,铂-铂铑温差电偶的量程是 200 ℃ ~ 1 600 ℃.

[实验目的]

(1) 对铁-康铜温差电偶进行定标.

(2) 了解温差电偶测量原理和方法,学习使用箱式电势差计.

[仪器设备]

铁-康铜温差电偶、电势差计(UJ31 型)、水银温度计、检流计(AC5 型)、标准电池、烧杯、酒精灯.

[实验原理]

　　如图 5-2-1 所示,用两根不同的金属丝 A 及 B 组成一个闭合回路,若两个接头的温度不同,则回路中就有电流产生,这个电流叫温差电流,产生这个电流的电动势叫做温差电动势或热电动势,这种现象叫做温差电现象或热电效应,这两种金属导体的组合叫做温差电偶或热电偶.

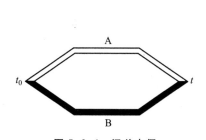

图 5-2-1　温差电偶

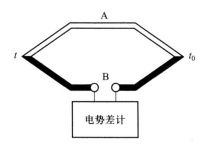

图 5-2-2　温差电偶测量图

　　温差电偶的温差电动势的大小和方向与 A、B 的材料和两接头的温度差有关. 对于一定温差电偶而言,在一定温差范围内,其温差电动势 E 与接头的温度差$(t-t_0)$成正比,因而

$$E = C(t-t_0) \tag{5-2-1}$$

式中的 t、t_0 分别是热端温度和冷端温度,比例系数 C 称为温差系数. 温差系数在数值上等于温差为 1 ℃ 时,温差电偶产生的电动势,其大小取决于材料,单位为 mV/℃.

　　由式(5-2-1)可以看出:如果已知温差电偶的温差系数和一端的温度,只要测出温差电动势就可以求出另一端的温度了. 在实际应用中,常采用这种办法测量温度:使一端处于已知恒定温度(例如将这一端置于冰水混合物中,保持 $t_0 = 0$ ℃),另一端与待测物接触,测出温差电动势,然后利用这个温差电偶的已知温差电动势和它两端的温度差的关系曲线确定待测物的温度.建立这个热电偶的温差电动势与它两端的温度差的关系叫做对热电偶进行定标.

测量温度时,需要将电势差计(或其他仪表)接入温差电偶回路,如图 5-2-2 所示.这个回路中虽然接入了第三种金属(如电势差计中的电阻丝),但可以证明:只要两接入点的温度相同就不会对回路中的电动势带来影响.

若要测量微弱的温度变化,可将若干温差电偶串联起来,使偶数个接头置于低温处,奇数个接头置于高温处进行测量,如图5-2-3所示.由于这种可以增强热电效应(其中总电动势等于各温差电偶电动势之和),因而有利于对微弱温度变化的测量.这种温差电偶的组合装置叫做温差电堆.

本实验要对铁-康铜温度电偶进行定标,并求出其温差系数.实验装置如图 5-2-4 所示.我们将温差电偶的 b 端置于冰水混合物中,a 端置于被加热的水中.两端的温度用水银温度计测量,温差电动势用电势差计测量.记下冷端温度 t_0,热端温度 $t_1, t_2, \cdots$ 以及相应

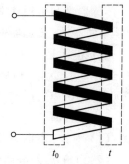

图 5-2-3　温差电堆

的温差电动势 $E_1, E_2, \cdots$ 之后,就可以以温差电动势 E 为纵坐标,两端的温度差 Δt 为横坐标画出温差电偶的定标曲线,如图 5-2-5 所示.由于 E 和 Δt 成正比,因而温差系数 C 是曲线的斜率.经过定标后的温差电偶就是一只温差电偶温度计了.

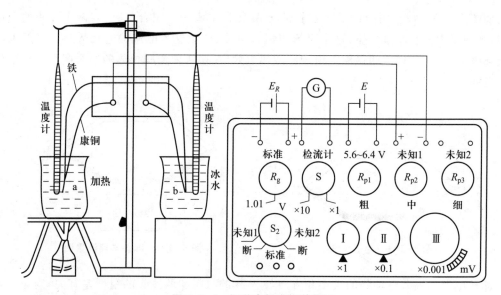

图 5-2-4　温差电偶定标装置图

[**实验内容与步骤**]

1. 复习"实验 4.6 电势差计"中的附录"箱式电势差计".

2. 按图 5-2-4 所示连接线路.

3. 测出室温,校准工作电流.

4. 测量温差电动势：将温差电偶的 a 端加热，固定 R_{p1}、R_{p2}、R_{p3} 不动，将 S_2 旋至"未知1"，依次调节测量转盘Ⅰ、Ⅱ、Ⅲ使电势差计处于补偿状态（注意粗细按钮的使用次序）．从转盘Ⅰ、Ⅱ、Ⅲ上读出温差电动势，同时记录下热端温度 t．

5. 温度每上升 10 ℃测出温差电动势，直到 80 ℃．

6. 自拟表格记录 t 和相应的 E 值．

[数据处理]

（1）作 E-Δt 定标曲线，并用最小二乘法求拟合直线的斜率 C．

（2）以铁-康铜的温差系数 $C = 5.20 \times 10^{-2}$ mV/℃为标准，计算百分误差．

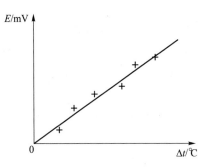

图 5-2-5　温差电偶定标曲线

[复习题]

（1）用温差电偶测温是利用_____效应将非电学量_____转换成电学量进行测量的．

（2）对温差电偶的定标就是建立_____的关系，求出_____．

（3）用已定标的温差电偶测温，方法是_____．

（4）用箱式电势差计测电动势，需先校准工作电流，步骤是：

①＿＿＿＿＿＿＿＿＿＿＿；

②＿＿＿＿＿＿＿＿＿＿＿；

③＿＿＿＿＿＿＿＿＿＿＿．

[分析与讨论]

（1）用箱式电势差计测电动势之前为什么要先校准工作电流？

（2）在"实验内容与步骤中的4"测量温差电动势中，为什么要固定 R_{p1}、R_{p2}、R_{p3}不动？

（3）若按 5-2-4 所示接好线路后，用电势差计可测出电动势，试问：在不改变接线的情况下，将热电偶的 a 端置于冰水混合物中，b 端置于热水中，能否测出电动势？

实验 5.3　空气比热容比的测定

理想气体的比定压热容 C_p 和比定容热容 C_V 之比称为气体的比热容比,又称为气体的绝热系数,用 γ 表示. 它是一个重要的热力学参量,在热力学研究和工程应用中起着重要作用.

教学视频

[实验目的]

(1) 用绝热膨胀法和绝热压缩法测定空气的比热容比;

(2) 学习气体压力传感器和电流型集成温度传感器的工作原理并掌握其使用方法;

(3) 熟悉热力学过程中状态变化及基本物理规律,掌握测定空气比热容比的方法.

[仪器设备]

储气瓶(其中包括扩散硅压力传感器及同轴电缆、AD590(电流型)集成温度传感器及电缆)、空气比热容比测定仪.

[实验原理]

1. 绝热膨胀法测空气比热容比 γ

实验装置如图 5-3-1 所示,我们以储气瓶中的空气作为研究对象的热力学系统.

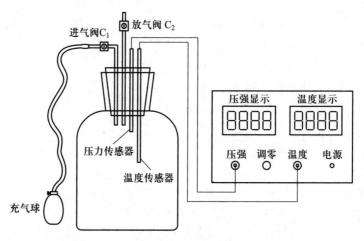

图 5-3-1　实验装置图

关闭放气阀 C_2,打开进气阀 C_1,用充气球将室温状态下的空气(p_0, T_0)充入储气瓶,储气瓶中压强增高,温度升高. 关闭 C_1,停止进气. 储气瓶中的空气与外界进行热交换,使瓶内温度逐渐下降至室温. 此时气体处于状态 I(p_1, V_1, T_0). 打开放气阀 C_2,使瓶内气体与大气相通,迅速膨胀,则瓶内空气压强迅速降至 p_0,立即关闭 C_2. 这时由于放气过程较快,可以近似认为瓶内空气来不及与外界进行热交换,因而其内空气温度由 T_1 降至 T_2,这一过程,可视为绝热过程,此时气体所处的状态为 II(p_0, V_2, T_1)(此时 $T_1 < T_0, V_2 > V_1$).

让瓶内空气与外界充分进行热交换(瓶内空气温度回升),当温度与室温 T_0 相等时,瓶内空气压强随之增大为 p_2,此时空气所处的状态为 III(p_2, V_2, T_0),这个过程是等容吸热过程.

三种状态的变化如图 5-3-2(a)(b)所示.

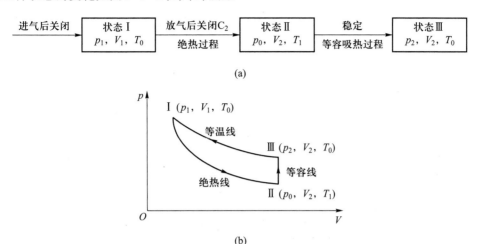

(a)

(b)

图 5-3-2　绝热膨胀法的三种状态

状态 Ⅰ → Ⅱ 是绝热过程,由绝热过程方程得

$$p_1 V_1^\gamma = p_0 V_2^\gamma \tag{5-3-1}$$

状态 Ⅰ 和状态 Ⅲ 的温度均为 T_0,由气体状态方程得

$$p_1 V_1 = p_2 V_2 \tag{5-3-2}$$

合并式(5-3-1)、(5-3-2),消去 V_1,V_2 得

$$\gamma = \frac{\ln p_1 - \ln p_0}{\ln p_1 - \ln p_2} = \frac{\ln p_1/p_0}{\ln p_1/p_2} \tag{5-3-3}$$

由于本实验中压强变化相对大气压来说比较小,因而可以作近似计算. 由式(5-3-3)可得出:

$$\gamma = \frac{\ln p_1/p_0}{\ln p_1/p_2} = \frac{\Delta p_1}{\Delta p_1 - \Delta p_2} \tag{5-3-4}$$

其中,$\Delta p_1 = p_1 - p_0$,$\Delta p_2 = p_2 - p_0$.

由式(5-3-4)可以看出,只要测得 Δp_1、Δp_2 就可求得空气的比热容比 γ.

2. 绝热压缩法测空气比热容比 γ

关闭放气阀 C_2,打开进气阀 C_1,用充气球将原处于环境压强 p_0、室温 T_0 状态下的空气经过进气阀压入储气瓶中. 充气速度如果非常快,此过程可近似为绝热压缩过程,瓶内空气压强增大、温度升高,达到状态 Ⅰ(p_1,V_1,T_1),关闭进气阀. 把瓶内空气原处于环境压强 p_0 及室温 T_0 下的状态称为初始状态 O(p_0,V_0,T_0). 随后,瓶内空气通过容器壁和外界进行热交换,温度逐步下降至室温 T_0,达到状态 Ⅱ(p_2,V_1,T_0),这是等容放热过程.

三种状态的变化如图 5-3-3(a)(b)所示.

如果进气的速度非常快,可近似认为从状态 O 到状态 Ⅰ 是绝热过程,满足绝热方程

$$p_0 V_0^\gamma = p_1 V_1^\gamma \tag{5-3-5}$$

从状态 O 到状态 Ⅱ 满足等温方程

$$p_0 V_0 = p_2 V_1 \tag{5-3-6}$$

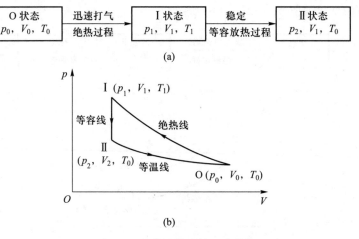

(a)

(b)

图 5-3-3   绝热压缩法的三种状态

将式(5-3-5)与式(5-3-6)消去 V_0、V_1 得到

$$\left(\frac{p_0}{p_2}\right)^{\gamma-1}=\frac{p_2}{p_1} \tag{5-3-7}$$

由于本实验中的压强变化相对大气压来说比较小,因而可以作近似计算. 将式(5-3-7)两边取对数,整理得到

$$\gamma=\frac{\ln p_1-\ln p_0}{\ln p_2-\ln p_0}=\frac{\ln p_1/p_0}{\ln p_2/p_0}=\frac{\Delta p_1'}{\Delta p_2'} \tag{5-3-8}$$

其中,$\Delta p_1'=p_1-p_0$,$\Delta p_2'=p_2-p_0$.

本方法中状态 O 到状态 I 是绝热过程的条件,要求该过程持续的时间特别短,进气的时间比较短,因此该方法所能够获取的气压是有限的. 事实上,进气过程中温度升高,高于环境温度就会导致放热,使压强减小而导致 p_1 比绝热条件下要小,进气时间越长对 p_1 的影响就越大,绝热条件就越难满足,这是本过程产生系统误差的主要原因.

3. 温度传感器和压力传感器

(1) AD590 集成温度传感器

本实验用 AD590 集成温度传感器测量储气瓶内空气的温度. 它是一种利用半导体 pn 结的伏安特性与温度之间的关系制成的恒流源组成的固态传感器,当其两端加有 4.5 V 至 20 V 的直流工作电压时,传感器的输出电流 I 与传感器所处的热力学温度 t(单位为℃)成正比,且系数为 $K=1$ μA/℃,即如果该温度传感器的温度升高或降低 1 ℃,那么传感器的输出电流就增加或减少 1 μA. 传感器的输出电流为

$$I=Kt+273.15 \ \text{μA} \tag{5-3-9}$$

AD590 集成温度传感器输出的电流 I 可以通过一个适当阻值的电阻 R,转化为电压 U,由欧姆定律 $I=U/R$ 算出输出电流,即可得出温度值. 本实验的测温线路如图 5-3-4 所示,串接 5 kΩ 电阻,可产生 5 mV/℃ 的信号电压,接 0 ～ 1.999 V 量程四位数字电压表,最小可检测到 0.02 ℃ 的温度变化.

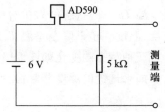

图 5-3-4   AD590 集成温度
传感器电路图

（2）扩散硅压力传感器

本实验采用扩散硅压力传感器测量储气瓶内空气的压强. 扩散硅压力传感器把压强转化为电信号, 最终由同轴电缆线输出信号. 传感器输出电压 U 与瓶内压强的变化 p_1-p_0 为线性关系, 如下式所示:

$$U = K_p(p_1 - p_0) \tag{5-3-10}$$

输出信号与仪器内的放大器及三位半数字电压表相接, 它显示的是容器内的气体压强大于容器外环境大气压的压强差值. 当待测气体压强为 $p_0 + 10.00 \text{ kPa}$ 时, 数字电压表显示为 200 mV, 则仪器测量气体压强灵敏度 K_p 为 20 mV/kPa, 测量精度为 5 Pa. 可得测量公式:

$$p_1 = p_0 + U/20 \tag{5-3-11}$$

其中, 电压 U 的单位为 mV, 压强 p_1、p_0 的单位为 kPa.

[实验内容与步骤]

实验中对储气瓶进气时, "压强显示"的电压数字不能超过实验室给出的最大数字 130 mV; 储气瓶、放气阀、进气阀等都是玻璃制品, 在开启、关闭阀门时, 一定要小心仔细, 防止设备破碎; 由于扩散硅压力传感器灵敏度不完全相同, 一台仪器对应一只专用压力传感器, 请勿互换; 气阀为一整体设备, 切勿将玻璃活塞与其他气阀互换.

1. 绝热膨胀法测 γ

（1）按图 5-3-1 接好仪器的电路. 开启电源, 将电子仪器部分预热 10 min, 打开阀门 C_1、C_2, 然后用调零电位器调节零点, 把"压强显示"电压表示值调到 0.

（2）把放气阀 C_2 关闭, 进气阀 C_1 打开, 用充气球把空气稳定缓慢地充进储气瓶内, 待瓶内空气压强对应电压为 100 mV 左右时, 停止充气, 关闭 C_1, 记录瓶内压强均匀稳定时的压强 Δp_1 和温度 T_0 值（注意: 储气瓶进气时, 压强不得超过实验室给定值, 否则温度传感器易损坏）.

（3）突然打开放气阀 C_2, 当储气瓶的空气压强降低至环境大气压强 p_0 时, 迅速关闭放气阀 C_2.（注: 打开放气阀放气时, 听到放气声将结束应迅速关闭放气阀.）

（4）当储气瓶内空气的温度上升至室温 T_0 时, 记下储气瓶内气体的压强 Δp_2.

（5）重复步骤（2）~（4）, 测 5 次. 数据记录表格可参考表 5-3-1.

2. 绝热压缩法测 γ

（1）按图 5-3-1 的测量线路不变.

（2）关闭放气阀 C_2, 打开进气阀 C_1, 用充气球将室温空气 (p_0, T_0) 迅速压入储气瓶中, 停止充气, 同时关闭进气阀 C_1, 迅速记录"压强显示"电压表最大读数 $\Delta p_1'$.

（3）静置一段时间, 待瓶内空气温度降至室温 T_0 时, 记录"压强显示"电压表的读数 $\Delta p_2'$.

（4）重复步骤（2）（3）, 测 5 次. 表格自拟.

3. 选做内容

研究两种方法中, 绝热过程条件不满足（绝热膨胀法中放气时间过长或过短, 绝热压缩法中充气时间过长或过短）给实验结果带来的误差大小.

[数据记录表格]

绝热膨胀法测空气的比热容比数据列于表 5-3-1 中.

表 5-3-1　绝热膨胀法测空气的比热容比

测量次数	状态 I		状态 III		γ
	ΔP_1	T_0	ΔP_2	T_0	
1					
2					
3					
4					
5					
$\bar{\gamma}$					
E					

[数据处理]

分别用公式(5-3-4)和(5-3-8)计算两种方法测量的空气的比热容比 γ;将测量的平均值 $\bar{\gamma}$ 与标准值 $\gamma = 1.40$ 比较,分别计算两种方法的百分误差.

$$E = \frac{|\bar{\gamma} - \gamma|}{\gamma} \times 100\%$$

[复习题]

(1) 在绝热膨胀法中,从状态 I 到状态 II 的操作是 _____,这是一个 _____ 过程;从状态 II 到状态 III 的操作是 _____,这是一个 _____ 过程.

(2) 在绝热压缩法中,从 O 状态到 I 状态的操作是 _____,这是一个 _____ 过程;从 I 状态到 II 状态的操作是 _____,这是一个 _____ 过程.

[分析与讨论]

(1) 两种方法测空气的比热容比 γ,哪种方法误差要大些,为什么?

(2) 实验中要求环境温度基本不变,如果环境温度改变,对实验结果有何影响? 应如何处理?

(3) 绝热膨胀法中,打开放气阀 C_2 放气时,提早或推迟关闭 C_2,对实验结果有何影响? 何时关闭 C_2 更可靠?

(4) 绝热压缩法中,打气时间的长短、$\Delta p_1'$ 的大小对实验结果有何影响?

实验5.4　光 的 偏 振

光是一种电磁波,其电矢量的振动方向垂直于传播方向,所以光是一种横波.光的偏振是指光的振动方向不变,或电矢量末端在垂直于传播方向的平面上的轨迹呈椭圆或圆的现象.光的偏振最早是牛顿在1704—1706年引入光学的;光的偏振这一术语是马吕斯在1809年首先提出的,并且他在实验室发现了光的偏振现象;麦克斯韦在1865—1873年建立了光的电磁理论,从本质上说明了光的偏振现象.自然光是各方向的振幅都相同的光,对自然光而言,它的振动方向在垂直于光的传播方向的平面内可取所有可能的方向,没有一个方向更占优势,若把所有方向的光振动都分解到相互垂直的两个方向上,则在这两个方向上的振动能量和振幅都相等;线偏振光在垂直于传播方向的平面内,其光矢量只沿一个固定方向振动.部分偏振光可以看成自然光和线偏振光混合而成,即它有某个方向的振幅占优势;圆偏振光和椭圆偏振光的光矢量末端在垂直于传播方向的平面上的轨迹呈圆形或椭圆形.起偏器是将非偏振光变成线偏振光的器件;检偏器是用于鉴别光的偏振状态的器件.偏振现象的研究在光学发展史中有很重要的地位,光的偏振使人们对光的传播(反射、折射、吸收和散射)规律有了新的认识,偏振光在光学计量、晶体性质研究和实验应力分析技术等领域都有非常广泛的应用.

[实验目的]

(1) 观察光的偏振现象,验证马吕斯定律;

(2) 了解1/4波片的作用;

(3) 掌握圆偏振光的产生与检测.

[仪器设备]

光学平台及底座、半导体激光器、偏振片、1/4波片、二维调整架、功率指示仪.

[实验原理]

由于电磁波对物质的作用主要是电场,故人们在光学中把电场强度 E 称为光矢量.在垂直于光波传播方向的平面内,光矢量可能有不同的振动方向,通常把光矢量保持一定振动方向上的状态称为偏振态.如果光在传播过程中,光矢量保持在固定平面上振动,那么这种振动状态称为平面振动态,此平面就称为振动面.此时光矢量在垂直于传播方向平面上的投影为一条直线,故这种状态又被称为线偏振态.若光矢量绕着传播方向旋转,其端点描绘的轨道为一个圆,则这种偏振态称为圆偏振态.若光矢量端点旋转的轨迹为一椭圆,则被称为椭圆偏振态.

光有五种偏振态,如图5-4-1所示.

1. 偏振光的产生与鉴别

光的偏振现象比光的干涉和衍射现象更为抽象,不借助于专门的器件和方法,人的眼睛和光学接收器无法鉴别光的偏振特性,可利用偏振器件对光的偏振性质进行测量和鉴别.

(1) 反射和折射起偏

当自然光在折射率分别为 n_1 和 n_2 的两种介质的界面上反射或折射时,入射角达到一定

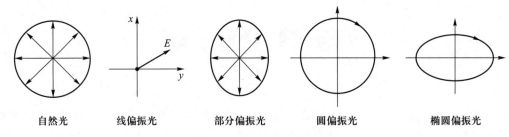

图 5-4-1　光的五种偏振态

的特定值时,反射光为线偏振光,其振动面垂直于入射面,这种特点的角称布儒斯特角,满足 $\tan\theta = n_2/n_1$,如图 5-4-2 所示,当光从空气入射 $n = 1.54$ 的玻璃板时,$\theta = 57°$,称此角为布儒斯特角,即自然光以布儒斯特角射到玻璃上,反射的光变成线偏振光.

（2）晶体的双折射起偏

当自然光入射某些各向异性的晶体（如方解石）时,经晶体的双折射后所产生的寻常光（o 光）和非寻常光（e 光）都是线偏振光,尼科耳棱镜就是利用方解石的双折射现象制成的偏振器.

（3）偏振片起偏

聚乙烯醇胶膜在碘溶液里浸泡,在高温下拉伸,这时胶膜里的链状分子被拉直,并平行排列在拉伸方向上,拉伸过的胶膜只允许振动取向平行于分子排列方向(此方向称偏振光的偏振轴)的光通过,可利用它获得偏振光.

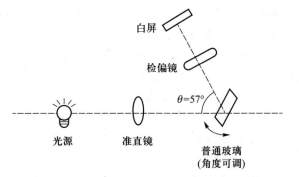

图 5-4-2　反射起偏

2. 椭圆偏振光

椭圆偏振光可以用两列频率相同、振动方向互相垂直、有固定位相差,而且向同一方向传播的线偏振光的叠加来合成. 它的一般方程为

$$\frac{E_y^2}{A_y^2} + \frac{E_x^2}{A_x^2} - \frac{2E_yE_x}{A_yA_x}\cos\delta = \sin^2\delta \qquad (5-4-1)$$

δ 为相位差,它的不同值使椭圆的偏向与形状也各有差异. 在大学物理实验中均采用线偏振光通过 1/4 波片,o 光与 e 光叠加产生椭圆偏振光. 因为该波片的相位 $\delta = \pi/2$,所以公式变成

$$\frac{E_y^2}{A_y^2} + \frac{E_x^2}{A_x^2} = 1 \qquad (5-4-2)$$

为正椭圆偏振光.（本实验仪讨论该情况下的椭圆偏振光.）,其中 $A_y = a$,$A_x = b$ 分别为椭圆的长轴与短轴,波片光轴 α 取值不同,其形状也各不相同:

　　如:$\alpha = 0°$时,$E_y = 0$,则:$E_x = A_x$,为 o 光的线偏振光;

　　$\alpha = 90°$时,$E_x = 0$,则:$E_y = A_y$,为 e 光的线偏振光;

　　$\alpha = 45°$时,$A_y = A_x = a$,则 $E_y^2 + E_x^2 = a^2$,为圆偏振光;

　　$\alpha \neq 0°$、$90°$或 $45°$时,均是椭圆偏振光.

[**实验内容与步骤**]

1. 用偏振片产生偏振光

自然光变成线偏振光：首先在光源后加一个起偏器（偏振片——因这里可使自然光变为偏振光，故称起偏器），则从起偏器透射出的光为线偏振光，检验光线是否是线偏振光可在其后再加一个检偏器（偏振片——因这里用于偏振光的检验，故称检偏器），通过旋转检偏器可观察到检偏器出射的光强（由功率指示仪指示）发生明暗的变化，即证明了从起偏器出射的光为线性偏振光. 光路见图 5-4-3，与之对应的实验装置见图 5-4-4.

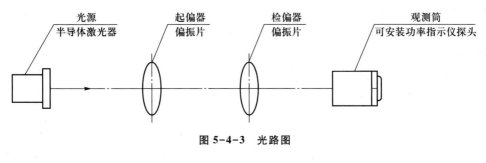

图 5-4-3　光路图

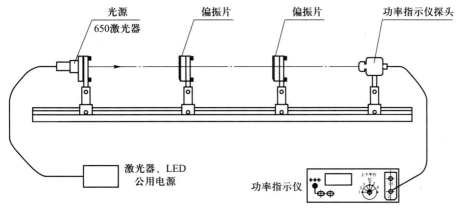

图 5-4-4　实验装置图

（1）光路调整：首先将光源及功率指示仪探头（不要取下探头防护罩）安装于光学导轨，接通光源电源，调整激光器使其聚焦于探头防护罩，结合调整光源的俯仰角度（调整二维调整架 SZ-06 上的调节螺钉）使光斑打在防护罩的中心；分别安装起偏器及检偏器，并调节二维调整架 SZ-06 的俯仰角度使反射的光斑基本打到光源——激光器的出光口中心区域.

（2）产生并检验偏振光：取下检偏器，接通功率指示仪电源，选定 650 nm 波长挡位、量程为 2 mw，调节"调零"旋钮（注意：功率指示仪探头的防护罩不能取下）使示值为零. 取下探头防护罩，功率指示仪将显示一定的光强能量值（如能量过强显示溢出，可选 20 mw 挡位并需重新"调零"）.

放入检偏器并缓缓调整二维调整架使检偏器旋转一周，可观查到光强连续变化的过程. 当检偏器转到一定角度时光强最弱——两偏振片偏振轴垂直；一定角度时光强最强——两偏振片偏振轴平行. 说明由光源发出经起偏器后的光为线性偏振光.

2. 线偏振光转化为圆偏振光和椭圆偏振光

实验装置可参考图 5-4-4,在图 5-4-4 的基础上,将 1/4 波片置入起偏器与检偏器之间.

首先,将起偏器和检偏器调成正交状态(即旋转起偏器或检偏器)这时功率指示仪示数最小,这是因为两个偏振片的偏振方向互相垂直(若相互平行则示数最大),在两个偏振片——起偏器与检偏器之间加一个 1/4 波片(通过旋转架固定在滑座上),当加上 1/4 波片时光场发生变化,由最暗变成一些亮光,旋转 1/4 波片使光场最暗(功率指示仪示数最小),在此位置旋转 1/4,在原来的角度上加 45°,例如原来是 10°,加 45°变成 55°,这时旋转检偏器,此时在功率指示仪上的光强示值不变,这种光是圆偏振光.

调节方法与调节圆偏振光相同,不同之处是加入 1/4 波片后偏振方向与线偏振光不是成 45°角,而是其他角度,当旋转检偏器时,白屏光场会出现时亮时暗的现象,这是因为椭圆偏振光长轴方向与短轴方向的光强度不同.

(1)将 1/4 波片从消光位置旋转 15°,再将检偏器缓慢旋转 360°,其间每隔 30°记录一次光功率值,判断不同情况下从 1/4 波片出射光的偏振状态.

(2)依次将 1/4 波片从消光位置旋转至 30°、45°、60°、75°、90°,同步骤 1.

(3)判断不同情况下从 1/4 波片出射光的偏振状态.

3. 验证马吕斯定律

设 α 是偏振片与检偏器的偏振化方向之间的夹角,若投射在检偏器上的线偏振光的振幅为 I_0,马吕斯定律指出:透过检偏器的光振幅为 $I_0\cos\alpha$. 由于光强与振幅的平方的余弦成正比,则透射光强 I 随 α 变化的关系为

$$I = I_0\cos^2\alpha \tag{5-4-3}$$

(1)旋转检偏器转动 α 角时,公式 $I = I_0\cos^2\alpha$ 计算出的结果应与功率指示仪测出的数相同.

(2)任意转动 α 角,测出的结果 I 与入射的光强 I_0 之比得出的 α 角与 I/I_0 计算出的角度应该相等.

实验装置的摆放如图 5-4-4 所示.

光路调整:同上.

首先可测量 I_0——将检偏器取下,这时功率指示仪的光强示数即 I_0;装上起偏器并调节二维调整架使两偏振片处于偏振轴相互垂直——消光状态,以此时检偏器调整架上的角度指针指向的角度为起点——0°点,然后沿一定方向旋转检偏器,每旋转 30°记录一次光的强度,这样旋转一周依次记录下对应光的强度,填入相应的表格.利用公式 $I = I_0\cos^2\alpha$ 进行验证,并分析误差.

用此方法——描点法也可对光的偏振态进行检测,记录下旋转一周所对应角度的光强,通过作图可得到直观的偏振态图,检测点取得越多越接近实际偏振态图形.

4. 自然光转化为线偏振光及布儒斯特角的测定

当自然光在折射率分别为 n_1 和 n_2 的两种介质的界面上反射或折射时,入射角达到一个特定值时,反射光为线偏振光,其振动面垂直于入射面,这个特定的角称布儒斯特角,其满足公式 $\tan\theta = n_2/n_1$ 当光从空气射入 $n = 1.54$ 的玻璃板时,角 $\theta = 57°$,此角被称为布儒斯特角.自然光以布儒斯特角射到玻璃上,反射的光变成线偏振光. 这同样可用偏振片检验是不是线

偏振光,在其后加一检偏器,在检偏器后放置观测筒(观测筒内置具有对光有一定衰减作用的爆玻璃),光线通过检偏器,在旋转检偏器时,可通过观测筒直观地目测光场强弱变化,若要精确测量其光场强弱的变化,可将功率指示仪探头连接于观测筒,用功率指示仪进行测量.

测布儒斯特角实验光路图见图 5-4-5,实际实验装置示意图见图 5-4-6.

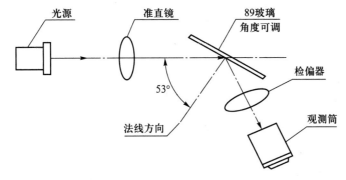

图 5-4-5　光路图

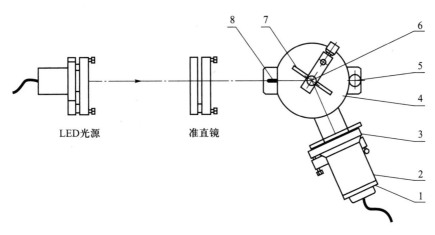

图 5-4-6　实验装置示意图

1—硅光电池接收器;2—观测筒;3—二维调整架 SZ-06(内置偏振片);4—旋转角度盘(与光学测角台一体);
5—角度旋钮;6—拉弹压杆;7—50 mm×50 mm 玻璃;8—角度指示线

光路调整:按图 5-4-6 所示在光学导轨上安装 LED 光源、准直镜、光学测角台.准直镜距光源 150 mm;测角台(旋转角度盘中心)距准直镜约 130 mm.沿旋转角度盘 90° 线位置用测角台拉弹压杆将 50 mm×50 mm 玻璃固定,并调节角度旋钮使旋转角度盘 0° 位置靠近对准角度指示线,此时观测筒先不装硅光电池接收器.

调节角度旋钮使反射光为偏振光:接通 LED 光源电源(DC5 V),调节光源(调节二维调整架 SZ-06)使光斑中心基本处于 50 mm×50 mm 玻璃的中心,由于角度指示线指向 0°,所以此时的入射角为 0°,调节角度旋钮使旋转角度盘逆时针旋转某一角度后,同时转动观测筒(以旋转角度盘中心为轴)并通过观测筒目测使得到的光场轮廓最大,此时可旋转检偏器(偏振片),观察到反射光偏振态的产生和变化(随入射角的改变,偏振态是变化的),当入射角为约 57° 时,通过旋转检偏器会使其反射光被消光到最弱,这时的反射光即线偏振光.

布儒斯特角的实验测定:将硅光电池接收器安装于观测筒,并将接收器电缆(Q9 插头)连接于功率指示仪输入端口,调节角度旋钮,改变入射角,在不同角度下用功率指示仪较精确地得到对应的最小的消光光强值,这时对应的入射角即布儒斯特角.由于采用功率指示仪对光强相对值的测量较为精确,所以测出的布儒斯特角也是较精确的.

[注意事项]

(1)电控箱在插拔线时,应先关掉电控箱开关.

(2)无论是半导体激光器还是 He-Ne 激光器都不可以用眼睛直视,以免损伤眼睛.

(3)偏振片、玻璃片等要轻拿轻放,避免打碎,不能用手触摸偏振片,以免造成污损.

[数据记录表格]

(1)检偏器检测线偏振光的观测记录参见表 5-4-1.

表 5-4-1 检偏器检测线偏振光

检偏器转动角度	光功率计强度值
15°	
30°	
45°	
60°	
75°	
90°	

(2)线偏振光通过 1/4 波片产生圆偏振光记录参见表 5-4-2.

表 5-4-2 线偏振光通过 1/4 波片产生圆偏振光和椭圆偏振光

1/4 波片转动角度	检偏器转动 360° 观测到的现象	光的偏振性质
15°		
30°		
45°		
60°		
75°		
90°		

(3)验证马吕斯定律数据记录参见表 5-4-3 和表 5-4-4.

表 5-4-3

偏振片转动的角度	30°	60°	90°	120°	150°	180°	210°	240°	270°	300°	330°	360°
功率计测量值												
计算能量值												
误差												

而后利用公式 $I = I_0 \cos^2 \alpha$ 进行验证,并分析误差.

表 5-4-4

次数	1	2	3	4	5	平均值
布儒斯特角						

[复习题]

(1) _____ 是偏振光.

(2) 光偏振态有哪几种? 它们分别是: ____、____、____、____、____.

[分析与讨论]

(1) 线偏振光有哪几种产生方法?

(2) 如何鉴别自然光和偏振光?

(3) 如何鉴别圆偏振光和椭圆偏振光?

实验 5.5 压力传感器

[实验目的]

(1) 了解直流单臂电桥(或惠斯通电桥)的原理;

(2) 掌握四臂输入时电桥的电压输出特性;

(3) 学习压力传感器的原理及应用;

[仪器设备]

ZKY-ZB_自组电桥、砝码、导线.

[实验原理]

1. 非平衡电桥与应变测力传感器

压力传感器是把一种非电学量(力)转换成电信号的传感器. 弹性体在压力(重量)作用下产生形变(应变),导致按电桥方式连接(粘贴)于弹性体中的应变片产生电阻变化的过程. 压力传感器的主要指标是它的最大载重(压力量程)、灵敏度、输出输入电阻值、工作电压(或激励电压 E)、输出电压(U_0)范围.

压力传感器是由特殊工艺材料制成的弹性体(一般由合金材料冶炼制成,加工成 S 形、长条形、圆柱形等. 为了产生一定弹性,挖空或部分挖空其内部)、电阻应变片、温度补偿电路组成,采用非平衡电桥方式连接,最后密封在弹性体中. 金属导体的电阻 R 与其电阻率 ρ、长度 L、截面积 A 的大小有关,即

$$R = \rho \frac{L}{A} \tag{5-5-1}$$

导体在承受机械形变的过程中,电阻率、长度、截面都发生变化,从而导致其电阻变化:

$$\frac{\Delta R}{R} = \frac{\Delta \rho}{\rho} + \frac{\Delta L}{L} - \frac{\Delta A}{A} \tag{5-5-2}$$

这样就把所承受的应力转变成应变,进而转换成电阻的变化. 因此,电阻应变片能将弹性体上应力的变化转换为电阻的变化.

电阻应变片一般由基底片、敏感栅、引线及覆盖片用粘合剂粘合而成,结构如图 5-5-1 所示.

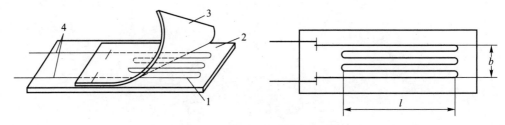

图 5-5-1 电阻丝应变片结构示意图

1—敏感栅(金属电阻丝);2—基底片;3—覆盖层;4—引出线

　　压力传感器是将四片电阻片分别粘贴在弹性梁 A 上下两表面适当的位置,如图 5-5-2 所示. R_1、R_2、R_3、R_4 是四片电阻片,梁的一端固定,另一端自由用于加载荷(如外力 F).

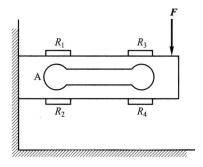

　　弹性梁受载荷作用而弯曲,梁的上表面受拉,电阻片 R_1、R_3 亦受拉伸作用,电阻增大,梁的下表面受压, R_2、R_4 电阻减小.外力的作用通过梁的形变而使四个电阻值发生变化.

图 5-5-2　压力传感器

　　应变片可以把应变的变化转换为电阻的变化,为了显示和记录应变的大小,还需把电阻的变化再转换为电压或电流的变化.最常用的测量电路为电桥电路.

2. 四臂输入时电桥的电压输出特性

　　在惠斯通电桥电路中,若电桥的四个臂均采用可变电阻,即将两个变化量符号相反的可变电阻接入相邻桥臂内,而将两个变化量符号相同的可变电阻接入相对桥臂内,这样构成的电桥电路称为全桥差动电路.

　　为了消除电桥电路的非线性误差,通常采用非平衡电桥进行测量.传感器上的电阻 R_1、R_2、R_3、R_4 接成如图 5-5-3 所示的直流桥路,CD 两端接稳压电源 E,AB 两端为电桥电压输出端 U_0,可得

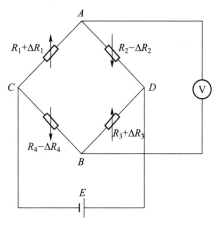

$$U_0 = E\left(\frac{R_1}{R_1+R_2} - \frac{R_4}{R_3+R_4}\right) \qquad (5-5-3)$$

当电桥平衡时,$U_0 = 0$,于是可得

$$R_1 R_3 = R_2 R_4 \qquad (5-5-4)$$

式(5-5-4)就是我们熟悉的电桥平衡条件.若在传感器上贴的电阻片是四片相同的电阻片,其电阻值相同,即

$$R_1 = R_2 = R_3 = R_4 = R \qquad (5-5-5)$$

图 5-5-3　全桥差动电路

所以当传感器不受外力作用时,电桥满足平衡条件,AB 两端输出的电压 $U_0 = 0$. 当梁受到载荷 F 的作用时,R_1 和 R_3 增大,R_2 和 R_4 减小,如图 5-5-2 所示,这时电桥不平衡,并有

$$U_0 = E\left(\frac{R_1+\Delta R_1}{R_1+\Delta R_1+R_2-\Delta R_2} - \frac{R_4-\Delta R_4}{R_3+\Delta R_3+R_4-\Delta R_4}\right) \qquad (5-5-6)$$

假设

$$\Delta R_1 = \Delta R_2 = \Delta R_3 = \Delta R_4 = \Delta R \qquad (5-5-7)$$

将式(5-5-3)、(5-5-5)带入式(5-5-6)得全桥差动电路的输出电压为

$$U_0 = E \cdot \frac{\Delta R}{R} \qquad (5-5-8)$$

输出电压灵敏度为

$$S = \frac{U_0}{\Delta R} = \frac{E}{R} \tag{5-5-9}$$

由式(5-5-8)可知,电桥输出的不平衡电压 U_0 与电阻的变化 ΔR 成正比,如测出 U_0 的大小即可反映外力 F 的大小. 由式(5-5-8)还可说明电源电压 E 不稳定将给测量结果带来误差,因此电源电压一定要稳定. 另外,若要获得较大的输出电压 U_0,可以采用较高的电源电压,但电源电压的提高受两方面的限制,一是应变片的允许温度,二是应变电桥电阻的温度误差.

[仪器设备]

本产品型号及名称:ZKY-ZB 自组电桥实验仪.

仪器主要由两部分组成:实验仪和附件盒,如图 5-5-4 所示(图中照片仅供参考,以实物为准).

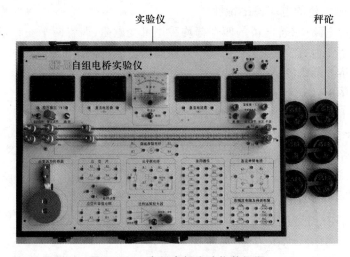

图 5-5-4　自组电桥实验仪整机图

现从左到右、由上至下逐一简明介绍实验仪面板.

注意:面板图中虚线是没有连接的线路,实线是在箱内已连好的电路,无需外部再重复连接.

仪表一,三位半数显直流电压表,量程为 $0 \sim 19.99$ V,整机唯一给实验电路供电的精密稳压电源. 电压从表下方"+""−"两端子输出,表的下方设有量程选择($0 \sim 2.00$ V 和 $0 \sim 10.00$ V)开关,电压连续调节旋钮和通、断开关. 其最大输出电流为 1 A.

仪表二,四位半数显直流电压表,量程为 $0 \sim 1.9999$ V,用以精确显示电桥电路中的电压值. 未接待测电路时,电压表处于悬浮状态,表头显示无规则数字.不用时,可将"+""−"端子短接. 当直流电压表不停闪烁时表示输入电压超量程.

仪表三,检流计,量程为 $0 \sim \pm 25$ μA,表的下方除输入端子外,尚有"粗测—断—细测"开关,"粗测"状态表的输入电路中串有一只较大的电阻,用以保护桥路在远离平衡点时检流计不会被烧毁.

仪表四,三位半数显电流表,量程为 $0 \sim 1.999$ A,用来显示、监视实验电路里的电流值,使用时请串联接入实验电路.

仪表五,温度表,测温量程为 0~199.9 ℃.

"非平衡电桥"绘有非平衡电桥接线示意图.

"比例运算放大器"一栏里有比例运算放大器接线插座,并有放大倍率转换开关,共分两挡:×10 和×100;同时设有放大器调零旋钮. 使用时,放大器应先调零.

附件盒中包含 6 个 250 g 的秤砣.

[实验内容与步骤]

1. 测定压力传感器灵敏度

按照"非平衡电桥"的线路连接好电路. 先将仪器电源打开,预热 5 min 以上,调节电源电压 $E=10.00$ V. 再旋转调零旋钮,使压力电压显示值为 0.000 0 V,$R=1\,000$ Ω.

① 按顺序增加秤砣(每次 1 个,共 6 次),记录每次加载时的输出电压值 U_0.

② 再按相反次序将秤砣逐一取下,记录输出电压值 U_0'.

③ 用逐差法求出传感器的灵敏度 S.

2. 测量传感器电桥输出电压 U_0 与电源电压 E 的关系

① 保持加载砝码的质量不变,改变压力传感特性测试仪的电源电压,使其由 5.00 V 变至 10.00 V,每隔 1.00 V 记录一个输出电压值 U_0.

② 在坐标纸上作 U_0-E 关系曲线,分析是否线性关系.

3. 用压力传感器测量物体的重量

① 设置电源电压为 10.00 V,将一个未知重量的物体放置于托盘上,测出电压 U_1,同一物体测量三次求出平均值 U.

② 根据灵敏度求物体的重量.

[注意事项]

请遵循"接线→检查→通电→测量"的顺序. 在插线时请稍微用力,以保证接头和插座接触良好.

请不要在压力传感器上放置超过 5 kg 的物体或者用力按压托盘,以避免对弹性体造成不可恢复的形变. 加减秤砣时请轻拿轻放,以免电压表显示值突变.

应变测力传感器实验过程中请不要抖动桌面或机箱.

"比例运算放大器"部分应先接好线再通电.

[数据处理]

1. 测定压力传感器灵敏度 $R=1\,000$ Ω

表 5-5-1

负重/kg	增重/U_0	减重/U_0	平均/$\overline{U_0}$	S
0.25				
0.50				
0.75				
1.00				
1.25				
1.50				

2. 测量传感器电桥输出电压 U_0 与电源电压 E 的关系

表 5-5-2

电源电压 E/V	输出电压 U_0
5.00	
6.00	
7.00	
8.00	
9.00	
10.00	

在坐标纸上作 U_0-E 关系曲线,分析是否线性关系.

3. 用压力传感器测量物体的重量 $U = 10.00$ V

表 5-5-3

次数	U/V	$\overline{U}$/V	待测物重量/kg
1			
2			
3			

[分析与讨论]

(1) 为什么要对放大器进行调零?

(2) 电桥的初始状态电压 U_0 输出不为零该如何调整?

实验 5.6　长直螺线管轴线上磁场的测量

磁场是自然界广泛存在的一种物质形态,在工农业、国防和科学研究等领域,经常要对磁场进行测量.根据被测磁场的类型和强弱的不同,测量磁场的方法也不同.霍尔效应法和冲击电流计法是常用的两种方法.

教学视频

[实验目的]

(1)了解应用霍尔效应法测量磁场的原理和方法,并测定螺线管内轴线上特定位置的磁场大小;

(2)了解应用冲击电流计法测量磁场的原理和方法,并测定螺线管内轴线上特定位置的磁场大小并绘制磁感应强度分布图(B–x图);

(3)比较和研究霍尔效应法和冲击电流计法测量磁场的优劣.

[仪器设备]

霍尔效应–螺线管磁场测试仪、螺线管磁场实验仪、冲击电流计.

[实验原理]

1. 通电长直螺线管轴线上磁感应强度 **B** 的分布

长直螺线管是指均匀地密绕在直圆柱面上的螺线形线圈,可以近似地看成由一系列圆线圈排列而成.当螺线管的长度 L 比其直径大得多时,可视为"无限长"螺线管,取螺线管的轴线为 x 轴,中心为坐标原点.

根据毕奥–萨伐尔定律,可以证明,当有电流 I_M 通过螺线管时,在螺线管轴线上某一点 P 的磁感应强度大小 B 由下式决定:

$$B = \frac{1}{2}\mu_0 n I_M (\cos\beta_1 - \cos\beta_2)$$

$$(5-6-1)$$

式中:n 是螺线管每米长度上的线圈匝数,μ_0 是真空磁导率,角 β_1、β_2 如图 5-6-1 所示,**B** 的方向沿轴线且

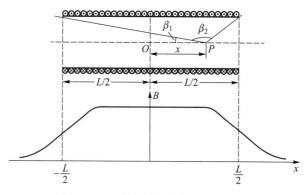

图 5-6-1　长直螺线管内磁场的分布

和磁化电流 I_M 的流向满足右手螺旋关系.如果这个螺线管的长度比其半径大得多,对于螺线管中部轴线上一点来说,近似地有:$\beta_1 = 0$　$\beta_2 = \pi$,故

$$B = \mu_0 n I_M$$

$$(5-6-2)$$

对管的一端来说,有 $\beta_1 = 0$,$\beta_2 = \dfrac{\pi}{2}$,故

$$B = \frac{1}{2}\mu_0 n I_M$$

$$(5-6-3)$$

由式(5-6-2)、(5-6-3)可知,长直螺线管中部磁场比其两端要大一倍,且其轴线上的磁场

变化是连续的.

2. 用霍尔效应法测量螺线管轴线上的磁场

1879 年,美国科学家霍尔在研究磁场中的载流导体时发现:若沿电流的垂直方向加一磁场,导体内载流子在磁场中因运动受到磁场力(洛伦兹力)而发生横向偏移,则在与电流和磁场都垂直的方向上将出现横向电压,这一现象称为霍尔效应,由此而产生的电压叫霍尔电压.

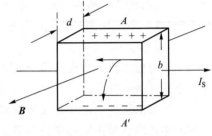

如图 5-6-2 所示,一块长、宽、高分别为 a、b、d 的 n 型半导体,有电流 I_S 沿 x 轴正方向通过,若载流子电荷量为 e,浓度(单位体积内的电子数)为 n,电子的运动速度为 v,则电流的大小为

$$I_S = evbdn \qquad (5\text{-}6\text{-}4)$$

如果沿 z 轴正方向加一恒定磁场 $\boldsymbol{B}$,则运动电子就要受到洛伦兹力的作用,大小为

$$F_B = -evB = -\frac{I_S}{nbd}B \qquad (5\text{-}6\text{-}5)$$

图 5-6-2 霍尔效应原理

由于 F_B 沿 y 轴负方向,因而电子沿图中虚线运动,并聚集在下平面 A',上平面 A 因缺少电子而有多余的正电荷聚集,这样半导体下平面 A' 和上平面 A 间出现了电压——霍尔电压 U_H (此时霍尔电压为负值),导体内部就建立了电场. 电场力 F_E 的方向与洛伦兹力的方向相反,大小为

$$F_E = eE = -e\frac{U_H}{b} \qquad (5\text{-}6\text{-}6)$$

当电场力 F_E 与洛伦兹力 F_B 达到平衡时(上述过程在 $10^{-13} \sim 10^{-11}$ s 内完成),电子就无偏移地沿 x 轴负方向通过半导体,此时 $F_E + F_B = 0$. 所以霍尔电压为

$$U_H = -\frac{1}{ne}\frac{I_S B}{d} = R_H \frac{I_S B}{d} \qquad (5\text{-}6\text{-}7)$$

式中 $R_H = -\dfrac{1}{ne}$,称为霍尔系数. 考虑到电子速度的统计分布以及半导体晶格的热振动对电子运动速度的影响,霍尔系数修正为

$$R_H = -\frac{3\pi}{8}\frac{1}{ne} \qquad (5\text{-}6\text{-}8)$$

由式(5-6-8)可看出,半导体中的载流子浓度 n 远比导体中的小,因而 R_H 较大,霍尔效应更明显,故一般采用半导体材料制作霍尔元件. 若采用 p 型半导体,载流子为带正电的空穴,此时与 n 型半导体的情况刚好相反,则霍尔系数为

$$R_H = \frac{3\pi}{8}\frac{1}{pe} \qquad (\text{式中 } p \text{ 为半导体中空穴的浓度}) \qquad (5\text{-}6\text{-}9)$$

若令 $K_H = R_H/d$,则有

$$U_H = K_H I_S B \qquad (5\text{-}6\text{-}10)$$

其中,K_H 称为霍尔元件的灵敏度,它表示霍尔元件在单位磁感应强度和单位工作电流下的霍尔电压的大小,其单位($\text{mV/mA} \cdot \text{T}$),一般都要求 K_H 越大越好. 由于导体的电子浓度很

高,其 R_H、K_H 都不大,故不适宜作霍尔元件.此外元件的厚度 d 越小,K_H 也越高,所以在制做时,往往都采用减小 d 的办法来增加灵敏度,但也不是 d 越小越好,因为元件的输入电阻、输出电阻将会随元件变薄而增加,制做的难度也会大大增加.

霍尔效应法测磁场的电路原理如图 5-6-3 所示,其中 I_S 为一恒流源,向霍尔元件提供一恒定的工作电流,磁场方向垂直纸面向外,改变元件位置,由于元件所在位置磁感应强度 B 的不同,霍尔元件 A'、A 平面间输出不同的霍尔电压,用毫伏表测量,根据式(5-6-10)可得

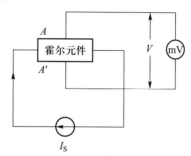

$$B = \frac{U_H}{K_H I_S} \qquad (5-6-11)$$

图 5-6-3　霍尔效应法测磁场的电路原理

应当指出,在实际测量过程中,从半导体 A'、A 平面之间所测得的电压除了霍尔电压 U_H,还包括其他因素带来的附加电压,这些附加电压是由 A'、A 不等位电势及三种热磁效应引起的.它们分别是不等位电势差 U_0、埃廷斯豪森效应(温度效应)U_τ、能斯特效应(接触电压)U_P 以及里吉-勒迪克效应(热扩散效应)U_S,共四种附加电压.

根据四种附加电压产生的机制以及它们分别与电流方向和磁场方向的关系,可以通过改变电流方向和磁场方向来减小或消除附加电压对实验结果的影响,即对称测量法:

$(+B, +I)$ 时测得 $U_1 = U_H + U_0 + U_\tau + U_P + U_S$

$(+B, -I)$ 时测得 $U_2 = -U_H - U_0 - U_\tau + U_P + U_S$

$(-B, +I)$ 时测得 $U_3 = -U_H + U_0 - U_\tau - U_P - U_S$

$(-B, -I)$ 时测得 $U_4 = U_H - U_0 + U_\tau - U_P - U_S$

所以

$$U_1 - U_2 - U_3 + U_4 = 4(U_H + U_\tau)$$

即

$$U_H = \frac{1}{4}(U_1 - U_2 - U_3 + U_4) - U_\tau$$

由上式可知,除埃廷斯豪森效应所引起的附加电压 U_τ 之外,其他附加电压都被消除,考虑到 U_τ 一般比 U_H 小得多,在测量精度要求不高时可以略去 U_τ,故有

$$U_H = \frac{1}{4}(U_1 - U_2 - U_3 + U_4) \qquad (5-6-12)$$

3. 用冲击电流计法测量螺线管轴线上的磁场

实验电路原理图如图 5-6-4 所示,其中 G 为冲击电流计,L_1 为螺线管,L_2 为探测线圈,I_M 为螺线管励磁恒流源(0~1 A),I_S 为互感器励磁恒流源(0~10 mA),M 为互感器(原边线圈 L_1',副边线圈 L_2'),S_1 为互感器励磁电流换向开关,S_2 为螺线管励磁电流换向开关,S 为阻尼开关(S 接 1 时接通冲击回路,S 接 2 时冲击电流计短路).

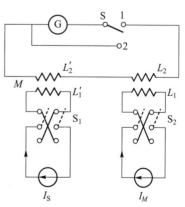

图 5-6-4　冲击法测长直螺线管内的磁场

将螺线管励磁电流接通时,励磁电流从零突然变为 I_M,则螺线管内的磁感应强度从 0 跳变到

B. 此时,置于螺线管内的探测线圈 L_2 横截面上穿过的磁通量也由零跳变到 $\varphi = NBS$,其中,N 为探测线圈匝数,B 为螺线管内探测线圈所在点的磁感应强度,S 为探测线圈每匝平均磁通面积.

当螺线管励磁电流 I_M 突然断开时,螺线管内磁感应强度由 B 跳变到零,穿过探测线圈 L_2 横截面的磁通量大小由 φ 跳变到零.由法拉第电磁感应定律得出在磁通量变化的时间间隔内,L_2 中感应电流所迁移的总电荷量为

$$q = \frac{NBS}{R} \qquad (5-6-13)$$

式中,R 为冲击回路的总电阻值.冲击回路包括冲击电流计、探测线圈及互感器副边线圈.上式中 N、S 为已知,q 可从冲击电流计上直接读出,而 R 则难以直接测量,可采用互感器比较法测 R ,在刚才的测量中,已将互感器的副边线圈串联接入冲击回路,保证两次测量中冲击回路的总电阻值保持不变.

在断开螺线管励磁电流后,接通互感器原边线圈电流 I_S ,待稳定后断开互感器原边线圈电流,则互感器副边线圈的磁通量发生变化,两端产生感应电动势,由冲击电流计记录的冲击回路中的感应脉冲电荷量为

$$q' = \frac{MI_S}{R} \qquad (5-6-14)$$

由式(5-6-13)、(5-6-14)可得

$$B = \frac{MI_S q}{NSq'} \qquad (5-6-15)$$

[实验内容及步骤]

1. 用霍尔效应法测量磁场

(1) 按图 5-6-5 将螺线管磁场实验仪与霍尔效应-螺线管磁场测试仪连接起来(注意,实验仪上的接线均已用内线连接,只需用导线将加粗线连接即可).将霍尔元件插入实验仪的对应端口中.将电压测试仪置于"±20 mV"挡.

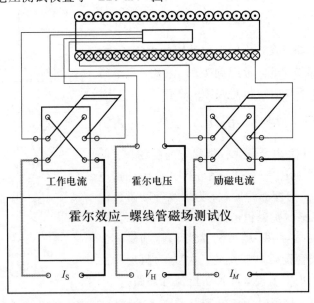

工作电流　　霍尔电压　　励磁电流

霍尔效应-螺线管磁场测试仪

I_S　　　V_H　　　I_M

图 5-6-5　霍尔效应法测螺线管内磁场接线图

（2）将提供螺线管励磁电流的恒流源调到 $I_M = 0.6$ A，将提供霍尔元件工作电流的恒流源调到 $I_S = 10.00$ mA（注意：只有在接通负载时，恒流源才能输出电流，数码管上才有相应显示）.

（3）调节霍尔元件位置，使坐标尺上读数为 0.0 mm.

（4）用"对称测量法"来消除附加电压的影响. 将励磁电流 I_M，工作电流 I_S，霍尔电压三个转换开关的正反向接通组合（双刀双掷开关合向下为正向），在电压测试仪显示屏上读出相应的电压值填在记录表格中. 将所测 8 个电压的绝对值的平均值 $\overline{U}_H = \dfrac{1}{8}\sum\limits_{i=1}^{8}|u_i|$ 代入公

式 $B = \dfrac{\overline{U}_H}{K_H I_S}$，计算出螺线管轴线上此位置的磁感应强度 B.

（5）调节霍尔元件位置，使坐标尺上读数为 200 mm，重复步骤（4）.

2. 用冲击电流计法测量磁场

（1）冲击电流计主要用于测量短时间内脉冲电流所迁移的电荷量. 它的使用方法为：接通开关，预热约 10 min；选择量程；"测量/调零"拨向"调零"，旋转调零旋钮，使其显示为"00.0"；"测量/调零"拨向"测量"，仪器处于待测状态. 注意：当输入短时间脉冲电流时，仪器自动消除前面的数据，而将该次测量数据显示在屏上. 冲击电流计显示屏是三位半数显，量程 I 挡为 99.9×10^{-9} C，II 挡为 9.99×10^{-9} C，选择量程 I.

（2）按图 5-6-6 将霍尔效应-螺线管磁场测试仪、螺线管磁场实验仪和冲击电流计连接起来，实验仪中部分接线已用内线连接，只需手动连接加粗的线即可. 将 S 倒向 2，使冲击电流计短路.

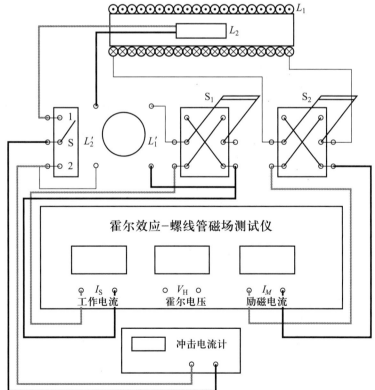

图 5-6-6　冲击电流计法测螺线管内磁场电路图

（3）断开 S_2，此时螺线管内无磁场. 将 S_1 合向下，使互感器的原边线圈通有电流 $I_S =$ 10.00 mA. 将 S 合向 1，接通冲击回路.

（4）迅速将 S_1 断开，记录下冲击电流计的示数 q'.

（5）将 S 合向 2，使冲击电流计短路. 将 S_1 断开，此时互感器原边线圈内无电流. S_2 合向下，接通螺线管励磁电流，调整励磁电流 I_M，使 $I_M = 0.600$ A. 调节探测线圈位置，使坐标尺上读数为 -200 mm.

（6）将 S 合向 1，接通冲击回路，并迅速断开 S_2，记录冲击电流计的 q 值.

（7）每隔 5 mm 为一个测量点，按表格依次改变探测线圈在螺线管轴线上的位置，S_2 合向下，重复步骤（6），测出相应的 q 值.

（8）将 q' 与 q 代入式（5-6-15），求得螺线管轴线上各测量点的磁感应强度 B.

3. 研究性内容

现有一块半导体元件（霍尔元件），在误差允许的范围内，怎样利用以上两个实验及公式 $B = \dfrac{\overline{U}_H}{K_H I_S}$ 求出该样品的霍尔灵敏度 K_H.

[注意事项]

（1）冲击法测量磁场时，冲击电荷量与电流改变的时间间隔和开关断开时的状态有关. 因而每次断开应尽量保持等速，平稳，以免时间间隔相差太大而影响测量结果.

（2）探测线圈和霍尔元件的大小与长直螺线管的长度相比可忽略不计，可认为两种方法测出的是该探测点的磁感应强度.

[数据记录表格]

1. 霍尔效应法（表 5-6-1）

霍尔元件灵敏度 $K_H = 185.91$ V/(A·T)

表 5-6-1　霍尔效应法测量数据

I_M/A	I_S/mA	正向 U/mV	反向 U/mV
+0.600	+10.00		
+0.600	-10.00		
-0.600	+10.00		
-0.600	-10.00		
$\overline{U}_H$			

2. 冲击电流计法（表 5-6-2 和表 5-6-3）

探测线圈匝数：$N = 1\,000$ 匝

探测线圈单匝平均磁通面积：$S = 2.631 \times 10^{-5}$ m²

互感器互感系数：$M = 0.044\,2$ H

互感器原边线圈中的电流：$I_S = 10.00$ mA

螺线管励磁电流：$I_M = 0.600$ A

表 5-6-2 冲击电流计法 q' 的测量数据

$I_s = 10.00$ mA		q'/nC
S_1 合向下	断开	

表 5-6-3 冲击电流计法 q 的测量数据

探测线圈位置 x/mm	−200	−195	−190	−185	−180	⋯	0	5	10	15	20	⋯	190	195	200
电流计读数 q/nC															
该点的磁感应强度 B/mT															

[数据处理]

（1）用霍尔效应法求出长直螺线管轴线上 0 mm、200 mm 处磁感应强度的大小.

（2）用冲击电流计法测量螺线管轴线上各测量点的磁感应强度 B；作出 B-x 图，从感性上认识螺线管轴线上磁场的分布情况.

（3）用冲击电流计法和霍尔效应法分别测出了 0 mm、200 mm 两个测量点的磁感应强度，对比两种方法测出的值是否接近.

[复习题]

（1）霍尔效应是导体或半导体内_____在磁场中运动受到_____作用而产生_____引起的. 由于半导体元件中_____，故半导体元件的霍尔效应较导体元件显著. 当磁场 B 的方向与霍尔元件法线方向不一致时，用霍尔效应法测出的磁场将_____（偏大、偏小）.

（2）冲击电流计法测磁场电路中的冲击电流计是测量_____的仪器. 冲击回路是由_____、_____、和_____组成的串联回路.

[分析与讨论]

（1）在用霍尔效应测通电长直螺线管内轴线上磁场的实验中，存在几种附加电压？它们产生分别是什么原因？根据磁场 B 的方向，工作电流 I_s 的方向及霍尔电压的正、负，如何判断霍尔元件是 n 型半导体还是 p 型半导体？

（2）冲击电流计法测磁场电路中的标准互感器起什么作用？实验中为什么一直要将互感器的副边线圈 L_2' 与探测线圈 L_2、冲击电流计 G 串联？

实验 5.7　密立根油滴实验

美国物理学家密立根从 1907 年开始,经过 7 年的时间,用油滴法测量了电子的电荷,验证了电荷的不连续性,这就是著名的密立根油滴实验.它是近代物理学发展史上具有重要意义的实验之一.密立根因这一实验的成就而获得了诺贝尔物理学奖.

[实验目的]

(1) 测定电子的电荷 e,并验证电荷的不连续性.

(2) 培养实验者在进行实验和科学研究时具有坚忍不拔的精神和严谨科学的态度.

[仪器设备]

油滴盒、CCD 电视显微镜、电路箱、监视器.

[实验原理]

通过研究带电油滴在重力场和静电场中的运动状态,测定油滴所带的电荷量,从而确定电子的电荷量.有动态测量法和平衡测量法两种方法.

1. 动态测量法

当质量为 m、电荷量为 q 的油滴停在加有电压 U 的两平行极板之间时,若忽略空气浮力,则油滴受到两个力的作用:重力 mg 和电场力 $q\dfrac{U}{d}$(d 为两极板之间的距离),如图 5-7-1 所示.当调节两极板间的电压 U 而使油滴加速上升时,油滴还会受到空气黏性阻力的作用,油滴上升一段距离后,空气黏性阻力、重力和电场力三者达到平衡,油滴将以匀速 v_e 上升,如图 5-7-2 所示.

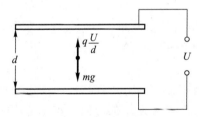

图 5-7-1　油滴静止时受力情况

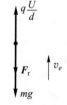

图 5-7-2　油滴匀速上升时受力情况

根据斯托克斯定律,当油滴以速度 v_e 运动时,它受到的空气黏性阻力为

$$F_r = 6\pi a\eta v_e \tag{5-7-1}$$

式中,a 是油滴半径,η 是空气的黏度.因此,油滴匀速上升时有

$$6\pi a\eta v_e = q\frac{U}{d} - mg \tag{5-7-2}$$

当撤掉两平行极板间所加电压 U 后,油滴受重力作用会加速下降.下降一段距离后,空气黏性阻力和重力达到平衡,油滴以 v_g 匀速下降,此时有

$$6\pi a\eta v_g = mg \tag{5-7-3}$$

将式(5-7-2)和式(5-7-3)相除,可得

$$q = mg \frac{d}{U}\left(\frac{v_g + v_e}{v_g}\right) \tag{5-7-4}$$

设油滴的密度为 ρ，则有

$$m = \frac{4}{3}\pi a^3 \rho \tag{5-7-5}$$

将式(5-7-5)代入式(5-7-3)，得

$$a = \sqrt{\frac{9\eta v_g}{2\rho g}} \tag{5-7-6}$$

考虑到油滴的直径与空气分子的间隙相当，空气已不能被看成连续介质，其黏度 η 应作相应的修正：

$$\eta' = \frac{\eta}{1 + \dfrac{b}{pa}} \tag{5-7-7}$$

式中，b 为修正常量，$b = 0.008\ 23$ N/m，p 为空气压强，由式(5-7-5)、(5-7-6)和(5-7-7)得

$$m = \frac{4}{3}\pi\rho\left(\frac{9\eta v_g}{2\rho g} \cdot \frac{1}{1 + \dfrac{b}{pa}}\right)^{\frac{3}{2}} \tag{5-7-8}$$

实验时，取油滴匀速下降和匀速上升的距离相等，都为 l，测出匀速下降和匀速上升的时间分别为 t_g 和 t_e，则有

$$v_g = \frac{l}{t_g} \tag{5-7-9}$$

$$v_e = \frac{l}{t_e} \tag{5-7-10}$$

将式(5-7-8)和(5-7-9)、(5-7-10)代入式(5-7-4)，得

$$q = \frac{4}{3}\pi\left(\frac{9\eta l}{2}\right)^{\frac{3}{2}}\left(\frac{1}{\rho g}\right)^{\frac{1}{2}}\left(\frac{1}{1 + \dfrac{b}{pa}}\right)^{\frac{3}{2}}\frac{d}{U}\left(\frac{1}{t_e} + \frac{1}{t_g}\right)\left(\frac{1}{t_g}\right)^{\frac{1}{2}} \tag{5-7-11}$$

若令

$$K = \frac{4}{3}\pi d\left(\frac{9\eta l}{2}\right)^{\frac{3}{2}}\left(\frac{1}{\rho g}\right)^{\frac{1}{2}} \tag{5-7-12}$$

$$K' = \left(\frac{1}{1 + \dfrac{b}{pa}}\right)^{\frac{3}{2}} \tag{5-7-13}$$

则式(5-7-11)可写成

$$q = \frac{KK'}{U}\left(\frac{1}{t_e} + \frac{1}{t_g}\right)\left(\frac{1}{t_g}\right)^{\frac{1}{2}} \tag{5-7-14}$$

可见，在选定实验仪器和确定有关实验条件后，K 和 K' 为常量，所以只需测量 U 和 t_e、t_g

等物理量,就可计算出 q. 对同一油滴,t_e 相同,U 与 t_g 不同,标志着电荷量不同.

2. 平衡测量法

平衡测量法是先通过调节电压 U 使油滴静止于某一位置,读出此时的平衡电压 U;然后去掉电压 U,让油滴在重力和空气黏性阻力作用下作匀速运动(此情形与动态测量法相似). 在式(5-7-14)中,令 $\dfrac{1}{t_e}=0$,即可得平衡法测量油滴电荷量的计算公式:

$$q = \frac{KK'}{U}\left(\frac{1}{t_g}\right)^{\frac{3}{2}} \tag{5-7-15}$$

[实验内容与步骤]

1. 仪器结构及操作方法

密立根油滴仪主要由油滴盒、CCD 电视显微镜、电路箱、监视器等组成. 其中油滴盒的结构如图 5-7-3 所示,有两块经过精磨的平行电极板,两电极间距 $d=5.00$ mm,上电极板中央有一个直径为 0.4 mm 的油雾落入孔,供油滴落入. 整个油滴盒装在有机玻璃防风罩中,以防周围空气流动对油滴造成影响. 在油滴盒外套有防风罩,罩上放置一个可取下的油雾杯,杯底中心有一个落油孔及一个挡片,用来开关油雾落入孔.

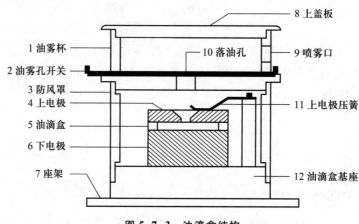

图 5-7-3　油滴盒结构

电路箱面板结构见图 5-7-4,体内装有高压产生、测量显示等电路,底部装有三只调平螺钉. 由测量显示电路产生的电子分划板刻度有两种,标准分划板 A 是 8×3 结构,垂直线视场为 2 mm,分 8 格,每格值为 0.25 mm. 另一种是 15×15 结构的(本实验不用),X 方向、Y 方向各为 15 小格的分划板 B. 进入或退出分划板 B 的方法是,按住"计时/停"按钮大于 5 s 即可切换分划板.

在面板上有两组控制平行极板电压的三按钮开关组,S_1 组控制上极板电压的极性,S_2 组控制极板上电压的大小. 当 S_2 组处于中间位置即"平衡"挡时,可用电位器调节平衡电压. 选择"提升"挡时,自动在平衡电压的基础上增加 200～300 V 的提升电压,选择"0 V"挡时,极板上电压为 0 V. 当把"联动"开关打开时,S_2 的"平衡""0 V"挡与计时器的"计时/停"将联动,即在 S_2 由"平衡"打向"0 V",油滴开始匀速下落的同时开始计时,油滴下落到预定距离时,迅速将 S_2 由"0 V"挡打向"平衡"挡,油滴停止下落的同时停止计时,这样,在屏幕上显示的是油滴实际的运动距离及对应的时间. 根据实验内容的具体要求,也可以把联动开关关闭而不联动.

　　油滴仪的计时器采用"计时/停"方式,即按一下开关,清零的同时立即开始计数,再按一下,停止计数,并保存数据.计时器的最小显示为 0.01 s,但内部计时精度为 1 μs,也就是说,清零时刻仅占用 1 μs.

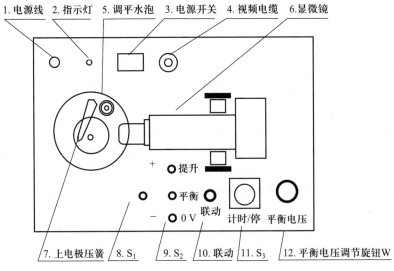

1.电源线　2.指示灯　5.调平水泡　3.电源开关　4.视频电缆　6.显微镜

+　提升

平衡

联动

0 V

计时/停　平衡电压

7.上电极压簧　8.S₁　9.S₂　10.联动　11.S₃　12.平衡电压调节旋钮W

图 5-7-4　油滴仪电路箱面板

2. 测量练习

　　(1)调节调平螺钉,使水准仪气泡在中央,这时平行极板处于水平位置,电场方向和重力方向平行.

　　(2)接通电源,整机预热 5 min 以上.面板上 S_1 用来选择平行电极上极板的极性,实验中置于"+"或"−"位置均可,一般不常变动.

　　(3)用喷雾器将油滴从油雾杯侧面的喷雾口喷入.特别要注意的是,喷雾器的喷雾出口比较脆弱,一般将其置于油滴仪的油雾杯喷雾口圆孔外 1~2 mm 即可,不必伸入油雾杯内喷油,这样也可以防止大颗粒油滴堵塞落油孔.

　　(4)选择合适的油滴:选择一颗合适的油滴十分重要.大而亮的油滴必然质量大,所带电荷也多,而匀速下降时间则很短,增大了测量误差并给数据处理带来困难.通常选择平衡电压为 200~300 V,匀速下落 1.5 mm(6 格)的时间在 8~20 s 的油滴.喷油后,S_2 置"平衡"挡,调平衡电压调节旋钮 W,使极板电压为 200~300 V.注意那些运动缓慢、较为清晰明亮的油滴.将 S_2 置"0 V"挡,观察各颗油滴下落大概的速度,从中选一颗作为测量对象.对于 10 英寸监视器,目视油滴直径在 0.5~1 mm 的较适宜.过小的油滴观察困难,布朗运动明显,会引入较大的测量误差.

　　(5)平衡判断:判断油滴是否平衡要有足够的耐性.用 S_2 将油滴移至某条刻度线上,仔细调节平衡电压,这样反复操作几次,经一段时间观察油滴确实不再移动才可认为达到平衡了.

　　(6)测准油滴上升或下降某段距离所需的时间:一是要统一油滴到达刻度线什么位置才认为油滴已踏线,二是眼睛要平视刻度线,不要有夹角.反复练习几次,使测出的各次时间的离散性较小,并且要达到对油滴的控制比较熟练的程度.

3. 正式测量

(1) 平衡测量法

可将已调平衡的油滴用 S_2 控制移到"起跑"线上(一般取第 2 格上线),按 S_3(计时/停),让计时器停止计时(值未必为 0),然后将 S_2 拨向"0 V",油滴开始匀速下降的同时,计时器开始计时. 到"终点"(一般取第 7 格下线)时迅速将 S_2 拨向"平衡",油滴立即静止,计时也立即停止,此时电压值和下落时间值显示在屏幕上,将相应的数据记录于表格.

由于有涨落,对同一颗油滴必须测量 6 次. 同时,还应该对不同油滴(不少于 5 个)进行反复测量. 这样才能验证不同油滴所带的电荷是否都是元电荷的整数倍.

(2) 动态测量法

选择一颗合适的油滴,在平行极板上加电压,使油滴上升,测出油滴匀速上升 $l = 1.5$ mm 所需的时间 t_e. 去掉平行极板上的电压,测出它匀速下降 $l = 1.5$ mm 所需的时间 t_g.

对每一个油滴,t_e 和 t_g 要反复测量 6 次;要求测 5 个油滴. 在每次测量时都要检查和调整平衡电压,以减小偶然误差和防止因油滴挥发而使平衡电压发生变化.

[数据记录表格]

平衡测量法和动态测量法测量数据分别如表 5-7-1 和表 5-7-2 所示.

主要参量:

油滴密度 $\rho = $ ＿＿＿＿＿＿＿＿ kg/m³;

重力加速度 $g = $ ＿＿＿＿＿＿＿＿ m/s²;

空气的黏度 $\eta = $ ＿＿＿＿＿＿＿＿ kg/m·s;

油滴匀速上升和下降的距离 $l = $ ＿＿＿＿＿＿＿＿ m;

修正常量 $b = $ ＿＿＿＿＿＿＿＿ m·Pa;

大气压强 $p = $ ＿＿＿＿＿＿＿＿ Pa;

平行极板间距 $d = $ ＿＿＿＿＿＿＿＿ m;

$KK' = $ ＿＿＿＿＿＿＿＿.

表 5-7-1　平衡法测量数据

油滴号 i 测量值	1		2		3		4		5	
次数	U/V	t_g/s	U/V	t_g/s	U/V	t_g/s	U/V	t_g/s	U/V	t_g/s
1										
2										
3										
4										
5										
6										

表 5-7-2 动态法测量数据

油滴号 i 测量值	1			2			3			4			5		
次数	U/V	t_e/s	t_g/s	U/V	t_e/s	t_g/s	U/V	t_e/s	t_g/s	U/V	t_e/s	t_g/s	U/V	t_e/s	t_g/s
1															
2															
3															
4															
5															
6															

[数据处理]

(1) 根据所测量的数据,分别由式(5-7-15)或式(5-7-14)计算出油滴所带电荷量 q.

(2) 为了证明电荷的不连续性和所有电荷都是元电荷 e 的整数倍,并得到元电荷值,应对实验测得的各个电荷值求最大公约数. 这个最大公约数就是元电荷 e 值,也就是电子电荷量的绝对值. 但由于初学者实验技能不熟练,测量误差可能较大,要求出这个最大公约数有时比较困难. 因此,可用"倒过来验证"的办法进行数据处理:用公认的电子电荷量的绝对值 $e = 1.602 \times 10^{-19}\text{C}$ 去除测得的电荷值 q,即计算 q/e 的值,然后将 q/e 的值四舍五入并取其整数. 这个整数值就是油滴所带的电荷个数 n. 再用 n 去除实验测得的电荷值 q,所得结果即所测电子的电荷值 e'.

(3) 也可以用作图法求 e 值. 设实验得到 m 个油滴的电荷量分别为 $q_1, q_2, \cdots, q_m$,由于电荷的量子化特性,应有 $q_i = n_i e$,此为一直线方程,n 为自变量,q 为因变量,e 为斜率. 因此 m 个油滴对应的数据在 n-q 坐标中将在同一条过圆点的直线上,若找到满足这一关系的直线,就可用斜率求得 e 值.

(4) 由各次测量值 $e_1, e_2, \cdots, e_n$ 求 $\bar{e}$.

[复习题]

(1) 调节平行极板水平的标志是_____的水泡在中央.

(2) 油滴在场中受力平衡后,要改变它的上、下位置,需要加_____电压来实现.

[分析与讨论]

(1) 分析与讨论实验结果.

(2) 讨论油滴受到空气浮力后对实验的影响.

实验 5.8　迈克耳孙干涉仪

迈克耳孙干涉仪是利用分振幅法产生双光束以实现干涉的一种仪器装置. 在近代物理和近代计量技术中,它具有重要的地位和作用,对近代物理学的发展有着巨大的影响,迈克耳孙由此获得了 1907 年诺贝尔物理学奖,该仪器在标准长度计量、高质量光学仪器检测、流动显示、精密定位技术,特别是通过激光技术而发展起来的全息干涉技术中有着广泛的应用.

[实验目的]

(1) 用迈克耳孙干涉仪测钠光 D 线波长及其谱线宽度.

(2) 学会调节使用迈克耳孙干涉仪,观察等倾、等厚干涉图样.

[仪器设备]

迈克耳孙干涉仪、钠光光源、白光光源.

[实验原理]

迈克耳孙干涉仪实现干涉的光路如图 5-8-1 所示. 扩展光源 S 发出的光束射向分光板 G_1,G_1 的后表面镀有半反射膜,它把光束分成振幅近似相等的两部分,其中一部分(光束①)经反射后射向平面反射镜 M_1,另一部分(光束②)透过半反射膜射向平面反射镜 M_2. M_1 和 M_2 的夹角在 90° 左右(可小范围调节). M_1 和 G_1 上半反射膜之间的夹角为 45°(都可微调). 光束①、②经 M_1 和 M_2 反射后又回到 G_1 的半反射膜上,汇集成一束光后,沿 E 方向射出,在 E 方向可观察到干涉条纹. G_2 是补偿板,其材料和厚度与 G_1 完全相同,目的是使光束①、②在玻璃中经过的光程完全相同,不引起光程差,从而使①、②两束光之间的光程差仅取决于 M_1 和 M_2 到 G_1 上半反射膜之间的距离.

反射镜 M_2 是固定的,M_1 可在导轨上前后移动,以改变光束①、②之间的光程差,M_1 的移动由一蜗轮滑杆系统完成,仪器前方有一转柄,右方有一微动转柄,其最小分度为 10^{-4} mm,可估读到 10^{-5} mm,旋转转柄即可移动 M_1,M_1 的移动距离可在机体侧面的毫米刻度尺上直接读得,粗调手轮转一周,M_1 移动 1 mm,同时,读数窗口内的鼓轮也转动一周,鼓轮的一圈被等分为 100 格,每格为 0.01 mm. 微调手轮每转过一周,M_1 移动 0.01 mm,微调鼓轮的一圈被等分为 100 格,每格表示为 10^{-4} mm,需要估读一位,最后读数为上述三者之和. M_1 和 M_2 的背面各有三颗小螺钉,可以调节 M_1 和 M_2 平面的方位,M_2 下端还有两个互相垂直的微动的螺钉,可对 M_2 的方位作更精细的调节.

观察者在 E 方向观察 G_1 时,除直接看到反射镜 M_1 外,还可看到反射镜 M_2 在 G_1 中的像,其位置在图 5-8-1 中的 M_2' 处,故对观察者而言,两相干光束(光束①、②)相当于直接从 M_1 和 M_2' 处反射而来,因而迈克耳孙干涉仪所产生的干涉图样与 M_1 和 M_2' 之间的空气层所产生的干涉图样相同.

通过对光学的学习我们知道,两相干光束相遇时,合成的光强分布为

$$I = I_1 + I_2 + \sqrt[2]{I_1 I_2} \cos \frac{2\pi}{\lambda} \Delta \tag{5-8-1}$$

式中, Δ 为两光束在相遇点的光程差. 由上式可见, 若光程差随坐标变化, 则光强也会随坐标变化, 当 $\Delta = k\lambda$ 时, 光强最大; 当 $\Delta = \left(k+\dfrac{1}{2}\right)\lambda$ 时, 光强最小, 这就是光的干涉现象.

当 $M_1 /\!/ M_2'$ (即 $M_1 \perp M_2$) 时, 若光线的入射角为 i, 空气厚度为 d (如图 5-8-2 所示) 则 M_1 和 M_2 两表面所反射的光程差为

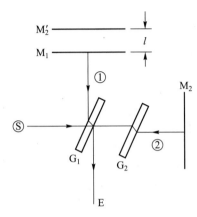

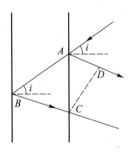

图 5-8-1　迈克耳孙干涉仪光路图　　　　图 5-8-2　光路图

$$\Delta = AB+BC-AD = 2nd/\cos i-2nd\tan i\sin i \qquad (5-8-2)$$
$$= 2nd(1/\cos i-\sin^2 i/\cos i) = 2nd\cos i$$

其中空气的折射率 n 可近似为 1, 则

$$\Delta = 2d\cos i \qquad (5-8-3)$$

在式 (5-8-3) 中, 若 d 为常量, 则 i 相等的地方, 其光程差就相等, 这时将发生等倾干涉. 等倾干涉条纹定域于无限远处,

它是一组同心圆环, 在圆心处 $i=0$, 干涉条纹的级次最高, 其光程差为

$$\Delta_0 = 2d = k\lambda \qquad (5-8-4)$$

当移动 M_1 使 d 增大时, 根据式 (5-8-4), 圆心级次会不断增高, 这时会观察到圆环不断从中心 "冒出". 反之, 圆环就会 "缩进", 由式 (5-8-4) 可以得出 M_1 移动的距离 Δd 与圆形条纹级次的改变量 Δk 之间的关系为

$$\Delta d = \Delta k \cdot \frac{\lambda}{2} \qquad (5-8-5)$$

根据式 (5-8-5), 若已知光源波长, 数出 Δk, 便可求出 Δd, 这就是长度计量的原理, 若测出 Δd, 便可求出待测波长.

当 M_1 和 M_2' 相交时, 它们之间形成一空气楔, 在这种情况下, 空气楔的厚度变化成为主要因素, 整个视场内光线的入射角可视为常量, 结果出现等厚干涉, 等厚干涉条纹可近似地看成定域于空气楔表面上, 它本应是一组干涉条纹. 在这里, M_1 和 M_2' 的交线处及其附近的条纹是直线, 其余为关于交线对称的弯曲状条纹 (见图 5-8-3). 这是两个位置关于交线对称, 而光程差的改变随角度而变的缘故, 如用白光照明, 交线处是中央零级条纹, 在这两旁对称分布着彩色条纹.

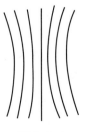

图 5-8-3

由于包括激光在内的一切光源都不是绝对单色光,因而总存在一个光谱范围. 设某光波的中心波长是 λ,谱线宽度是 $\Delta\lambda$,也即是说,这种单色光是由波长范围在 $\lambda-\dfrac{\Delta\lambda}{2}$ 到 $\lambda+\dfrac{\Delta\lambda}{2}$ 之间的一系列波组成. 用迈克耳孙干涉仪来观察这种光的干涉条纹时,随着 M_1 和 M_2' 之间的距离从零开始增大,①、②两光束之间的光程差也增大,波长分别为 $\lambda-\dfrac{\Delta\lambda}{2}$ 和 $\lambda+\dfrac{\Delta\lambda}{2}$ 的两光波的干涉条纹也就逐渐错开,干涉图样渐趋模糊,到 M_1 和 M_2' 之间的距离增大到两者错开一条条纹时,就彻底看不见干涉图样了,这时的光程差叫相干长度. 若以 Δk 记,则

$$\Delta k = 2d \tag{5-8-6}$$

设错开一条条纹时,两光波的干涉条纹级别分别为 k 和 $k+1$,则

$$\Delta k = (k+1)\left(\lambda-\frac{\Delta\lambda}{2}\right) = k\left(\lambda+\frac{\Delta\lambda}{2}\right) \tag{5-8-7}$$

由于 λ 远大于 $\Delta\lambda$,便可由式(5-8-7)得出 $k=\dfrac{\lambda}{\Delta\lambda}$,乘以 λ 得

$$\Delta k = \frac{\lambda^2}{\Delta\lambda} \tag{5-8-8}$$

光通过相干长度所需的时间叫相干时间,显然,相干时间 τ_k 为

$$\tau_k = \frac{\Delta k}{c} \tag{5-8-9}$$

这里 c 是光速. 对两相干光,只有它们到达所要考察的点的时间差在相干时间内才能产生干涉. 从式(5-8-8)和式(5-8-9)可知,对某一确定波长的光而言,光的相干长度越长,对时间相干性越好,光的谱线宽度也就越窄,因而光的单色性也越好.

[实验内容与步骤]

1. 观察等倾干涉条纹

(1) 为了使条纹容易被找到,首先应使 M_1 和 M_2' 近于重合,即要控制 M_1 的移动,通过转动转柄调节 M_1 到 G_1 的镀膜面的距离,使其大致等于 M_2 到 G_1 的镀膜面距离.

(2) 以钠灯作光源. 调节 M_1 和 M_2 的方位,使它们互相垂直,并使 G_1 的膜面平分 M_1 和 M_2 的夹角. 可在光源和 G_1 之间放一张带针孔的卡片,若在观察仪器时看到两个针孔的像,再调节 M_2 后面的螺钉,使之重合后再去掉卡片,这时通常就会看到干涉条纹,若干涉条纹还不出现,可再微调 M_2 后面的螺钉直到干涉条纹出现为止.

(3) 干涉条纹出现后再调节 M_2 下面的微动螺钉,使干涉图样成为圆形.

(4) 转动仪器前方转柄,使 M_1 前后移动,观察条纹的变化,注意条纹粗细、密度和 d 之间的关系.

2. 测定钠光 D 线的波长

对人眼来说,判断条纹"缩"进更容易一些,因而测量时,先记下 M_1 的初始位置,然后移动 M_1 来减小 d,同时数出"缩"进去的条纹数(可数 100 条). 数完后再记下 M_1 的末位置,反复 3 次,记录所得数据.

3. 测定钠光 D 线的谱线宽度

(1) 使用钠光光源,移动 M_1 并调节 M_2,让 M_1 和 M_2' 重合,这时等倾干涉条纹的中心条

纹应均匀充满整个视场.

（2）记下 M_1 的位置后移动 M_1，待干涉条纹消失后继续移动 M_1，又会看见干涉条纹，再继续移动 M_1，干涉条纹又会消失；继续移动 M_1，直至彻底看不见干涉条纹，记下最初的彻底看不见干涉条纹时 M_1 的位置.

（3）根据上述两次 M_1 的位置求出相干长度 Δk.

4. 选做：观察等厚干涉条纹

（1）先用钠光光源. 在 M_1、M_2' 大致重合的位置调节 M_2 侧面的螺钉，使 M_1、M_2' 有很小的交角，这时视场中会出现等厚干涉条纹，观察条纹间距随交角变化的情况和交角不变仅 M_2' 位置变化的情况.

（2）缓慢移动 M_1，观察条纹从弯曲变直，然后再反向弯曲的过程. 在干涉条纹即将变直之前把光源换为白光. 这时视场中无干涉条纹出现，继续沿原方向缓慢移动 M_1，直到彩色条纹出现为止，彩色条纹的中心，就是 M_1 和 M_2' 的交线.

［注意事项］

（1）在测钠光 D 线波长中的相干长度 Δk 时，光束②相当于在空气中"走"了个来回，故 M_1 两次位置差的两倍才是相干长度.

（2）观察等厚干涉条纹时，由于白光干涉条纹只有几条，调节时要耐心细致，否则易漏过条纹而不察觉.

［数据处理］

（1）测定钠光 D 线波长（钠光 D 线波长为 589.3 nm）. 计算标准差.（直接测量的）测定钠光 D 线波长的数据记录参见表 5-8-1.

表 5-8-1　D 线波长测量数据

	$M =$	$\Delta d_{100} = $ /mm	$\lambda = 2\Delta d_{100平均} \times 10^3 / 100$ /nm
冒出	$M_0 = $	$(M_3 - M_0)/3 = $	
	$M_1 = $	$(M_3 - M_1)/2 = $	
	$M_2 = $	$(M_2 - M_0)/2 = $	
	$M_3 = $		
	平均值	$\Delta d_{100平均} = $	$\lambda' = $
缩进	$M_0 = $	$(M_3 - M_0)/3 = $	
	$M_1 = $	$(M_3 - M_1)/2 = $	$\lambda'' = $
	$M_2 = $	$(M_2 - M_0)/2 = $	
	$M_3 = $		
	平均值	$\Delta d_{100平均} = $	$\lambda = (\lambda' + \lambda'')/2 = $ /nm
	波长 = /nm	标准误差	

（2）测谱线的宽度 $\Delta \lambda$. 测定其谱线宽度 $\Delta \lambda$ 的数据记录，参见表 5-8-2.

表 5-8-2　谱线宽度测量数据

次数	$M_{1始}/mm$	$M_{1末}/mm$	$\Delta d = M_{1末} - M_{1始}/mm$	$\Delta\lambda = \dfrac{\lambda^2}{2d \times 10^7}/10^{-1}$ nm
1				
2				
3				

求出 : $\overline{\lambda} = \dfrac{1}{3}(\Delta\lambda_1 + \Delta\lambda_2 + \Delta\lambda_3) =$

计算相对误差 : $E = \left| \dfrac{\overline{\Delta\lambda} - \Delta\lambda}{\Delta\lambda} \right| \times 100\% =$

[复习题]

(1) 迈克耳孙干涉仪是利用_____法产生双光束实现干涉的.

(2) 迈克耳孙干涉仪把光束分成近似的两部分光束后,是利用_____来实现光程差的补偿的.

[分析与讨论]

(1) 根据什么现象来判断 $M_1 /\!/ M_2'$?

(2) 如何寻找零光程位置?

实验 5.9 光电效应实验

1905 年爱因斯坦提出光量子假说,圆满地解释了光电效应.密立根用了十年的时间对光电效应进行定量的实验研究,验证了爱因斯坦光电方程的正确性,并精确测出了普朗克常量.他们因光电效应方面的杰出贡献,分别于 1921 年和 1923 年获得诺贝尔物理学奖.

如今,光电效应的应用十分广泛,利用光电效应制成的光电器件(如光电管、光电池、光敏电阻、各种光电传感器等)已成为科研和生产中不可缺少的器件.

[实验目的]

(1) 了解光电效应的实验规律,加深对光的量子性的理解.

(2) 学习验证爱因斯坦光电效应方程的实验方法,测量普朗克常量.

[仪器设备]

光电效应实验仪(包括汞灯及电源、光电管、滤色片、光阑和微电流放大器).

[实验原理]

1. 光电效应

光电效应的实验原理如图 5-9-1 所示.光照射到金属或其化合物表面上时,光的能量仅有一部分以热的形式被金属吸收,而另一部分则转化为金属表面中某些电子的能量,促使这些电子从金属表面逸出,这种现象叫做光电效应,所逸出的电子称为光电子.

当入射光照射到光电管阴极金属板 K 上时,金属板中的电子从金属表面释放出来.如果在 A 与 K 两端加上电压,则光电子在加速电场作用下向阳极 A 迁移,形成光电流,光电流的强弱可由电流计读出.改变外加电压 U_{AK},测量出光电流 I 的大小,即可得出光电管的伏安特性曲线.

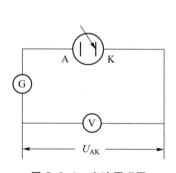

图 5-9-1 实验原理图

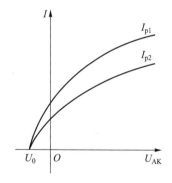

图 5-9-2 同一频率,不同光强时光电管的伏安特性曲线

光电效应的实验规律如下:

(1) 对应于某一频率,光电效应的 I-U_{AK} 关系如图 5-9-2 所示.从图中可见,对一定的频率,有一电压 U_0,当 $U_{AK} \leqslant U_0$ 时,电流为零,这个相对于阴极的负值的阳极电压 U_0,被称为截止电压.

(2) 入射光的频率 ν 与强度 I_p 一定时,加速电势差 U_{AK} 越大,产生的光电流 I 也越大;当

加速电压 U_{AK} 增加到一定量值时,光电流达到饱和值 I_0. 饱和光电流 I_0 的大小与入射光的强度 I_p 成正比. 如图 5-9-2 所示.

(3) 对于不同频率的光,其截止电压的值不同,如图 5-9-3 所示.

(4) 作截止电压 U_0 与频率 ν 的关系图如图 5-9-4 所示,U_0 与 ν 成正比. 当入射光频率低于某极限值 ν_0(ν_0 随不同金属而异)时,不论光的强度如何,照射时间多长,都没有光电流产生. 这个使光电效应产生的最低频率 ν_0,称为光电效应的截止频率,也叫频率红限.

(5) 光电效应是瞬时效应,即使入射光的强度非常弱,只要频率大于 ν_0,在开始照射后就立即有光电子产生,所经过的时间不超过 10^{-9} s 的数量级.

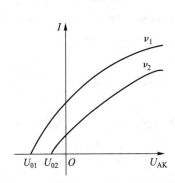

图 5-9-3　不同频率时光电管的伏安特性曲线　　图 5-9-4　作截止电压 U_0 与频率 ν 的关系图

2. 爱因斯坦光电效应方程

按照爱因斯坦的光量子理论,光能并不像电磁波理论所想象的那样,分布在波阵面上,而是集中在被称为光子的微粒上,但这种微粒仍然保持着频率(或波长)的概念. 频率为 ν 的光子具有能量 $E = h\nu$,h 为普朗克常量. 当光子照射到金属表面上时,被金属中的电子全部吸收,而无需积累能量的时间. 电子把这能量的一部分用来克服金属表面对它的吸引力,余下的就转化为电子离开金属表面后的动能,按照能量守恒定律,爱因斯坦提出了著名的光电效应方程:

$$h\nu = \frac{1}{2}mv_0^2 + A \tag{5-9-1}$$

式中,A 为金属的逸出功,$\frac{1}{2}mv_0^2$ 为光电子获得的初始动能. 这就是爱因斯坦光电效应方程.

由式(5-9-1)可见,射到金属表面的光频率越高,逸出的电子动能越大,所以即使阳极电势比阴极电势低也会有电子落入阳极形成光电流,直至阳极电势低于截止电压,光电流才为零,此时有关系:

$$eU_0 = \frac{1}{2}mv_0^2 \tag{5-9-2}$$

阳极电势高于截止电压后,随着阳极电势的升高,阳极对阴极发射的电子的收集作用越强,光电流随之上升;当阳极电压高到一定程度,已几乎把阴极发射的光电子全收集到阳极,再增加 U_{AK} 时 I 不再变化,光电流出现饱和,饱和光电流 I_0 的大小与入射光的强度 I_p 成正比.

光子的能量 $h\nu_0 < A$ 时,电子不能脱离金属,因而没有光电流产生. 产生光电效应的最低

频率(截止频率)为 $\nu_0 = A/h$.

将式(5-9-2)代入式(5-9-1)可得

$$eU_0 = h\nu - A \qquad\qquad (5\text{-}9\text{-}3)$$

此式表明,截止电压 U_0 是频率 ν 的线性函数,直线斜率 $k = h/e$. 只要用实验方法得出不同的频率对应的截止电压,求出直线斜率,就可算出普朗克常量 h.

爱因斯坦的光量子理论成功地解释了光电效应规律.

3. 实验中截止电压 U_0 的测量

实验的关键在于正确地测出不同频率光线入射时对应的截止电压,测量 U_0 的主要影响因素有:

(1)暗电流和本底电流. 暗电流是指光电管不受任何光照而极间加有电压的情况下产生的微弱电流,在常温下可忽略不计. 本底电流是由周围杂散光线射入光电管形成的,而且他们的大小还随电压变化而变化.

(2)阳极电流. 当入射光照射阳极时,阳极受到漫反射光的照射,致使阳极也有光电子发射. 当阴极加正电势、阳极加负电势时,对阳极发射的光电子起加速作用,形成阳极电流.

(3)光电管制做过程中阳极往往会被污染,沾上少许阴极材料,入射光照射阳极或入射光从阴极反射到阳极之后也会造成阳极光电子发射.

在测量各谱线的截止电压 U_0 时,可采用"零电流法"或"补偿法".

零电流法是直接将各谱线照射下测得的电流为零时对应的电压 U_{AK} 的绝对值作为截止电压 U_0. 此法的前提是阳极反向电流、暗电流和本底电流都很小,测得的 U_0 与真实值相差较小.

补偿法是调节电压 U_{AK} 使电流为零后,保持 U_{AK} 不变,遮挡汞灯光源,此时测得的电流 I 为电压接近截止电压时的暗电流和本底电流. 重新让汞灯照射光电管,调节电压 U_{AK} 使电流值显示为 I,将此时对应的电压 U_{AK} 的绝对值作为 U_0. 此法可补偿暗电流和本底电流对测量结果的影响.

[实验内容与步骤]

光电效应实验装置如图 5-9-5 所示.

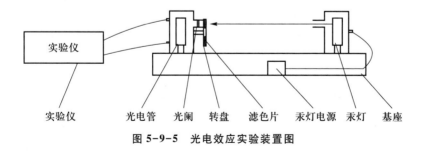

图 5-9-5 光电效应实验装置图

1. 测试前准备

(1)将实验仪及汞灯电源接通(汞灯及光电管暗箱遮光盖盖上),预热 20 min.

(2)把汞灯及光电管暗箱遮光盖盖上,调整光电管与汞灯之间的距离为约 30 cm 并保持不变.

(3)用专用连接线将光电管暗箱电压输入端与实验仪电压输出端(后面板上)连接起来

（红—红,蓝—蓝）.

（4）将"电流量程"选择开关置于"×10^{-13}"挡,进行测试前调零,然后按下确认键.

（5）用高频匹配电缆将光电管暗箱电流输出端与实验仪电流输入端（后面板上）连接起来.

2. 测量截止电压（测普朗克常量 h）

光电二极管的电压扫描范围选择（-2~0 V）挡. 将直径为 8 mm 的光阑及 365.0 nm 的滤色片装在光电管暗箱光输入口上,打开汞灯遮光盖. 从低到高调节电压,观察电流值的变化,寻找电流为零时对应的 U_{AK},用零电流法测量截止电压 U_0. 为尽快找到 U_0 的值,调节时应从高到低调节. 并将数据记于表 5-9-1 中. 依次换上 404.7 nm,435.8 nm,546.1 nm,577.0 nm 的滤色片,重复以上测量步骤.

3. 测光电管的伏安特性曲线

将"电流量程"选择开关置于"×10^{-11}"挡,重新调零,然后按下确认键. 光电二极管的电压扫描范围选择（-2~50 V）挡. 光阑:4 mm,测试距离:400 mm. 记录所测 U_{AK} 及 I 的数据到表 5-9-2 中.

4. 验证光电管的饱和光电流与入射光强成正比

在 U_{AK} 为 50 V 时,测量并记录对同一谱线、不同入射距离对应的电流值于表 5-9-3 中,验证光电管的饱和光电流与入射光强成正比.

5. 选做内容

用补偿法测量截止电压 U_0,并与零电流法进行比较.

[注意事项]

（1）不使用光电管时,要断掉施加在光电管阳极与阴极间的电压,禁止用光并要防止意外的光线照射.

（2）汞灯关闭后,不要立即开启电源,必须等灯丝冷却后再启动,否则会影响汞灯的寿命.

（3）滤色片要保持清洁,禁止用手摸滤色片的光学面.

[数据记录表格]

表 5-9-1 不同频率入射光对应的截止电压（U_0-ν 关系）

光阑孔 Φ = _____ U_0 最小分度值_____

波长 λ_i/nm	365.0	404.7	435.8	546.1	577.0
频率 ν_i/×10^{14} Hz	8.214	7.408	6.879	5.490	5.196
截止电压 U_{0i}/ V					

表 5-9-2 光电流和电压的测量数据（I-U_{AK} 关系）

光阑 Φ = _____   测试距离 L = _____

435.8 nm	U_{AK}/V								
	I/×10^{-11} A								
546.1 nm	U_{AK}/V								
	I/×10^{-11} A								
…………									

表 5-9-3　饱和光电流与入射光强度的关系（I_M–I_p 关系）

$U_{AK} = \underline{\hspace{3cm}}$　　　　　$\lambda = \underline{\hspace{3cm}}$　　　　　$L = \underline{\hspace{3cm}}$

入射距离 L/mm				
$I/\times10^{-11}$ A				

[数据处理]

（1）用以下三种方法之一求斜率 k，根据 $h = ek$ 求普朗克常量 h，并算出测量值 h 与公认值 h_0 之间的相对误差 E.

$$E = \frac{h - h_0}{h_0}$$

式中 $e = 1.602 \times 10^{-19}$ C，$h_0 = 6.626 \times 10^{-34}$ J·s.

① 作出 U_0–ν 关系曲线，求出直线斜率 k.

② 用最小二乘法拟合 U_0–ν 直线，得出直线斜率的最佳拟合值（参见第二章 2.4.4 最小二乘法）：

$$k = \frac{\overline{\nu} \cdot \overline{U_0} - \overline{\nu \cdot U_0}}{\overline{\nu}^2 - \overline{\nu^2}}$$

式中 $\overline{\nu} = \frac{1}{n}\sum_{i=1}^{n}\nu_i$，$\overline{U_0} = \frac{1}{n}\sum_{i=1}^{n}U_{0i}$，$\overline{\nu \cdot U_0} = \frac{1}{n}\sum_{i=1}^{n}\nu_i \cdot U_{0i}$，$\overline{\nu^2} = \frac{1}{n}\sum_{i=1}^{n}\nu_i^2$

③ 根据 $k = \dfrac{\Delta U_0}{\Delta \nu} = \dfrac{U_{0m} - U_{0n}}{\nu_m - \nu_n}$，可用逐差法从表 5-9-1 的四组数据中求出两个 k，将其平均值作为所求 k 的数值.

（2）绘制不同频率入射光照射下光电管的伏安特性曲线，比较不同频率辐射时伏安特性曲线有何不同.

（3）作图验证光电管的饱和光电流与入射光强成正比.

[复习题]

（1）通过光电效应测量普朗克常量的方法是 $\underline{\hspace{5cm}}$.

（2）截止电压的测量主要受 $\underline{\hspace{3cm}}$、$\underline{\hspace{3cm}}$ 和 $\underline{\hspace{3cm}}$ 的影响. 比较准确的测量截止电压的方法是 $\underline{\hspace{3cm}}$.

[分析与讨论]

（1）分析与讨论实验结果.

（2）根据 U_0 和频率 ν 的关系曲线，确定阴极材料的逸出功和截止频率.

[附录：仪器介绍]

XD-ZP4 智能光电效应实验仪前面板功能说明

XD-ZP4 智能光电效应实验仪前面板如图 5-9-6 所示.

区〈1〉：电流量程调节旋钮及其指示；

区〈2〉：当实验仪处于测试状态或查询状态时，区〈2〉是电流指示区；当实验仪处于设置自动扫描电压时，区〈2〉是自动扫描起始电压设置指示区；四位七段数码管指示电流或电压值；

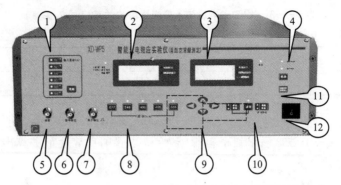

图 5-9-6　XD-ZP4 智能光电效应实验仪前面板图

区〈3〉:当实验仪处于测试状态或查询状态时,区〈3〉是电压指示区;当实验仪处于设置自动扫描电压时,区〈3〉是自动扫描终止电压设置指示区;当实验仪处于调零状态指示区时,显示"——".四位七段数码管指示电压值;

区〈4〉:扫描电压选择区:按下此键选择实验仪光电二极管的扫描电压范围;

区〈5〉:调零状态区,用于系统调零:

区〈6〉、区〈7〉:示波器连接区:可将信号送示波器显示;

区〈8〉:存储区选择区,通过按键选择存储区;

区〈9〉:电压调节区:

通过按键调节电压:① 改变当前电压源电压设定值;

② 自动测试完成后,设置查询电压点;

按下左/右键,循环移动当前电压值的设置位,选取的位闪烁,提示目前在设置的电压位置.按下上/下键,电压值在当前设置位递增/递减一个增量单位.

注意:

① 如果当前电压值加上一个单位电压值后的和值超过了允许输出的最大电压值,再按下上键,电压值只能设置为该电压的最大允许电压值.

② 如果当前电压值减去一个单位电压值后的差值小于零,再按下下键,电压值只能设置为零.

区〈10〉:工作状态指示选择区:用于选择及指示实验仪工作状态,通信指示灯指示实验仪与计算机的通信状态;

区〈11〉:用于调零确认和系统清零:当实验仪处于调零状态(显示"——")时,按下此键则进入测试状态或查询状态;当实验仪处于测试状态或查询状态时,按下此键则系统清零,重新启动,并进入调零状态;

区〈12〉:电源开关.

实验 5.10 太阳能电池实验

太阳能电池又称为光生伏特电池,简称光电池.它是一种将太阳或其他光源的光能直接转化为电能的器件.由于它具有重量轻、使用安全、无污染等特点,可能成为未来电力的重要来源.太阳能电池在现代检测和控制技术中也有十分重要的应用,卫星和宇宙飞船上都用太阳能电池作为电源.

太阳能发电有并网运行与离网运行两种发电方式.并网运行是将太阳能发电输送到大电网中,由电网统一调配,输送给用户;离网运行是太阳能系统与用户组成独立的供电网络.由于光照有时间性,为解决无光照时的供电,太阳能发电系统必须配有储能装置,或能与其他电源切换、互补.中小型太阳能电站大多采用离网运行方式.本实验相当于离网型应用系统.

[实验目的]
(1)了解太阳能电池的工作原理及其应用;
(2)测量太阳能电池的伏安特性曲线;
(3)了解并掌握太阳能发电系统的组成及工程应用.

[仪器设备]
太阳能电池特性实验仪、太阳能电池特性及应用实验仪.

[实验原理]

1. 太阳能电池特性

太阳能电池利用半导体 pn 结受光照射时的光伏效应发电,太阳能电池的基本结构就是一个面积很大的平面 pn 结,图 5-10-1 为 pn 结示意图.

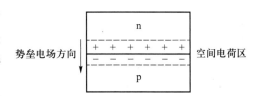

图 5-10-1 半导体 pn 结示意图

p 型半导体中有相当数量的空穴,几乎没有自由电子.n 型半导体中有相当数量的自由电子,几乎没有空穴.当两种半导体结合在一起形成 pn 结时,n 区的电子(带负电)向 p 区扩散,p 区的空穴(带正电)向 n 区扩散,在 pn 结附近形成空间电荷区与势垒电场.势垒电场会使载流子向扩散的反方向作漂移运动,最终扩散与漂移达到平衡,使流过 pn 结的净电流为零.在空间电荷区内,p 区的空穴被来自 n 区的电子复合,n 区的电子被来自 p 区的空穴复合,使该区内几乎没有能导电的载流子,又称为结区或耗尽区.

当光电池受光照射时,部分电子被激发而产生电子–空穴对,在结区激发的电子和空穴分别被势垒电场推向 n 区和 p 区,使 n 区有过量的电子而带负电,p 区有过量的空穴而带正电,pn 结两端形成电压,这就是光伏效应,若将 pn 结两端接入外电路,就可向负载输出电能.

在一定的光照条件下,改变太阳能电池负载电阻的大小,测量其输出电压与输出电流,得到输出伏安特性,如图 5-10-2 实线所示.

负载电阻为零时测得的最大电流 I_{sc} 称为短路电流.负载断开时测得的最大电压 V_{oc} 称

为开路电压.

太阳能电池的输出功率为输出电压与输出电流的乘积. 同样的电池及光照条件, 负载电阻大小不一样时, 输出的功率是不一样的. 若以输出电压为横坐标, 输出功率为纵坐标, 绘出的 p-v 曲线如图 5-10-2 点划线所示.

输出电压与输出电流的最大乘积值称为最大输出功率 P_{max}.

填充因子 FF 定义为

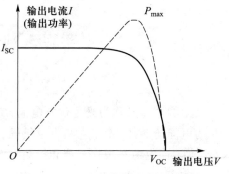

图 5-10-2　太阳能电池的输出特性

$$FF = \frac{P_{max}}{V_{OC} \times I_{SC}} \tag{5-10-1}$$

填充因子是表征太阳电池性能优劣的重要参量, 其值越大, 电池的光电转换效率越高, 一般的硅光电池 FF 值在 0.75~0.8 之间.

转换效率 η_s 定义为:

$$\eta_s = \frac{P_{max}}{P_{in}} \times 100\% \tag{5-10-2}$$

其中, P_{in} 为射到太阳能电池表面的光功率.

理论分析及实验表明, 在不同的光照条件下, 短路电流随入射光功率线性增长, 而开路电压在入射光功率增加时只略微增加, 如图 5-10-3 所示.

硅太阳能电池分为单晶硅太阳能电池、多晶硅薄膜太阳能电池和非晶硅薄膜太阳能电池三种.

单晶硅太阳能电池转换效率最高, 技术也最为成熟. 在实验室里, 单晶硅太阳能电池最高的转换效率为 24.7%, 规模生产时的转换效率可达到 15%. 在大规模应用和工业生产中, 单晶硅太阳能电池仍占据主导地位. 但由于单晶硅价格高, 大幅度降低其成本很困难, 为了节省硅材料, 人们发展了多晶硅薄膜和非晶硅薄膜作为单晶硅太阳能电池的替代产品.

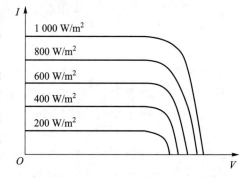

图 5-10-3　不同光照条件下的 $I-V$ 曲线

多晶硅薄膜太阳能电池与单晶硅太阳能电池比较, 成本低廉, 而效率高于非晶硅薄膜太阳能电池, 其实验室最高转换效率为 18%, 工业规模生产时的转换效率可达到 10%. 因此, 多晶硅薄膜太阳能电池可能在未来的太阳能电池市场上占据主导地位. 非晶硅薄膜太阳能电池成本低、重量轻、便于大规模生产, 有极大的潜力, 可进一步解决稳定性问题及提高转换率, 是太阳能电池的主要发展方向之一.

2. 太阳能发电系统

离网型太阳能电源系统如图 5-10-4 所示.

控制器又称充放电控制器, 起着管理光伏系统能量、保护蓄电池及维持整个光伏系统正常工作的作用. 当太阳能电池方阵输出功率大于负载额定功率或负载不工作时, 太阳能电池

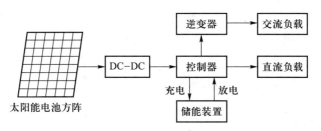

图 5-10-4 太阳能光伏电源系统

通过控制器向储能装置充电. 当太阳能电池方阵输出功率小于负载额定功率或太阳能电池不工作时,储能装置通过控制器向负载供电. 蓄电池过度充电和过度放电都将大大缩短蓄电池的使用寿命,需用控制器对充放电进行控制.

DC-DC 为直流电压变换电路,相当于交流电路中的变压器,最基本的 DC-DC 变换电路如图 5-10-5 所示.

图 5-10-5 中,U_i 为电源,T 为晶体闸流管(简称晶闸管),u_C 为晶闸管驱动脉冲,L 为滤波电感,C 为电容,D 为续流二极管,R_L 为负载,u_o 为负载电压. 调节晶闸管驱动脉冲的占空比,即驱动脉冲高电平持续时间与脉冲周期的比值,即可调节负载端电压.

DC-DC 的作用:

当电源电压与负载电压不匹配时,通过 DC-DC 调节负载端电压,使负载能正常工作.

通过改变负载端电压,改变了折算到电源端的等效负载电阻,当等效负载电阻与电源内阻相等时,电源能最大限度输出能量.

若取反馈信号控制驱动脉冲,进而控制 DC-DC 输出电压,使电源始终最大限度输出能量,这样的功能模块称为最大功率跟踪器.

光伏系统常用的储能装置为蓄电池与超级电容器.

蓄电池是提供和存储电能的电化学装置. 光伏系统使用的蓄电池多为铅酸蓄电池,充放电时的化学反应式为:

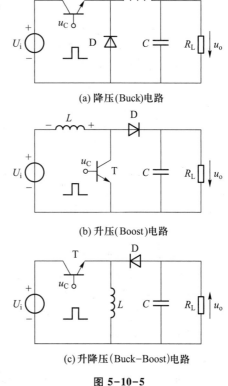

(a) 降压(Buck)电路

(b) 升压(Boost)电路

(c) 升降压(Buck-Boost)电路

图 5-10-5

$$\overset{\text{正极}}{\text{PbO}_2} + 2\text{H}_2\text{SO}_4 + \overset{\text{负极}}{\text{Pb}} \underset{\text{充电}}{\overset{\text{放电}}{\rightleftharpoons}} \overset{\text{正极}}{\text{PbSO}_4} + 2\text{H}_2\text{O} + \overset{\text{负极}}{\text{PbSO}_4}$$

蓄电池放电时,化学能转化成电能,正极的氧化铅和负极的铅都转变为硫酸铅,蓄电池充电时,电能转化为化学能,硫酸铅在正负极又恢复为氧化铅和铅.

图 5-10-6(a) 为蓄电池恒压充电时的充电特性曲线. OA 段电压快速上升. AB 段电压缓慢上升,且延续较长时间. 接近 13.7 V 可停止充电.

蓄电池充电电流过大,会导致蓄电池的温度过高和活性物质脱落,影响蓄电池的寿命.在充电后期,电化学反应速率降低,若维持较大的充电电流,会使水发生电解,正极析出氧气,负极析出氢气.理想的充电模式是,开始时以蓄电池允许的最大充电电流充电,随电池电压升高逐渐减小充电电流,达到最大充电电压时立即停止充电.

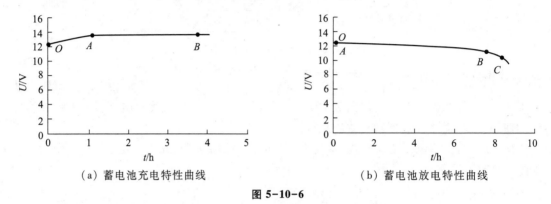

(a) 蓄电池充电特性曲线 （b）蓄电池放电特性曲线

图 5-10-6

图 5-10-6(b)为蓄电池放电特性曲线. OA 段电压下降较快. AB 段电压缓慢下降,且延续较长时间. C 点后电压急速下降,此时应立即停止放电.

蓄电池的放电时间一般规定为 20 h. 放电电流过大和过度放电(电池电压过低)会严重影响电池寿命.

蓄电池具有储能密度(单位体积存储的能量)高的优点. 但有充放电时间长(一般为数小时)、充放电寿命短(约 1 000 次)、功率密度低的缺点.

超级电容器通过极化电解质来储能,它由悬浮在电解质中的两个多孔电极板构成. 在极板上加电,正极板吸引电解质中的负离子,负极板吸引正离子,形成两个容性存储层,它所形成的双电层和传统电容器中的电介质在电场作用下产生的极化电荷相似,从而产生电容效应. 由于其紧密的电荷层间距比普通电容器电荷层间的距离小得多,因而超级电容器具有比普通电容器更大的容量.

当超级电容器所加电压低于电解液的氧化还原电极电势时,电解液界面上电荷不会脱离电解液,超级电容器为正常工作状态. 当电容器两端电压超过电解液的氧化还原电极电势时,电解液将分解,为非正常状态. 超级电容器充电时所加电压不应超过其额定电压.

超级电容器的充放电过程始终是物理过程,没有化学反应,因此性能是稳定的. 与利用化学反应的蓄电池不同,超级电容器可以反复充放电数十万次.

超级电容器具有功率密度高(可大电流充放电)、充放电时间短(一般为数分钟)、充放电寿命长的优点,但它比蓄电池储能密度低.

若将蓄电池与超级电容并联作蓄能装置,则可以在功率和储能密度上优势互补.

逆变器是将直流电变换为交流电的电力变换装置.

逆变电路一般都需升压来满足 220 V 常用交流负载的用电需求. 逆变器按升压原理的不同分为低频、高频和无变压器 3 种逆变器.

低频逆变器首先把直流电逆变成 50 Hz 低压交流电,再通过低频变压器升压成 220 V 的交流电供负载使用. 它的优点是电路结构简单,缺点是低频逆变器体积大、价格高、效率也较低.

高频逆变器将低压直流电逆变为高频低压交流电,经过高频变压器升压后,再经整流滤波电路得到高压直流电,最后通过逆变电路得到 220 V 低频交流电供负载使用. 高频逆变器体积小、重量轻、效率高,是目前用得最多的逆变器类型.

无变压器逆变器通过串联太阳能电池组或 DC-DC 电路得到高压直流电,再通过逆变电路得到 220 V 低频交流电供负载使用. 这种逆变器在欧洲市场占主导地位,但由于其在发电与用电电网间没有变压器隔离,在美国被禁止使用.

按输出波形,逆变器分为方波逆变器,阶梯波逆变器和正弦波逆变器 3 种.

方波逆变器只需简单的开关电路即能实现,结构简单,成本低,但存在效率较低、谐波成分大、使用负载受限制等缺点. 在太阳能系统中,方波逆变器已经很少应用了.

阶梯波逆变器普遍采用脉冲宽度调制(PWM)方式生成阶梯波输出. 它能够满足大部分用电设备的需求,但它还是存在约 20% 的谐波失真,在运行精密设备时会出现问题,也会对通信设备造成高频干扰.

正弦波逆变器的优点是输出波形好,失真度很低,能满足所有交流负载的应用,它的缺点是线路相对复杂,价格较贵. 在太阳能发电并网应用时,必须使用正弦波逆变器.

[实验内容与步骤]

1. 硅太阳能电池的暗伏安特性测量

暗伏安特性是指无光照射时,流经太阳能电池的电流与外加电压之间的关系.

太阳能电池的基本结构是一个大面积平面 pn 结,单个太阳能电池单元的 pn 结面积已远大于普通的二极管. 在实际应用中,为得到所需的输出电流,通常将若干电池单元并联. 为得到所需输出电压,通常将若干已并联的电池组串联. 因此,它的伏安特性虽类似于普通二极管,但取决于太阳能电池的材料、结构及组成组件时的串并连关系.

本实验提供的组件是将若干单元并联. 要求测试并画出单晶硅、多晶硅薄膜、非晶硅薄膜太阳能电池组件在无光照时的暗伏安特性曲线.

(1)用遮光罩罩住太阳能电池.

(2)测试原理图如图 5-10-7 所示. 将待测的太阳能电池接到测试仪上的"电压输出"接口,电阻箱调至 50 Ω 后串联进电路起保护作用,用电压表测量太阳能电池两端电压,用电流表测量回路中的电流.

(3)将电压源调到 0 V,然后逐渐增大输出电压,每间隔 0.3 V 记一次电流值. 记录到表 5-10-1 中.

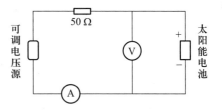

图 5-10-7 伏安特性测量接线原理图

(4)将电压输入调到 0 V. 然后将"电压输出"接口的两根连线互换,即给太阳能电池加上反向的电压. 逐渐增大反向电压,记录电流随电压变换的数据到表 5-10-1 中.

(5)以电压作横坐标,电流作纵坐标,根据表 5-10-1 的数据画出三种太阳能电池的伏安特性曲线.

2. 测量开路电压、短路电流与光强关系

(1)打开光源开关,预热 5 min.

(2)打开遮光罩. 将光强探头装在太阳能电池板位置,探头输出线连接到太阳能电池特性测试仪的"光强输入"接口上. 测试仪设置为"光强测量". 由近及远移动滑动支架,测量距光源一定距离的光强 I,将测量到的光强记入表 5-10-2 中.

（3）将光强探头换成单晶硅太阳能电池,测试仪设置为"电压表"状态.按图 5-10-8(a)接线,按测量光强时的距离值（光强已知）,记录开路电压值于表 5-10-2 中.

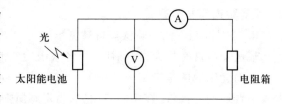

图 5-10-8　开路电压、短路电流与光强测量示意图

（4）按图 5-10-8(b)接线,记录短路电流值于表 5-10-2 中.

（5）将单晶硅太阳能电池更换为多晶硅薄膜太阳能电池,重复测量步骤,并记录数据.

（6）将多晶硅薄膜太阳能电池更换为非晶硅薄膜太阳能电池,重复测量步骤,并记录数据.

（7）根据表 5-10-2 数据,画出三种太阳能电池的开路电压随光强变化的关系曲线.

（8）根据表 5-10-2 数据,画出三种太阳能电池的短路电流随光强变化的关系曲线.

3. 太阳能电池输出特性实验

（1）按图 5-10-9 接线,以电阻箱作为太阳能电池负载.在一定光照强度下（将滑动支架固定在导轨上某一个位置）,分别将三种太阳能电池板安装到支架上,通过改变电阻箱的电阻值,记录太阳能电池的输出电压 V 和电流 I,并计算输出功率 $P_0 = V \times I$,填于表 5-10-3 中.

图 5-10-9　测量太阳能电池输出特性

（2）根据表 5-10-3 中数据,作三种太阳能电池的输出伏安特性曲线及功率曲线,并与图 5-10-2 比较.

（3）找出最大功率点,对应的电阻值即最佳匹配负载.

（4）由式(5-10-1)计算填充因子.

（5）由式(5-10-2)计算转换效率.射到太阳能电池板上的光功率 $P_{in} = I \times S_1$,其中,I 为射到太阳能电池板表面的光强,S_1 为太阳能电池板面积（约为 50 mm×50 mm）.

（6）若时间允许,可改变光照强度（改变滑动支架的位置）,重复前面的步骤.

4. 测量太阳能电池输出伏安特性

（1）打开光源预热至少 10 min,待其光照稳定.在光照不变的条件下,改变负载电阻的阻值,太阳能电池输出的电压、电流随之改变.负载电阻为零时的电流称为短路电流,即伏安特性曲线与纵轴的交点.负载电阻断开时的电压称为开路电压,即伏安特性曲线与横轴的交点.太阳能电池的输出功率为电压与电流的乘积,在伏安特性曲线的不同点,输出的功率差异很大.在实际应用中,应使负载功率与太阳能电池匹配,以便输出最大功率,充分发挥太阳能电池的功效.

（2）按图 5-10-10 接线,以负载组件作为太阳能电池的负载.实验时先将负载组件逆时针旋转到底,然后顺时针旋转负载组件旋钮,记录太阳能电池的输出电压 U 和电流 I,并计算输出功率 $P_0 = U \times I$,填于表 5-10-4 中.

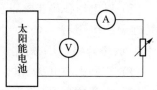

图 5-10-10　测量太阳能电池输出伏安特性接线

（3）按表 5-10-4 数据绘制所用太阳能电池的输出伏安

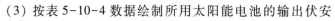

特性曲线.

（4）以输出电压为横坐标,输出功率为纵坐标,作太阳能电池输出功率与输出电压关系曲线.

5. 失配及遮挡对太阳能电池输出的影响

太阳能电池在串联、并联使用时,由于每片电池电性能不一致,串联、并联后的输出总功率小于各个单体电池输出功率之和,这称为太阳能电池的失配.

太阳能电池由于云层、建筑物的阴影或电池表面的灰尘遮挡,部分电池接收的辐照度小于其他部分,这部分电池输出会小于其他部分,也会对输出产生类似失配的影响.

太阳能电池并联时,总输出电流为各并联电池支路电流之和.在失配或有遮挡时,只要最差情况的支路的开路电压高于组件的工作电压,输出电流就仍为各支路电流之和.若某支路的开路电压低于组件的工作电压,则该支路将作为负载而消耗能量.

太阳能电池串联时,串联支路输出电流由输出最小的电池决定.在失配或有遮挡时,一方面会使该支路输出电流降低,另一方面,失配或被遮挡部分将消耗其他部分产生的能量,这样局部的温度就会很高,产生热斑,严重时会烧坏太阳能电池组件.

即使只有部分被遮挡,也会对整个串联电路输出产生严重影响.在应用系统中,常常在若干电池片旁并联旁路二极管,如图 5-10-11 中虚线所示,这样,若部分面积被遮挡,其他部分仍可正常工作.本实验所用电池未加旁路二极管.

由太阳能电池的伏安特性可知,太阳能电池在正常的工作范围内,电流变化很小,接近短路电流,电池的最大输出功率与短路电流成正比,故在测量遮挡对输出的影响时,可按图 5-10-12 测量遮挡对短路电流的影响.

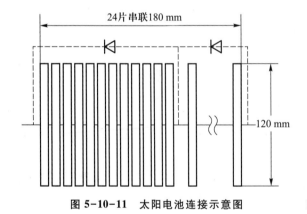

图 5-10-11　太阳电池连接示意图

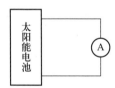

图 5-10-12　测量遮挡对短路电流的影响

6. 太阳能电池对储能装置两种方式充电对比实验

本实验对比太阳能电池直接对超级电容器充电和在太阳能电池后加 DC-DC 再对超级电容器充电.说明了不同充电方式下充电特性的不同及充电方式对超级电容器充电效率的影响.

本实验所用 DC-DC 采用输入反馈控制方式,在工作过程中保持输入端电压基本稳定.若太阳能电池光照条件不变,并调节 DC-DC 使输入电压等于太阳能电池最大功率点对应的输出电压,即可实现在太阳能电池的最大功率输出下的恒功率充电.理论上,采用最大功率输出下的恒功率充电,太阳能电池一直保持最大输出,充电效率应该最高.在目前的系统中,由于太阳能电池输出功率不大,而 DC-DC 本身有一定的功耗,致使两种方式的充电效率(以从同一低电压充至额定电压所需时间衡量)差别不大,但从测量结果可以看出充电特性的不同.

(1)按图 5-10-13(a),将负载组件接入超级电容器放电,控制放电电流小于 150 mA,使电容电压放至低于 1 V.

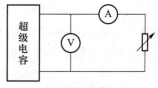

(a) 超级电容放电

(2)按图 5-10-13(b)接线,做太阳能电池直接对超级电容器充电实验.充电至 11 V 时停止充电.

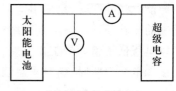

(b) 太阳能电池直接充电

(3)将超级电容器再次放电后,按图 5-10-13(c)接线,先将电压表接至太阳能电池端,调节 DC-DC 使太阳能电池输出电压为最大功率电压(由实验 4 确定).然后将电压表移至超级电容器端(此时不再调节 DC-DC 旋钮),做加 DC-DC 后对超级电容器充电实验,充电至 11 V 时停止充电.

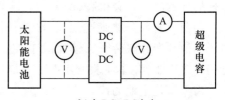

(c) 加 DC-DC 充电

图 5-10-13

(4)由表 5-10-6 数据绘制两种充电情况下超级电容器的 $U\text{-}t$ 曲线、$I\text{-}t$ 曲线、$P\text{-}t$ 曲线,了解两种方式的充电特性,根据所绘曲线加以讨论.

7. 太阳能电池直接带负载实验

太阳能电池输出电压与直流负载工作电压一致时,可以将太阳能电池直接连接负载.若负载功率与太阳能电池的最大输出功率一致,则太阳能电池工作在最大输出功率点,可最大限度输出能量.

若负载功率小于太阳能电池的最大输出功率,则太阳能电池工作电压大于最佳工作电压,实际输出功率小于最大输出功率.此时控制器会将太阳能电池输出的一部分能量向储能装置充电,使太阳能电池回归最佳工作点.

若负载功率大于太阳能电池的最大输出功率,则太阳能电池工作电压小于最佳工作电压,实际输出功率小于最大输出功率.此时控制器会由储能装置向负载提供部分电能,使太阳能电池回归最佳工作点.

本实验模拟负载功率大于太阳能电池最大输出功率的情况,观察并联超级电容器前后太阳能电池输出功率和负载实际获得功率的变化,说明上述控制过程.

(1)如图 5-10-14 所示,断开超级电容器,记录并联超级电容器前,太阳能电池输出电压电流,计算输出功率 $P=UI$,数据填入表 5-10-7.

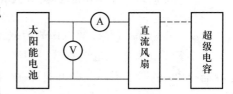

图 5-10-14　太阳电池直接
连接负载接线图

(2)将充电至约 11 V 的超级电容器并联至负载,由于超级电容器容量较小,我们可看到负载端电压从 11 V 一直下降,在实际应用系统中,只要储能器容量足够大,下降速率会非常慢.当超级电容器电压降至接近太阳能电池最佳工作电压时,记录太阳能电池的相应参量于表 5-10-7.

(3)并联超级电容器后太阳能电池输出功率是否增加?计算太阳能电池输出功率增加

率$(P_2-P_1)/P_1$,试以太阳能电池输出伏安特性解释输出功率增加的原因.

(4) 若负载电阻不变,负载获得功率与电压平方成正比.计算负载功率增加率$(V_{22}-V_{12})/V_{12}$,若该增加率大于太阳能电池输出功率增加率,多余的能量由哪部分提供?

8. 加 DC-DC 匹配电源电压与负载电压实验

太阳能电池输出电压与直流负载工作电压不一致时,太阳能电池输出需经 DC-DC 转换成负载电压,再连接至负载.

本实验比较当太阳能电池输出电压与直流负载工作电压不一致时,加不加 DC-DC 对负载获得功率的影响,结果说明若不加 DC-DC,负载无法正常工作.

(1) 测量未加 DC-DC(不接入图 5-10-15 中虚线部分)时,负载的电压、电流,计算负载获得的功率,记入表 5-10-8.

(2) 接入 DC-DC 后,调节 DC-DC 的调节旋钮使输出最大(电压,电流表读数达到最大),测量此时负载的电压、电流,计算负载获得的功率,记入表 5-10-8.

(3) 比较加 DC-DC 前后负载获得的功率变化并加以讨论.

9. DC-AC 逆变与交流负载实验

当负载为 220 V 交流时,太阳能电池输出必须经逆变器转换成交流 220 V,才能供负载使用.由于节能灯功率远大于太阳能电池输出功率,由太阳能电池与蓄电池并联后给节能灯供电.

(1) 按图 5-10-16 接线,节能灯点亮.用电压表测量逆变器输入端直流电压,用信号衰减器连接逆变器和示波器,测量逆变器输出端电压及波形,记入表 5-10-9.

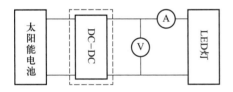

图 5-10-15 加 DC-DC 匹配电压接线图

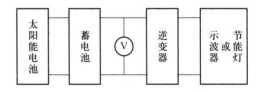

图 5-10-16 交流负载实验接线图

(2) 画出逆变器输出波形,根据实验原理部分所述,判断该逆变器类型.

[注意事项]

(1) 在预热光源的时候,需用遮光罩罩住太阳能电池,以降低太阳能电池的温度,减小实验误差;

(2) 光源工作及关闭后的约 1 h 内,灯罩表面的温度都很高,请不要触摸;

(3) 可变负载只适用于本实验,否则可能烧坏可变负载;

(4) 220 V 电源需可靠接地.

[数据记录表格]

表 5-10-1 三种太阳能电池的暗伏安特性测量

U/V	I/mA		
	单晶硅	多晶硅	非晶硅
-7			
-6			

续表

U/V	I/mA		
	单晶硅	多晶硅	非晶硅
-5			
-4			
-3			
-2			
-1			
0			
0.3			
0.6			
0.9			
1.2			
1.5			
1.8			
2.1			
2.4			
2.7			
3			
3.3			
3.6			
3.9			

表 5-10-2　三种太阳能电池开路电压与短路电流随光强变化关系

距离/cm		15	20	25	30	35	40	45	50
光强 $I/(\mathrm{W \cdot m^{-2}})$									
单晶硅	开路电压 V_{oc}/V								
	短路电流 I_{sc}/mA								
多晶硅	开路电压 V_{oc}/V								
	短路电流 I_{sc}/mA								
非晶硅	开路电压 V_{oc}/V								
	短路电流 I_{sc}/mA								

表 5-10-3　三种太阳能电池输出特性实验　　　　　光强 $I=$____W/m^2

单晶硅	输出电压 V/V	0	0.2	0.4	0.6	0.8	1	1.2	1.4	1.6	…
	输出电流 I/A										
	输出功率 P_0/W										
多晶硅	输出电压 V/V	0	0.2	0.4	0.6	0.8	1	1.2	1.4	1.6	…
	输出电流 I/A										
	输出功率 P_0/W										
非晶硅	输出电压 V/V	0	0.2	0.4	0.6	0.8	1	1.2	1.4	1.6	…
	输出电流 I/A										
	输出功率 P_0/W										

表 5-10-4　太阳能电池输出伏安特性

输出电压 V/V	1	2	3	4	5	6	7	8	9	10	10.5	11	11.5	12
输出电流 I/mA														
输出功率 P_0/mW														

表 5-10-5　遮挡对太阳能电池输出的影响

遮挡条件	无遮挡	纵向遮挡			横向遮挡		
遮挡面积	0	10%	20%	50%	25%	50%	75%
短路电流/mA							

表 5-10-6　两种充电情况下超级电容的充电特性

时间/min	直接对超级电容充电			加 DC-DC 后对超级电容充电		
	充电电压/V	充电电流/mA	充电功率/mW	充电电压/V	充电电流/mA	充电功率/mW
0.0						
0.5						
1.0						
1.5						
2.0						
2.5						
3.0						
3.5						
4.0						
4.5						
5.0						

续表

时间/min	直接对超级电容充电			加 DC-DC 后对超级电容充电		
	充电电压/V	充电电流/mA	充电功率/mW	充电电压/V	充电电流/mA	充电功率/mW
5.5						
6.0						
6.5						
7.0						
7.5						
8.0						
8.5						
9.0						

表 5-10-7　太阳能电池直接带负载实验

并联超级电容前太阳能电池输出情况			并联超级电容后太阳能电池输出情况		
电压 U_1/V	电流 I_1/mA	功率 P_1/mW	电压 U_2/V	电流 I_2/mA	功率 P_2/mW

表 5-10-8　加 DC-DC 匹配电源电压与负载电压实验

加 DC-DC 前负载获得功率			加 DC-DC 后负载获得功率		
电压 U_1/V	电流 I_1/mA	功率 P_1/mW	电压 U_2/V	电流 I_2/mA	功率 P_2/mW

表 5-10-9　交流负载时太阳能电池输出与总输出

逆变器输入直流电压/V	逆变器输出交流电压/V	逆变器输出波形

[数据处理]

根据所测量的实验数据和实验步骤中的要求,分别处理实验数据.

[分析与讨论]

(1)讨论太阳能电池的暗伏安特性与一般二极管的伏安特性有何异同.

(2)在实验步骤 4 的光照条件下,该太阳能电池最大输出功率多少?最大功率点对应的输出电压和电流是多少?

实验 5.11　激光全息照相

全息照相,就是利用干涉方法将自物体发出光的振幅和相位信息同时完全地记录在感光材料上,所得的光干涉图样在经光化学处理后就成为全息图,用所需要的光照明此全息图,就能使原先记录的物体光波的波前重现.这是 20 世纪 60 年代发展起来的一种新的照相技术,是激光的一种重要的应用.

[**实验目的**]

(1) 学习和掌握全息照相的基本原理;

(2) 能熟练地拍三维全息图;

(3) 了解全息图的基本性质、观察并总结全息照相的特点.

[**仪器设备**]

He-Ne 激光器、全息光路一套、曝光定时器、全息干板、暗室设备等.

[**实验原理**]

普通照相是把从物体表面上各点发出的光(反射光或散射光)的强弱变化经物镜成像,并记录在感光底片上,这只记录了物光波的光强(振幅)信息,而失去了描述光波的另一个重要因素——相位信息,于是在照相底片上能显示的只是物体的二维平面像.全息照相则不仅可以把物光波的强度分布信息记录在感光底片上,而且可以把物波光的相位分布信息记录下来,即把物体的全部光学信息完全地记录下来,然后通过一定方法重现原始物光波即再现三维物体的原像.这就是全息照相的基本原则,由三维物体所构成的全息图能够再现三维物体的原像.

全息照相(图 5-11-1)的基本原理是利用相干性好的参考光束 R 和物光束 O 的干涉和衍射,将物光波的振幅和相位信息"冻结"在感光底片上,即以干涉条纹的形式记录下来.在底片上所记录的干涉图样的微观细节与发自物体上各点的光束对应,不同的物光束(物体)将产生不同的干涉图样.因此全息图上只有密密麻麻的干涉条纹,相当于一块复杂的光栅,当用与记录时的参考光完全相同的光以同样的角度照射全息图

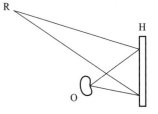

图 5-11-1　全息图记录

时,就能在这"光栅"的衍射光波中得到原来的物光波,被"冻结"在全息片的物光波就能"复活",通过全息图片就能看见一个逼真的虚像在原来放置物体的地方(尽管原物体已不存在),这就是全息图的物光波前再现.

全息照相分两步,第一步是波前记录.设 Oxy 平面为全息干板记录平面,底片上一点 (x,y) 处物光束 O 和参考光束 R 的复振幅分布分别为 $O_0(x,y)$ 和 $R_0(x,y)$:

$$O(x,y) = O_0(x,y)\exp[j\varphi_0(x,y)]$$
$$R(x,y) = R_0(x,y)\exp[j\varphi_R(x,y)] \tag{5-11-1}$$

由于它们是相干光束,所以物光和参考光在底片上相干叠加后的光强分布为

$$I(x,y) = |O(x,y) + R(x,y)|^2$$
$$= |O(x,y)|^2 + |R(x,y)|^2 + \tag{5-11-2}$$
$$O(x,y)R^*(x,y) + O^*(x,y)R(x,y)$$

若全息干板的曝光和冲洗都控制在振幅透过率 t 随曝光量 $E[E = (\text{光强}) \times (\text{曝光时间})]$ 变化曲线的线性部分,则全息干板的透射系数 $t(x,y)$ 与光强 $I(x,y)$ 呈线性关系,即

$$t(x,y) = t_o + \beta I(x,y) \tag{5-11-3}$$

其中,t_o 为底片的灰雾度,β 为比例常量,对于负片有 $\beta < 0$,这就是全息图的记录过程.

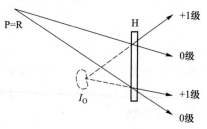

图 5-11-2　全息图虚像的观察

第二步是波前再现. 若用光波 P 照明全息图,在全息图 (x,y) 点处该光波的复振幅为 $P_o(x,y)$,于是该光波用下式表示:

$$P(x,y) = P_o(x,y)\exp[j\varphi_c(x,y)] \tag{5-11-4}$$

则透过全息图的光波在 Oxy 平面上的复振幅分布为

$$D(x,y) = P(x,y)t(x,y) = t_o P(x,y) + \beta P(x,y)I(x,y)$$
$$= t_o P(x,y) + \beta P(x,y)[|O(x,y)|^2 + |R(x,y)|^2] + \tag{5-11-5}$$
$$\beta P(x,y)O(x,y)R^*(x,y) +$$
$$\beta P(x,y)O^*(x,y)R(x,y)$$

式中,第一、第二项代表的是强度衰减了的照明光 P 的直接透射光,亦称零级衍射光. 第三项中,当取照明光和参考光相同时,即 $P(x,y) = R(x,y)$,则再现光波为

$$D_3(x,y) = \beta O_o R_o^2 \exp[j\varphi_0(x,y)] \tag{5-11-6}$$

$R_o^2(x,y) = $ 实常量. 因此,这一项正比于 $O(x,y)$,即除振幅大小改变外,具有原始物光波的一切特性,波前发射形成物体(在原来位置上)的虚像,如用眼睛接收到这样的光波,就会看到原来的"物"——原始像. 当照明光与参考光的共轭相同时,即 $P(x,y) = R^*(x,y)$,第四项有与原始物共轭的相位:

$$D_4(x,y) = \beta O_o R_o^2 \exp[-j\varphi_0(x,y)] \tag{5-11-7}$$

这意味着这一项代表一个实像,它不在原来的方向上而是有偏移,称之为"共轭实像". 通常把原始像的衍射光波称为 +1 级衍射波,把形成其共轭像的光波称为 -1 级衍射波(图 5-11-3).

全息照相的基本条件是:

(1)参考光束和物光束必须是相干光(因此需用激光来作为照相光源,且一般使物光光程与参考光光程相当).

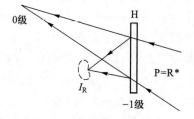

图 5-11-3　全息图实像的观察

(2)记录介质(底片的感光乳胶)要有足够的分辨率和对所使用的激光波长有足够的感光灵敏度. 记录介质的分辨率通常以每毫米能分辨明暗相间的条纹数来表示. 如果全息底片对于物光和参考光的照射方向是对称放置,则干涉条纹的间距公式为

$$d = \frac{\lambda}{2\sin\dfrac{\theta}{2}} \tag{5-11-8}$$

式中,θ 为物光和参考光之间的夹角,可见,夹角 θ 越大,干涉条纹的间距越小,条纹越密,这就要求底片具有较高的分辨率[通常全息记录介质的分辨率>1 000 lp/mm(线/毫米)].

(3) 光学系统必须有足够的机械稳定性,由于全息底片上记录的是精细的干涉条纹,在记录过程中若受到某种干扰(如地面的震动、光学零件支架的自振和变形、空气的紊流等),则将引起干涉条纹的混乱和叠加,导致衍射像亮度下降,甚至完全看不到像.因此,在曝光时间内干涉条纹的移动不得超过条纹间距的 1/4,需要把整个拍摄系统安装在有效的防震台上.

(4) 在全息底片的光谱灵敏范围内应设法增加激光的输出功率,以便缩短曝光时间,以减少外界因素的影响.

全息照相的基本方法是把从激光器发出的单束相干光分为两束,一束照明物体,另一束作为参考光束,并将光束扩展到具有一定的截面.参考光束一般为未调制的球面波或平面波,参考光束的取向应使它能与物体反射(或散射)的物光束相交,在两束光重叠的区域内形成由干涉图样构成的光强分布,当感光介质放在重叠区域内,就会因曝光产生光化学变化,经适当的处理后,这些变化转变为介质的光透射率的变化,就成了全息图.

[实验内容与步骤]

(1) 布置好光路,如图 5-11-4 所示,分束镜 BS 将激光分成两路,一路为参考光束 R,经 M_1 反射、D_1 扩束后照到全息干板上,另一路为物光束,经 M_2 反射、D_2 扩束后照射到物体上,物体的散射光物光 O 照射到全息干板 H 上,与参考光发生干涉,形成干涉条纹.物光束和参考光束的夹角在 45° 左右,光强比在 1:4 或 1:5,光程相等,并要注意抑制物体的镜面反射,以提高拍摄全息图的质量.

(2) 将全息干板放置在底片架上,乳胶面应朝向被拍摄物体,待整个系统稳定(即在所有元件就绪后,一般需要 3~5 min 的"静台")后再进行曝光,曝光时间视物光的强弱而定.

(3) 全息干板按常规感光底片显影定影冲洗处理,为了增加衍射效率,提高再现像的亮度,通常把定影后的全息图进行漂白处理,使之成为相位全息图.

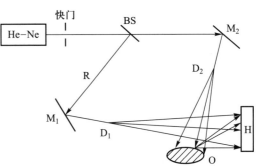

图 5-11-4　全息图拍摄实验光路

(4) 全息图的重现.将拍摄好的全息图放回原先的底片架上,遮住物光束和被摄物体,用参考光束照明全息图(其乳胶面仍须朝向原物体),通过全息图就可看到一个虚像,像呈现在原物所在的位置上,就如通过一扇窗来观察外面的物体,不论从窗(全息图)的哪个角落往外看都能看到整个物体,随着观察位置的改变,再现像的透视面也随着变化,景物上远近物体的视差是明显的(如图 5-11-2 所示).由于全息图的每一部分都含有原物体所有的信息,所以当用激光束照明全息图的不同部分(或破碎全息图的任一小部分)时都仍然可以看到完整的再现像.不过,全息图的每一部分将再现出物体的稍微不同的透视图,随着所用全息图面积的减小,像的分辨率会下降,因为分辨本领与成像系统的孔径大小有关. 前后移动全息图(即选用不同曲率半径的球面波照明)可观察到虚像的放大和缩小的变化. 将全息图面(绕垂直轴)反转 180°并将照明光变成与参考光共轭的会聚球面光波的同频率激光,就可在原来的物体的方位上得到物体的实像(图 5-11-3). 由于光是向着实像会聚,所以可用毛玻璃来接收观察,也可直接用感光底片或光探测器检测.

[注意事项]

(1)不准移动激光器;

(2)做实验时,尤其要注意眼睛不要对准光线出射方向,而且尽量不要让激光或其反射光线长时间直射人体;

(3)拍摄前,实验室的门窗要关严,拉上窗帘,关灯,且要静台 1 min,不能大声讲话;拍摄过程中,不能碰工作台;

(4)出去冲洗底片时,要等到没有同学拍摄才可以出去;

(5)实验完毕,仪器归位,经老师检查方可离开;

[数据处理]

(1)记录观测到的现象,分析拍摄成功与失败的原因.

(2)将观察图像较清晰的角度范围列入报告中,并分析原因.

[分析与讨论]

(1)能否在一张全息干板上一次记录几个物体,为什么?

(2)三维全息底片打碎后,碎的小块全息片能否再观察?

实验 5.12　音频信号光纤传输实验

所谓光纤传输,就是用激光做载波,光纤为传输介质的信号传输.它主要由光信号发送器、传输光纤、光信号接收器三部分组成.光纤自 20 世纪 60 年代问世以来,其在远距离信息传输方面的应用得到了突飞猛进的发展,以光纤作为信息传输介质的"光纤通信"已成为各种信息网的主要传输方式.

[实验目的]

(1) 熟悉半导体电光/光电器件的基本性能及主要特性的测试方法;

(2) 了解音频信号光纤传输系统的结构及选配各主要部件的原则;

(3) 掌握半导体电光/光电器件在音频信号光纤传输系统中的应用技术;

(4) 训练音频信号光纤传输系统的调试技术.

[仪器设备]

光纤传输及光电技术综合实验仪、数字万用表.

[实验原理]

1. 系统的组成

图 5-12-1 是音频信号光纤传输实验系统的结构原理图,它主要包括由 LED 及其调制、驱动电路组成的光信号发送器,传输光纤和由光电转换、I–V 变换电路及功放电路组成的光信号接收器三个部分.音频信号经过放大电路传到 LED 调制电路,W2 调节工作(偏置)电流,音频电流调制此工作电流,并经 LED 转换成音频调制的光信号,经光纤传至光电二极管 SPD,再复原成原始音频电流信号,经由 I–V 变换电路转换成电压信号,最后通过功放电路输出声音功率信号,推动扬声器发出声音,这样就完成了音频信号通过光纤的传输过程.

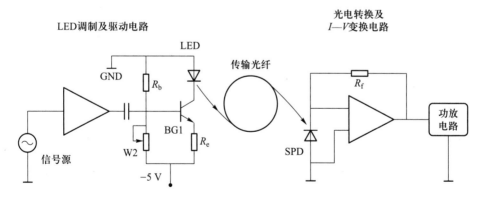

图 5-12-1　音频信号光纤传输实验系统原理图

2. 光纤的结构及传光原理

光纤是由石英玻璃拉制而成的高透明玻璃丝,截面通常是圆柱形,它把以光出现的电磁波能量利用全反射的原理约束在其界面内,并引导光波沿着光纤轴线的方向传播.光纤基本上由三部分组成:折射率略高的纤芯、折射率略低的包层和表面涂层(见图 5-12-2).

衡量光导纤维性能好坏有两个重要指标:一是看它传输信息的距离有多远,二是看它携带信息的容量有多大,前者取决于光纤的损耗特性,后者取决于光纤的脉冲响应或基带频率特性.经过人们对光纤材料的提纯,目前已使光纤的损耗做到 1 dB/km 以下.光纤的损耗与工作波长有关,所以在工作波长的选用上,应尽量选用低损耗的工作波长.光纤的脉冲响应或它的基带频率特性又主要取决于光纤的模式性质.光纤按其模式性质通常可以分成两大类:(1) 单模光纤,

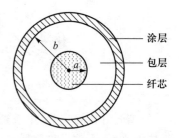

图 5-12-2　光纤的横截面示意图

(2) 多模光纤.无论单模光纤或多模光纤,其结构均由纤芯、包层和涂层三部分组成.纤芯的折射率比包层折射率大,对于单模光纤,纤芯直径只有 5~10 μm,在一定条件下,只允许一种电磁场形态的光波在纤芯内传播,多模光纤的纤芯直径为 50 μm 或 62.5 μm,允许多种电磁场形态的光波传播.以上两种光纤的包层直径均为 125 μm.按其折射率沿光纤截面的径向分布状况,光纤又分成阶跃型和渐变型两种,对于阶跃型光纤,在纤芯和包层中折射率均为常量,但纤芯折射率 n_1 略大于包层折射率 n_2.所以对于阶跃型多模光纤,可用几何光学的全反射理论来解释它的导光原理.在渐变型光纤中,纤芯折射率随离开光纤轴线距离的增加而逐渐减小,直到在纤芯-包层界面处减到某一值后,在包层的范围内折射率保持不变.本实验采用阶跃型多模光纤作为信道,现应用几何光学理论进一步说明这种光纤的传导原理.当光束投射到光纤端面时,进入光纤内部的光线,入射面包含光纤轴线的称为子午射线,这类射线在光纤内部的行径,是一条与光纤轴线相交、呈"Z"字形前进的平面折线.若耦合到光纤内部的光射线在光纤入射端面处的入射面不包含光纤轴线,则称之为偏射线,偏射线在光纤内部不与光纤轴线相交,其行径是一条空间折线.以下对子午射线的传播特性进行分析.

如图 5-12-3 所示,假设光纤端面与其轴线垂直,如前所述,若一光线射到光纤入射端面时的入射面包含了光纤的轴线,则这条射线在光纤内就会按子午射线的方式传播.根据斯涅耳定律及图 5-12-3 所示的几何关系有

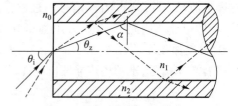

图 5-12-3　子午传导射线和漏射线

$$n_0 \sin \theta_i = n_1 \sin \theta_z \left(\text{其中 } \theta_z = \frac{\pi}{2} - \alpha\right) \tag{5-12-1}$$

$$n_0 \sin \theta_i = n_1 \cos \alpha \tag{5-12-2}$$

其中,n_0 是光纤入射端面左侧介质的折射率.通常,光纤端面处在空气介质中,故 $n_0 = 1$.由式 (5-12-2) 可知,如果所论光线在光纤端面处的入射角 θ_i 较小,则它折射到光纤内部后投射到纤芯-包层界面处的入射角 α 有可能大于由纤芯和包层材料的折射率 n_1 和 n_2 按下式决定的临界角 α_c:

$$\alpha_c = \arcsin(n_2 / n_1) \tag{5-12-3}$$

在此情形下,光线在纤芯-包层界面处发生全内反射.该射线所携带的光能就被局限在纤芯内部而不外溢,满足这一条件的射线称为传导射线.随着图 5-12-3 中入射角 θ_i 的增加,α 角就会逐渐减小,直到 $\alpha = \alpha_c$ 时,子午射线携带的光能均可被局限在纤芯内.在此之后,若继续增加 θ_i,则 α 角就会变得小于 α_c,这时子午射线在纤芯-包层界面处的全内反射

条件受到破坏,致使光射线在纤芯-包层界面的每次反射均有部分能量溢出纤芯外,于是,光导纤维再也不能把光能有效地约束在纤芯内部,这类射线称为漏射线.

设与 $\alpha = \alpha_C$ 对应的 θ_i 为 θ_{imax},由上所述,以 θ_{imax} 为张角的锥体内入射的子午线投射到光纤端面上,均能被光纤有效地接收而约束在纤芯内.根据式(5-12-2)有

$$n_0 \sin \theta_{imax} = n_1 \cos \alpha_C$$

其中,n_0 表示光纤入射端面空气一侧的折射率,其值为 1,故

$$\sin \theta_{imax} = n_1 (1 - \sin^2 \alpha_C)^{1/2} = (n_1^2 - n_2^2)^{1/2}$$

通常把 $\sin \theta_{imax} = (n_1^2 - n_2^2)^{1/2}$ 定义为光纤的理论数值孔径(Numerical Aperture),用英文字符 NA 表示,即

$$\text{NA} = \sin \theta_{imax} = (n_1^2 - n_2^2)^{1/2} = n_1 (2\Delta)^{1/2} \tag{5-12-4}$$

它是一个表征光纤对子午射线捕获能力的参量,其值只与纤芯和包层的折射率 n_1 和 n_2 有关,与光纤的半径无关.在式(5-12-4)中,

$$\Delta = (n_1^2 - n_2^2)/2n_1^2 \approx (n_1 - n_2)/n_1$$

称为纤芯和包层之间的相对折射率差,Δ 越大,光纤的理论数值孔径 NA 越大,表明光纤对子午线捕获的能力越强,即由光源发出的光功率更易于耦合到光纤的纤芯内,这对于作传光用途的光纤来说是有利的,但对于通信用的光纤,数值孔径越大,模式色散也相应增加,这不利于传输容量的提高.对于通信用的多模光纤,Δ 的值一般限制在 1% 左右.由于常用石英多模光纤的纤芯折射率 n_1 的值处于 1.50 附近的范围内,故理论数值孔径的值在 0.21 左右.

3. 半导体发光二极管的结构、工作原理、特性及调制、驱动电路

光纤传输系统中常用的半导体发光二极管是一个如图 5-12-4 所示的 n-p-p 三层结构的半导体器件,中间层通常由 GaAs(砷化镓)p 型半导体材料组成,称有源层,其带隙宽度较窄,两侧分别由 GaAlAs 的 n 型和 p 型半导体材料组成,与有源层相比,它们都具有较宽的带隙.具有不同带隙宽度的两种半导体单晶之间的结构称为异质结.在图 5-12-4 中,有源层与左侧的 n 层之间形成的是 p-n 异质结,而与右侧 p 层之间形

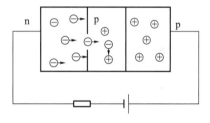

图 5-12-4　半导体发光二极管工作原理

成的是 p-p 异质结,故这种结构又称 n-p-p 双异质结构,简称 DH 结构.当给这种结构加上正向偏压时,就能使 n 层向有源层注入导电电子,这些导电电子进入有源层后,因受到右边 p-p 异质结的阻挡作用不能再进入右侧的 p 层,它们只能被限制在有源层与空穴复合,导电电子在有源层与空穴复合的过程中,其中有不少电子要释放出能量满足以下关系的光子:

$$h\nu = E_1 - E_2 = E_g \tag{5-12-5}$$

其中,h 是普郎克常量,ν 是光波的频率,E_1 是有源层内导电电子的能量,E_2 是导电电子与空穴复合后处于价健束缚状态时的能量.

本实验采用的 HFBR-1424 型半导体发光二极管的正向伏安特性如图 5-12-5 所示,在正向电压大于 1 V 以后,二极管才开始导通,在正常使用的情况下,正向压降为 1.5 V 左右.半导体发光二极管输出的光功率与其驱动电流的关系称为 LED 的电光特性,如图 5-12-6 所示.

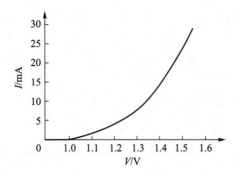

图 5-12-5 HFRB-1424 型 LED 的正向伏安特性

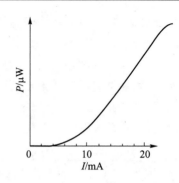

图 5-12-6 HFRB-1424 型 LED 的电光特性

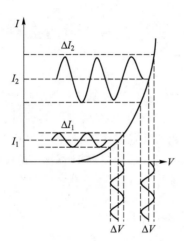
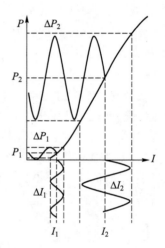

图 5-12-7 LED 工作点的正确选择

光纤通信系统中使用的 LED 的光功率经被称为尾纤的光导纤维输出,出纤光功率与 LED 驱动电流的关系称为电光特性. 实验系统无非线性失真的最大光信号与 LED 偏置电流有关. 为了使传输系统的发送端能够产生一个无非线性失真、而峰-峰值又最大的光信号,使用时应先给 LED 一个适当的偏置电流 I,其值等于这一特性曲线线性部分中点对应的电流值,而调制信号的峰-峰值应位于电光特性的直线范围内. 图 5-12-7 表明了实验系统在同一调制幅度但 LED 偏置电流不同的情况下,电光转换后所得到的光信号幅度也不同.

音频信号光纤传输系统发送端 LED 的驱动和调制电路如图 5-12-8 所示,以 BG1 为主构成的电路是 LED 的驱动电路,调节这一电路中的 W2 可使 LED 的偏置电流在 0~20 mA 的范围内变化. 被传音频信号由 IC1 为主构成的音频放大电路放大后经电容器 C4 耦合到 BG1 基极,对 LED 的工作电流进行调制,从而使 LED 发送出光强随音频信号变化的光信号,并经光导纤维把这一信号传至接收端.

4. 半导体光电二极管的结构、工作原理及特性

半导体光电二极管与普通的半导体二极管一样,都具有一个 pn 结,光电二极管在外形结构方面有它自身特点,这主要表现在光电二极管的管壳上有一个能让光射入其光敏区的窗口,此外与普通二极管不同的是,它经常工作在反向偏置电压状态[图 5-12-9(a)]或无偏压状态[图 5-12-9(b)](光电二极管的偏置电压是指无光照时二极管两端所承受的电

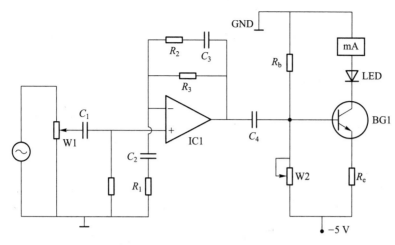

图 5-12-8　LED 的调制和驱动电路

压).在反偏电压下,pn 结的空间电荷区的势垒增高、宽度加大、结电阻增加、结电容减小,所有这些均有利于提高光电二极管的高频响应性能.无光照时,反向偏置的 pn 结只有很小的反向漏电流,称为暗电流.当光子能量大于 pn 结半导体材料的带隙宽度 E_g 的光波照射到光电二极管的管芯时,pn 结各区域中的价电子吸收光能后将挣脱价键的束缚而成为自由电子,与此同时也产生一个空穴,这些由光照产生的自由电子-空穴对统称为光生载流子.在远离空间电荷区(亦称耗尽区)的 p 区和 n 区内,电场强度很弱,光生载流子只有扩散运动,它们在向空间电荷区扩散的途中因复合而消失,故不能形成光电流.形成光电流主要靠空间电荷区的光生载流子,因为在空间电荷区内电场很强,在此强电场作用下,光生自由电子-空穴对将以很高的速度分别向 n 区和 p 区运动,并很快越过这些区域到达电极沿外电路闭合形成光电流,光电流的方向是从二极管的负极流向它的正极,并且在无偏压短路的情况下与入射的光功率成正比,因此在光电二极管的 pn 结中,增加空间电荷区的宽度对提高光电转换效率有着很大作用.若在 pn 结的 p 区和 n 区之间再加一层杂质浓度很低以致可近似为本征半导体(用 i 表示)的 i 层,就形成了具有 p-i-n 三层结构的半导体光电二极管,简称 PIN 光电二极管,PIN 光电二极管的 pn 结除具有较宽空间电荷区外,还具有很大的结电阻和很小的结电容,这些特点使 PIN 光电二极管在光电转换效率和高频响应特性方面与普通光电二极管相比均得到了很大改善.

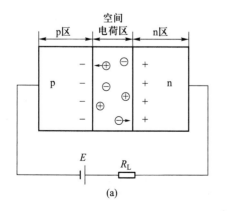

(a)

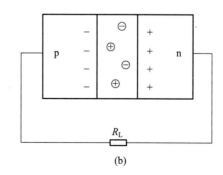

(b)

图 5-12-9　光电二极管的结构及工作方式

5. 光信号接收器

图 5-12-10 是光信号接收器电路原理图,其中 SPD 是峰值响应波长与发射端 LED 光源发光中心波长很接近的硅光电二极管,它对峰值波长的响应度为 0.25~0.5 μA/μW. 响应度是描述光电检测器光电转换能力的一种物理量,定义为:$R = \dfrac{\Delta I_0}{\Delta P_0}$,其中:$I_0$ 为光电检测器的平均输出电流;P_0 为光电检测器的平均输入功率. 光信号接收器由光电转换器和集成音频功放电路组成. 光电转换器由峰值响应波长与发射端 LED 的发光中心波长很接近的硅光电二极管(SPD)和运算放大器组成. SPD 的任务是把传输光纤出射端输出的光信号的光功率转变为与之成正比的光电流 I_0,然后经 IC1 组成的 I-V 转换电路转换成电压 V_0 输出,然后经功放电路放大后还原成音频信号.

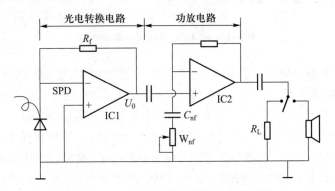

图 5-12-10　光信号接收器的电路原理图

V_0 和 I_0 之间具有以下比例关系:

$$V_0 = R_f I_0$$

图中以 IC2 为主构成一个集成音频功放电路,该电路的电阻元件均集成在芯片内部,只要调节外接的电位器 W_{nf} 就可改变功放电路的电压增益.

[实验内容与步骤]

光纤传输及光电技术综合实验仪的面板如图 5-12-11 所示.

在图 5-12-11 的上半部分中:

S1—电源开关;　D1—直流毫安表,0~200 mA;　D2—直流电压表,0~20 V;　S2—直流电压表切换开关,向左电压表接至 LED,向右接至 SPD;C6—正弦信号源输出插孔;L8—时钟信号源.

在光源器件的模拟信号调制及驱动电路模块中:C1—模拟调制信号输入插孔;C2—LED 插孔;W1—模拟调制信号衰减调节旋钮;W2—LED 偏置电流调节旋钮;L1—LED 电流波形监测孔.

在模拟信号的光电转换及 I-V 变换电路模块中:C3— SPD 插孔;W3—SPD 反压调节旋钮;L2、L3—I-V 变换电路输出及 R_f 测试插孔.

1. LED 伏安特性和电光特性的测定

(1)连线. 用两端带拾音插头的电缆线把 LED 接入模拟信号调制及驱动电路(一端插入仪器前面板的 C2 插孔,另一端插入光纤信道绕纤盘上的 LED 插孔);把光电检测器件

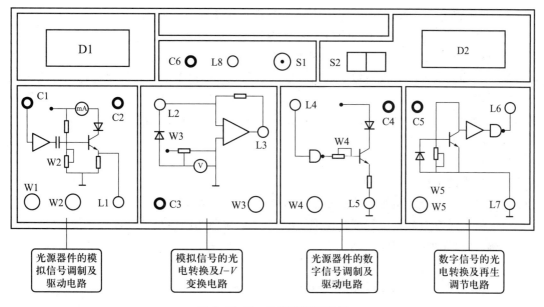

光源器件的模拟信号调制及驱动电路

模拟信号的光电转换及 I-V 变换电路

光源器件的数字信号调制及驱动电路

数字信号的光电转换及再生调节电路

图 5-12-11 主机前面板布局

(SPD)的插头插入仪器前面板的 I-V 变换电路中的 C3 插孔,SPD 带光敏面的另一端插入光纤信道绕纤盘光纤输出端的圆筒形插孔中.

(2) LED 伏安特性测定. 把仪器主机前面板开关 S2 拨到左侧,调节 W2 旋钮,使 D2 指示的 LED 电压值从 1.2 V 开始由小到大改变,每增加 30 mV 记下 D1 所指示的 LED 电流值,直到 D2 指示的 LED 电压值为 1.5 V.

(3) LED 电光特性测定. 在以上连线的基础上,把 SPD 插入主机前面板 C3 插孔的电缆插头改插到光功率计的插孔中,在 LED 电流为零的情况下,调节光功率计的零点. 然后,调节主机前面板 W2 使 D1 指示的 LED 工作电流从零改变,每增加 2 mA 记录一次光功率计的示值,直到 LED 电流为 20·mA.

观察光功率计的读数,在保持 LED 偏置电流不变的情况下,将光电探头绕同轴插孔轴线方向适当转动,直到光功率计读数最大,在以后的实验中要注意保持光电探头在这一位置不变.

2. SPD 反向伏安特性的测定

(1) 连线. 在以上连线的基础上,把主机前面板直流电压表切换开关 S2 掷向右边;用数字万用表测量并记录下 I-V 变换电路插孔 L2 和 L3 之间 R_{f} 的电阻值(大约为 10 kΩ),然后选择数字万用表的 0~200 mV 挡接至 I-V 变换电路的输出端 L3 插孔和接地端 L5 插孔.

(2) 调节光功率计的零点. 在 LED 电流为零的情况下,调节光功率计的零点.

(3) 记录 I-V 变换电路的零点. 在 SPD 零光照和零偏压的情况下,I-V 变换电路输出端的读数,从理论上讲应为零. 若不为零(这是由组成 I-V 变换的运放电路零点偏移所致),记下其读数作为零点.

(4) SPD 反向伏安特性的测定. 在 SPD 入照光功率为 0 μW、5 μW、10 μW、15 μW、20 μW 和 25 μW 的六种情况下,分别把 SPD 电缆插头插入主机前面板 C3 插孔,然后调节主机前面板上的 W3 旋钮使 SPD 所承受的反压从 0 开始逐渐增大,每增加 1 V 记录一次数字万用表的读数. 根据以上实验数据和 R_f 阻值绘制 SPD 的反向伏安特性曲线.

3. 语音信号光纤传输系统最佳工作点的选择

把音箱接入主机后面板的"音箱"插孔 C2 中, 并把后面板的开关 S1 切换到"模拟"侧. 语音信号源接入主机前面板模拟调制信号输入插孔 C1. 根据以上实验数据选择语音信号光纤传输系统的最佳工作点, 实验时可适当调节 W2, 即调节 LED 偏置电流, 调节主机前面板的 W1 旋钮, 即调节输入信号幅度, 进行语音信号光纤传输实验, 考察实验系统的音响效果.

[注意事项]

(1) 调节旋钮 W1 和 W2 在实验前(开机之前)和实验后都要逆时针旋转到最小, 防止开机时有较大的电流损坏 LED;

(2) LED 上的直流偏置电流要小于 20 mA, 否则会烧坏 LED;

(3) 实验过程中如果出现截止或饱和削波失真, 说明调制信号幅度过大, 要适当减小调制信号幅度, 以保证不失真.

[数据记录表格]

(1) LED 伏安特性测定参见表 5-12-1.

表 5-12-1 LED 伏安特性

电压/V	1.20	1.23	1.26	1.29	1.32	……	1.50
电流/mA							

(2) LED 的电光特性测定参见表 5-12-2.

表 5-12-2 LED 的电光特性

电流/mA	0	2	4	6	8	……	20
光功率/μW							

(3) SPD 反向伏安特性的测定参见表 5-12-3.

$R_f =$　　　　　　　　　表 5-12-3 SPD 反向伏安特性

反向电压/V	0	-1	-2	-3	-4	-5	-6	-7	-8
V_0/mV									
$I_0(= V_0/R_f)$/μA									

[数据处理]

(1) 根据测定的 LED 正向伏安特性数据, 作出 LED 的正向伏安特性曲线.

(2) 根据测定的 LED 电光特性数据, 作出 LED 的电光特性曲线.

(3) 根据测定的 SPD 在不同入照光功率情况下反向伏安特性数据, 作出 SPD 反向伏安特性曲线.

[复习题]

(1) 什么是光纤及其分类? 单模光纤和多模光纤的结构特点是什么?

(2) 音频信号光纤传输系统由哪三部分组成?

(3) 简述音频信号通过光纤的传输过程.

[**分析与讨论**]

（1）利用 SPD、I-V 变换电路和数字电流表，设计光功率计.

（2）在偏置电流一定的情况下，当调制信号幅度较小时，指示 LED 偏置电流的电流表读数与调制信号幅度无关，当调制信号增加到某一幅度后，电流表读数将随着调制信号的幅度而变化，为什么？

实验 5.13　用光拍法测量光速

光在真空中的传播速度是一个重要的基本物理常量,许多重要的物理概念和物理量都与它有密切的关系.光速测量作为一种热点技术,其发展研究代表了近代物理学、电子学等学科的发展水平.光拍法测光速是一种通过测量光拍频的速度进而间接测量光速的方法.

[**实验目的**]

(1) 理解光拍频的概念;

(2) 掌握光拍法测光速的技术要点.

[**仪器设备**]

LM2000C 光速测量仪.

[**实验原理**]

1. 光拍的产生和传播

根据振动叠加原理,频差较小、速度相同的两同向传播的简谐波相叠加即形成拍.考虑频率分别为 f_1 和 f_2(频差 $\Delta f = f_1 - f_2$ 较小)的光束(为简化讨论,我们假定它们具有相同的振幅):

$$E_1 = E\cos(\omega_1 t - K_1 x + \varphi_1)$$
$$E_2 = E\cos(\omega_2 t - K_2 x + \varphi_2)$$

它们的叠加:

$$E_s = E_1 + E_2 = 2E\cos\left[\frac{\omega_1 - \omega_2}{2}\left(t - \frac{x}{c}\right) + \frac{\varphi_1 - \varphi_2}{2}\right] \times \cos\left[\frac{\omega_1 + \omega_2}{2}\left(t - \frac{x}{c}\right) + \frac{\varphi_1 + \varphi_2}{2}\right] \quad (5\text{-}13\text{-}1)$$

是角频率为 $\dfrac{\omega_1 + \omega_2}{2}$、振幅为 $2E\cos\left[\dfrac{\omega_1 + \omega_2}{2}\left(t - \dfrac{x}{c}\right) + \dfrac{\varphi_1 + \varphi_2}{2}\right]$ 的前进波.E_s 的振幅以频率 $\Delta f = \dfrac{\omega_1 + \omega_2}{2\pi}$ 周期地变化,所以我们称它为拍频波,Δf 就是拍频,如图 5-13-1 所示.

实验用光电检测器接收这个拍频波.因为光电检测器的光敏面上光照反应所产生的光电流系光强(即电场强度的平方)所引起,故光电流为

$$i_o = gE_s^2 \quad (5\text{-}13\text{-}2)$$

其中,g 为接收器的光电转换常量.把式(5-13-1)代入式(5-13-2),同时我们注意到:由于光频甚高($f_o > 10^{14}$ Hz),光敏面来不及反映频率如此之高的

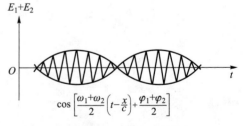

图 5-13-1　光拍频的形

光强变化,迄今仅能反映频率 10^8 Hz 左右的光强变化,并产生光电流;将 i_o 对时间积分,并取对光电检测器的响应时间 $t\left(\dfrac{1}{f_o} < t < \dfrac{1}{\Delta f}\right)$ 的平均值,积分中高频项为零,只留下常量项和缓变项,有

$$\bar{i_o} = \frac{1}{t}\int_t i \cdot d_t = gE^2\left\{1 + \cos\left[\Delta\omega\left(t - \frac{x}{c}\right) + \Delta\varphi\right]\right\} \quad (5\text{-}13\text{-}3)$$

其中,$\Delta\omega$ 是与 Δf 相应的角频率,$\Delta\varphi=\varphi_1-\varphi_2$ 为初相. 可见光电检测器输出的光电流包含有直流和光拍信号两种成分. 滤去直流成分,即可得频率为拍频 Δf、相位与初相和空间位置有关的输出光拍信号.

图 5-13-2 是光拍信号在某一时刻的空间分布,如果接收电路将直流成分滤掉,即可得纯粹的拍频信号在空间的分布. 这就是说处在不同空间位置的光电检测器,在同一时刻有不同相位的光电流输出. 这就提示我们可以用比较相位的方法间接地决定光速.

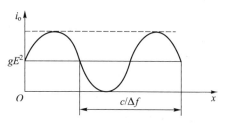

图 5-13-2　光拍的空间分布

事实上,由式(5-13-3)可知,光拍频的同相位诸点有如下关系:

$$\Delta\omega\frac{x}{c}=2n\pi \quad 或 \quad x=\frac{nc}{\Delta f} \tag{5-13-4}$$

其中,n 为整数,两相邻同相点的距离 $\Lambda=\dfrac{c}{nf}$ 相当于拍频波的波长. 测定了 Λ 和光拍频 Δf,即可确定光速 c.

2. 相拍二光束的获得

光拍频波要求相拍二束具有一定的频差. 使激光束产生固定频移的办法很多. 一种最常用的办法是使超声波与光波互相作用. 超声波(弹性波)在介质中传播,引起介质光折射率发生周期性变化,就成为一个相位光栅. 这就使入射的激光束发生了与声频有关的频移.

利用声光相互作用产生频移的方法有行波法和驻波法两种.

(1) 行波法. 在声光介质的与声源(压电换能器)相对的端面上敷以吸声材料,防止声反射,以保证只有声行波通过,如图 5-13-3 所示. 互相作用的结果是激光束产生对称多级衍射. 第 L 级衍射光的角频率为 $\omega_L=\omega_0+L\Omega$. 其中 ω_0 为入射光的角频率,Ω 为声角频率,衍射级 $L=\pm1,\pm2,\cdots$,如其中 +1 级行射光频为 $\omega_0+L\Omega$,衍射角为 $\alpha=\dfrac{\lambda}{\Lambda}$,$\lambda$ 和 Λ 分别为介质中的光波和声波波长. 通过光路调节,我们可使 +1 与零级两光束平行叠加,产生频差为 Ω 的光拍频波.

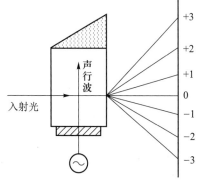

图 5-13-3　行波法

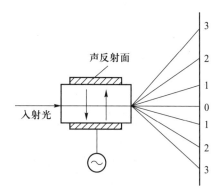

图 5-13-4　驻波

（2）驻波法. 如图 5-13-4 所示. 利用声波的反射,使介质中存在驻波声场(相应于介质传声的厚度为声波半波长的整数倍的情况). 它也产生 L 级对称衍射,而且衍射光比行波法时强得多(衍射效率高),第 L 级的衍射光频为

$$\omega_{lm} = \omega_0 + (L+2m)\Omega \tag{5-13-5}$$

其中 $L, m = 0, \pm1, \pm2, \cdots$,可见,在同一级衍射光束内含有许多不同频率的光波的叠加(当然强度不相同),因此不用光路调节就能获得拍频波. 例如选取第一级,由 $m=0$ 和 -1 的两种频率成分叠加得到拍频为 2Ω 的拍频波.

两种方法比较,显然驻波法更有优势,本实验采用驻波法.

[实验内容与步骤]

LM2000C 光速测量仪外形结构如图 5-13-5 所示.

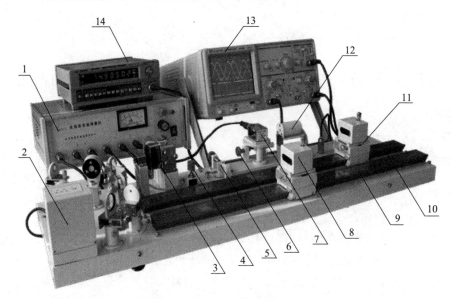

图 5-13-5　光速测量装置结构

1—电路控制箱;2—光电接收器;3—斩光器;4—斩光器转速控制旋钮;5—手调旋钮 1;
6—手调旋钮 2;7—声光器件;8—棱镜小车 B;9—导轨 B;10—导轨 A;11—棱镜小车 A;
12—半导体激光器;13—示波器;14—频率计

（1）预热. 电子仪器都有温飘问题,光速测量仪的声光功率源、晶振和频率计须预热半小时再进行测量. 在这期间可以进行线路连接、光路调整、示波器调整等工作. 因为由斩光器分出了内外两路光,所以在示波器上的曲线有些微抖,这是正常的.

（2）如图 5-13-6 所示,调节电路控制箱面板上的"频率"和"功率"旋钮,使示波器上的图形清晰、稳定(频率为 75±0.02 MHz,功率指示一般在满量程的 60%~100%).

（3）调节声光器件平台的手调旋钮 2,使激光器发出的光束垂直射入声光器件晶体,产生拉曼-奈斯衍射(可用一白屏置于声光器件的光出射端以观察拉曼-奈斯衍射现象),这时应明确观察到 0 级光和左右两个(以上)强度对称的衍射光斑,然后调节手调旋钮 1,使某个 1 级衍射光正好进入斩光器.

（4）内光路调节:调节光路上的平面反射镜,使内光路的光打在光电接收器入光孔的中心.

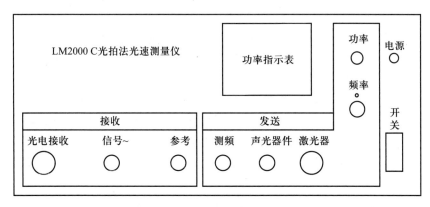

图 5-13-6　光速测量仪外面板

（5）外光路调节：在内光路调节完成的前提下，调节外光路上的平面反射镜，使棱镜小车 A/B 在整个导轨上来回移动时，外光路的光也始终保持在光电接收器入光孔的中心.

（6）反复进行步骤（4）和（5），直至示波器上的两条曲线清晰、稳定、幅值相等. 注意：调节斩光器的转速要适中. 过快，则示波器上两路波形会左右晃动；过慢，则示波器上两路波形会闪烁，引起眼睛观看的不适. 另外，各光学器件的光轴设定在平台表面上方 62.5 mm 的高度，调节时要注意保持才不致调节困难.

（7）开始测量. 正式记下频率计上的读数 f，在步骤（8）和（9）中应随时注意 f，若发生变化，应立即调节声光功率源面板上的“频率”旋钮，使 f 在整个实验过程中保持稳定.

（8）利用螺旋测微器将棱镜小车 A 定位于导轨 A 最左端某处（比如 5 mm 处），这个起始值记为 $D_a(0)$；同样，从导轨 B 最左端开始运动棱镜小车 B，当示波器上的两条正弦波完全重合时，记下棱镜小车 B 在导轨 B 上的读数，反复重合 5 次，取这 5 次的平均值，记为 $D_b(0)$.

（9）将棱镜小车 A 定位于导轨 A 右端某处（比如 535 mm 处，这是为了计算方便），这个值记为 $D_a(2\pi)$；将棱镜小车 B 向右移动，当示波器上的两条正弦波再次完全重合时，记下棱镜小车 B 在导轨 B 上的读数，反复重合 5 次，取这 5 次的平均值，记为 $D_b(2\pi)$.

（10）将上述各值记录于表 5-13-1 中，计算出光速 v.

表 5-13-1　光速测量数据

次数	$D_a(0)$	$D_a(2\pi)$	$D_b(0)$	$D_b(2\pi)$	f	$v = 2 \times f \times [\, 2 \times (D_b(2\pi) - D_b(0)) + 2 \times (D_a(2\pi) - D_a(0))\,]$	误差/（%）
1							
2							
3							

光在真空中的传播速度为 $2.997\ 924\ 58 \times 10^8$ m/s.

实验 5.14　利用超声光栅测定液体中的声速

1921 年,法国物理学家布里渊(L. Brillouin,1889—1969)曾预言,液体中的高频声波能使可见光产生衍射,1935 年拉曼(C. V. Laman 1888—1970)和奈斯(Nath)证实了布里渊的设想.

[实验目的]

(1) 学习测量声速的一种方法;

(2) 了解超声光栅的衍射原理;

(3) 熟悉仪器调整.

[仪器设备]

超声光栅仪(信号源、压电陶瓷片、水槽)、分光计、双面镜、测微目镜、钠灯(或汞灯).

[实验原理]

1. 仪器介绍

实验仪器如图 5-14-1 所示.其中超声光栅仪的数字显示高频功率信号源实际上是一个晶体管自激振荡器.压电陶瓷片与可变电容器并联构成 LC 振荡回路的电容部分,电感 L 是一个螺旋线圈,通过晶体管正反馈电路的作用,能够产生和维持等幅振荡.调整面板上的电容器可以改变振荡频率.

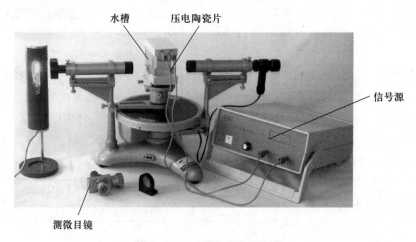

图 5-14-1　实验仪器结构图

超声光栅仪的核心元件是压电陶瓷片,它是一个重要的传感器,它能把电信号转换为振动信号.为便于理解,可把它内部的每一个分子简化为一个正负中心不重合的电偶极子.一旦给它强加一个外电场,受电场力偶的作用,电偶极矩 p 将沿电场强度方向顺排,如图 5-14-2 所示.从微观角度看,每个分子都顺排,在宏观上就表现为陶瓷片的外形尺寸发生变化.如果外电场大小、方向都发生周期性变化,则陶瓷片的厚度就时而伸张,时而收缩,即发生振动,振动在弹性介质中传播就形成波,一旦振动频率高于 20 000 Hz,这波就是超声波.

压电陶瓷片的这种特性被称为逆压电效应.

2. 衍射原理

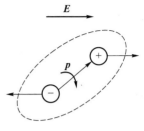

图 5-14-2　压电陶瓷片电场

众所周知,声波最显著的特征是它的波动性,它在盛有液体的玻璃槽中传播时,液体将被周期性压缩、膨胀,形成疏密波.声波在传播方向被垂直端面反射,它又会反向传播.当玻璃槽的宽度恰当时,入射波和反射波会叠加形成稳定的驻波,由于驻波的振幅是单一行波振幅的 2 倍,因而驻波加剧了液体的疏密变化程度,如图 5-14-3 所示.

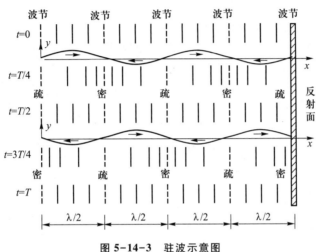

图 5-14-3　驻波示意图

描述声波有三个特征量:波长 λ,声速 u,频率 ν. 他们之间满足关系 $u = \lambda * \nu$. 一般我们事先知道声波频率 ν,因此求声速实际上是求波长 λ. 对于疏密波,波长 λ 等于相邻两密部的距离. 布里渊认为,一个受超声波扰动的液体很像一个左右摆动的平面光栅,它的密部就相当于平面光栅上的刻痕,不透光;疏部就相当于平面光栅上相邻两刻痕之间的透光部分,它就是一个液体光栅,或称超声光栅,超声波波长 λ 正是光栅常量 $(a+b)$.

由图 5-14-4 可知,平面光栅的左右摆动并不影响衍射条纹的位置,因为各级衍射条纹完全由光栅方程描述,是由光栅位置确定的. 因此,当平行光沿着垂直于超声波传播方向,通过受超声波扰动的液体时,必将发生衍射,并且可以通过测量衍射条纹的位置来确定超声波波长 λ,即

$$\lambda \sin \varphi = k\lambda' \quad (k = 0, \pm 1, \pm 2, \cdots) \tag{5-14-1}$$

其中,k 为衍射条纹的级次,φ 为 k 级条纹对应的衍射角,λ' 为入射平行光

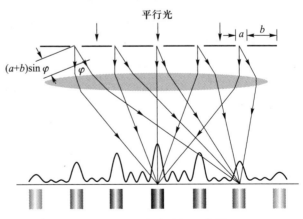

图 5-14-4　超声光栅示意图

波长.

当 φ 小于 5°时:

$$\lambda \approx k\lambda'/\tan\varphi = k\lambda'f/l_k = \lambda'f/l_1 = \lambda'f/\Delta l \tag{5-14-2}$$

其中,l_k 为 k 级条纹与 0 级条纹之间的距离,f 为透镜的焦距,Δl 为各级条纹的平均间隔.

从光栅方程不难看出,当增大超声波波长 λ 时,条纹间隔 Δl 必将减小,各级衍射条纹都向中心纹靠近,这就是所谓的声光效应,即通过直接控制声波波长或频率,间接控制光波的传播方向、强度和频率.

[实验内容与步骤]

(1)分光计调整.利用双面镜调整望远镜光轴与仪器中心轴垂直,并且让望远镜对平行光聚焦;调整平行光管光轴与望远镜光轴一致,并且让入射光经平行光管后变为平行光.

(2)按要求对水槽加注纯净水或其他液体.激发超声波,调整超声波频率,微调水槽上盖使水槽的反射面与压电陶瓷片平行,同时保证入射光与声波传播方向垂直,最终让超声波在水槽中共振,形成稳定的驻波,此时在望远镜中观察到的衍射谱线最多、最亮,且在视场中对称分布.记录超声波频率 ν.

(3)换上测微目镜.调整目镜焦距及位置,使视场中的准线、标尺和衍射谱线同时清晰.

(4)用测微目镜测出各级谱线的位置坐标,用逐差法求出谱线间的平均间隔.其中,分光计望远镜物镜的焦距 f= 170.09 mm,钠光波长 λ = 589.3 nm,汞灯紫光波长 λ = 435.8 nm,汞灯绿光波长 λ = 546.1 nm,汞灯黄光波长 λ = 578.0 nm.

(5)测量室温,对照标准值求出百分误差.(超声波在 25 ℃ 纯净水中的传播速度 u = 1 497 m/s. 如果水温低于 75 ℃,那么温度每上升 1 ℃,声速 u 增加 2.5 m/s).

[注意事项]

(1)压电陶瓷片不能在空气中激发超声波,它有可能被振裂.压电陶瓷片不可在液体中长期浸泡,否则有可能被腐蚀.

(2)超声光栅仪的高频信号源不可长时间使用,内部振荡线路过热可能影响实验.

(3)实验中不要碰触高频信号源与压电陶瓷片之间的连接导线,压电陶瓷片表面与水槽反射壁面之间的平行关系可能被破坏,进而影响水槽内部驻波的形成.

(4)避免测微目镜手轮的空程误差.

(5)考虑有效数字,数据处理应采用逐差法.

[数据记录表格]

实验测得的数据记录到表 5-14-1 中.

表 5-14-1　数据记录表

液体名称:　　　　　　　频率 ν:

位置/mm	x_{-3}	x_{-2}	x_{-1}	x_0	x_1	x_2	x_3
波长/nm							

[**分析与讨论**]

（1）如何保证平行光束垂直于声波的传播方向？

（2）如何解释衍射中央条纹与各级条纹之间的距离随高频信号源振荡频率的高低而增大和减小？

（3）驻波的相邻波腹或相邻波节之间的距离都为半个波长 $\lambda/2$，如何理解超声光栅的光栅常量等于波长 λ？

（4）比较平面光栅和超声光栅的异同.

实验 5.15　塞 曼 效 应

皮特尔·塞曼(Pieter Zeeman,1865—1943)是荷兰著名的实验物理学家,"塞曼效应"的发现者. 塞曼效应的发现是 19 世纪末 20 世纪初的几十年内实验物理学家最重要的成就之一,是继法拉第发现"法拉第效应"、克尔发现"克尔效应"之后成为至今已被发现的磁场对光影响的第三个例子. 这一发现使得人们对物质的光谱、原子和分子有了更多的理解.

在发现塞曼效应的整个过程中,塞曼和他的老师洛伦兹密切配合,共同奋斗,攻克了一个又一个的难关,他们合作研究的精神也成为光辉典范. 1902 年,塞曼和他的老师共同获得了诺贝尔物理学奖. 塞曼是一位精通多方面技术的实验物理学家,同时也是一位杰出的语言学家,他经常与研究生进行各方面的讨论,是一位超群的老师.

本实验用高分辨率的分光器件——法布里-珀罗(Fabry-Perot)标准具去观察 546.1 nm 汞绿线的塞曼效应,并用 CCD 摄像头捕捉图像,将图像输入监视器再用测微目镜测量谱线分裂的波长差,计算出电子荷质比 e/m 的值.

[实验目的]

(1) 掌握塞曼效应理论,学习观察塞曼效应的方法,测定电子的荷质比,确定能级的量子数和朗德因子,绘出跃迁的能级图;

(2) 了解磁场对光产生的影响,认识发光原子内部的运动状态及其量子化的特性,利用电脑软件进行分析测量,测定电子的荷质比;

(3) 掌握用法布里-珀罗(F-P)标准具观察和拍摄汞的 546.1 nm 谱线的塞曼分裂谱,以及用直读式望远镜对谱线进行测量,掌握利用塞曼分裂的裂矩,计算电子荷质比 e/m 的值;

(4) 掌握 F-P 标准具的原理及使用,了解 CCD 摄像器件在图像传感中的应用.

[仪器设备]

电源、透镜、电磁铁、偏振片、滤光片、F-P 标准具、导轨、计算机.

[实验原理]

1896 年塞曼发现将光源放在足够强的磁场中时,原来的一条谱线会分裂成几条谱线,分裂成的谱线是偏振的,分裂成的条数随跃迁前后能级的类别而不同. 人们称此现象为塞曼效应,塞曼效应的理论解释如下.

1. 原子的总磁矩和总角动量的关系

原子中的电子既作轨道运动也作自旋运动. 在 LS 耦合的情况下,原子的总轨道磁矩 μ_L 与总轨道角动量 p_L 的大小关系为

$$\mu_L = -\frac{e}{mc}P_L$$

$$P_L = \sqrt{L(L+1)}\,\hbar \tag{5-15-1}$$

总自旋磁矩 μ_S 与总自旋角动量 p_S 关系为

$$\mu_s = -\frac{e}{mc}p_s$$

$$p_s = \sqrt{S(S+1)}\,\hbar \tag{5-15-2}$$

其中 L, S 以及下面的 J 都是熟知的量子数, $\hbar$ 等于普朗克常量除以 2π, 轨道角动量和自旋角动量合成原子的总角动量 p_J, 轨道磁矩和自旋磁矩合成原子总量磁矩 μ, 如图 5-15-1 所示, 由于比值 μ_s/p_s 不同于比值 μ_L/p_L, 总磁矩矢量 μ 不在总角动量 p_J 的方向上. 但由于 μ 绕 p_J 的进动, 只有 μ 在 p_J 方向的投影 μ_J 对外界来说平均效果不为零. 按图 5-15-1 所示的矢量模型进行叠加, 得到 μ_J 与 p_J 的大小关系为

$$\mu_J = g\frac{e}{2m}p_J$$

$$p_J = \sqrt{J(J+1)}\,\hbar$$

其中, g 称为朗德因子, 可以算出:

$$g = 1 + \frac{J(J+1) - S(S+1) + L(L+1)}{2J(J+1)} \tag{5-15-3}$$

它表征了原子的总磁矩与总角动量的关系, 并且决定了分裂后的能级在磁场中的裂距.

2. 磁场对外原子能级的作用

原子总磁矩在外磁场中受力矩 $\boldsymbol{L} = \boldsymbol{\mu}_J \times \boldsymbol{B}$ 的作用, 如图 5-15-2 所示, 该力矩使总磁矩 μ_J 绕磁场方向作旋进. 这时附加能量 ΔE 为

$$\Delta E = -\mu_J B\cos\alpha = g\frac{e}{2m}p_J B\cos\beta \tag{5-15-4}$$

其中, 角 α 与角 β 的意义如图 5-15-2 所示. 由于 p_J 在磁场中的取向是量子化的, 即

$$p_J\cos\beta = M\hbar, \quad M = J, J-1, \cdots, -J \tag{5-15-5}$$

磁量子数共有 $2J+1$ 个值. 式(5-15-5)代入式(5-15-4)得

$$\Delta E = Mg\frac{e\hbar}{2m}B \tag{5-15-6}$$

这样, 无外磁场时的一个能级在外磁场的作用下分裂为 $2J+1$ 个子能级. 由式(5-15-6)决定的每个子能级的附加能量正比于外磁场 B, 并且与朗德因子 g 有关.

3. 塞曼效应的选择定则

设某一光谱线在未加磁场时跃迁前后的能级为 E_2 和 E_1, 则谱线的频率 ν 取决于:

$$h\nu = E_2 - E_1$$

在外磁场中, 上下能级分别分裂为 $2J_2+1$ 和 $2J_1+1$ 个子能级, 附加能量分别为 ΔE_2 和 ΔE_1 并且可按式(5-15-6)算出. 新的谱线频率 ν' 取决于:

$$h\nu' = (E_2 + \Delta E_2) - (E_1 + \Delta E_1) \tag{5-15-7}$$

所以分裂后谱线与原谱线的频率差为

$$\Delta\nu = \nu' - \nu = \frac{1}{h}(\Delta E_2 - \Delta E_1) = (M_2 g_2 - M_1 g_1)\frac{eB}{4\pi m} \tag{5-15-8}$$

用波数来表示为

$$\Delta\sigma = (M_2 g_2 - M_1 g_1)\frac{eB}{4\pi m} \tag{5-15-9}$$

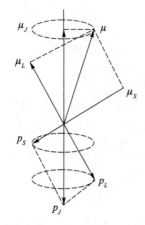
图 5-15-1　角动量示意图

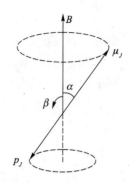
图 5-15-2　磁矩示意图

令 $L = \dfrac{eB}{4\pi m}$，L 称为洛伦兹单位. 将有关物理常量带入得

$$L = 4.67 \times 10^{-3} m^{-1} B$$

其中，B 的单位采用 GS（$1\ \text{GS} = 10^{-4}\ \text{T}$）.

但是，并非任何两个能级之间的跃迁都是可能的. 跃迁必须满足以下选择定则：

$\Delta M = M_2 - M_1 = 0, \pm 1$ 　　（当 $J_2 = J_1$ 时，$\Delta M_2 = 0 \to M_1 = 0$ 除外）

习惯上取较高能级与较低能级的 M 量子数之差为 ΔM. 其中 $\Delta M = 0$ 的跃迁谱线称为 π 分支线，$\Delta M = \pm 1$ 的跃迁谱线称为 σ 分支线.

（1）当 $\Delta M = 0$ 时，产生 π 分支线，沿垂直于磁场的方向观察时，得到光振动方向平行于磁场的线偏振光. 沿平行于磁场的方向观察时，光强度为零，观察不到.

（2）当 $\Delta M = \pm 1$ 时，产生 $\sigma^{\pm}$ 分支线，合称 σ 分支线. 沿垂直于磁场的方向观察时，得到的都是光振动方向垂直于磁场的线偏振光. 当光线的传播方向平行于磁场的方向时，σ^{+} 线为左旋圆偏振光，σ^{-} 线为右旋圆偏振光. 当光线的传播方向反平行于磁场方向时，观察到的 σ^{+} 线和 σ^{-} 线分别为右旋偏振光和左旋偏振光.

沿其他方向观察时，π 分支线保持为线偏振光. σ 分支线变为圆偏振光，由于光源必须置于电磁铁两磁极之间，为了在沿磁场的方向上观察塞曼效应，必须在磁极上镗孔.

4. 汞绿线在外磁场中的塞曼效应

本实验中所观察的汞绿线 546.1 nm 对应于跃迁 $6s7s\ ^3S_1 \to 6s6p\ ^3P_2$. 这两个状态的朗德因子 g 和在磁场中的能级分裂，可以由式（5-15-3）和式（5-15-4）计算得出，并且绘成能级跃迁图，如图 5-15-3 所示.

由图 5-15-3 可见，上下能级在外磁场中分别分裂为三个和五个子能级. 在能级图上画出了选择规则允许的 9 种跃迁. 在能级图下方画出了与各跃迁相应的谱线在频谱上的位置，它们的波数从左到右增加，并且是等距的，为便于区分，将 π 分支线，σ 分支线都标在相应的地方. 各线段的长度表示光谱线的相对强度.

[仪器介绍]

WPZ-Ⅲ型塞曼效应仪采用 2 mm 间隔的 F-P 标准具，并用干涉滤光片把笔型汞灯中的 546.1 nm 光谱线选出，在磁场中进行分裂，然后用 CCD 摄像装置记录，并将图像传送到计算

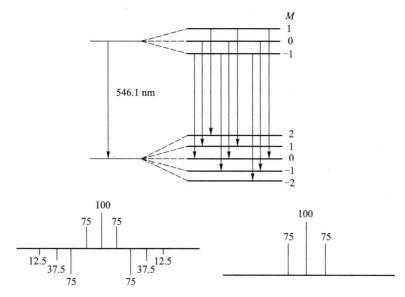

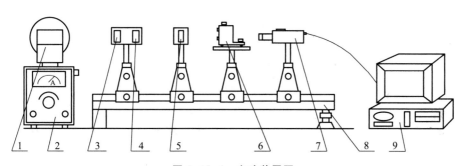

图 5-15-3　汞绿线的塞曼效应及谱线强度分布

机中,用智能软件进行处理,整套仪器组成如图 5-15-4 所示.

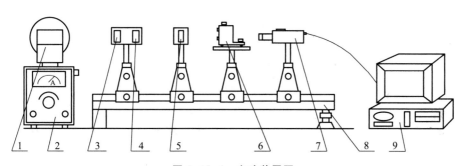

图 5-15-4　实验装置图

1—电磁铁;2—电源;3—透镜;4—偏振片;5—干涉滤光片;6—F-P 标准具;7—CCD;8—导轨;9—电脑

本实验仪的主要组成部分及功能:

(1) 笔型汞灯,本实验中用作光源,将汞灯固定于两磁极之间的灯架上,接通漏磁变压器灯管便发出很强的光谱. 灯起辉电压为 1 500 V.

(2) 聚光镜. 灯源经过聚光镜均匀地射到 F-P 标准具上.

(3) 干涉滤光片. 其作用是只允许 546.1 nm 的光通过,滤掉 Hg 原子发出的其他谱线,从而得到单色光.

(4) F-P 为法布里-珀标准具.

(5) 偏振片. 在垂直于磁场方向观察时用以鉴别 π 成分和 σ 成分.

(6) 会聚透镜. 使 F-P 标准具的干涉花样成像在会聚透镜的焦平面上.

(7) 直读式望远镜,调焦于干涉花样后即可对花纹进行观测.

(8) CCD 摄像头.

(9) 监视器,通过 CCD 摄像头,将捕捉到的图像传输到监视器上.

1. F-P 标准具的原理和性能

F-P 标准具由两块平行平面玻璃板和加在中间的一个间隔圈组成. 平面玻璃板内表面是平整的, 其加工精度要求优于 1/20 中心波长. 内表面上镀有高反射膜, 膜的反射率高于90%. 间隔圈用膨胀系数很小的熔融石英材料制成, 精加工成一定的厚度, 用来保证两块平面玻璃板之间有很高的平行度和稳定间距.

标准具中的光路图如图 5-15-5 所示. 当单色平行光束 S_0 以某一小角度射到标准具的M 平面上; 光束在 M 和 M′两平面上经过多次反射和透射, 分别形成一系列相互平行的反射光束 1, 2, 3, … 及透射光束 1′, 2′, 3′, …, 任何相邻光束间的光程差 Δ 是一样的, 即

$$\Delta = 2nd\cos\theta$$

其中, d 为两平行板之间的间距, 大小为 2.5 mm, θ 为光束折射角, n 为平行板间介质的折射率, 在空气中使用标准具时可取 $n = 1$. 一系列互相平行并有一定光程差的光束(多光束)经会聚透镜在焦平面上发生干涉, 光程差为波长整数倍时产生相长干涉, 得到光强极大值, 有

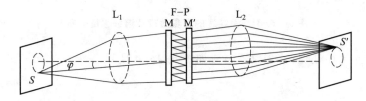

图 5-15-5　法布里-珀罗标准具光路图

$$2nd\cos\theta = K\lambda \tag{5-15-10}$$

其中, K 为整数, 称为干涉序. 由于标准具的间距 d 是固定的, 对于波长 λ 一定的光, 不同的干涉序 K 出现在不同的入射角 θ 处, 如果采用扩展光源照明, 在 F-P 标准具中将产生等倾干涉, 这时相同 θ 角的光束所形成的干涉花纹是一个圆环, 整个花样则是一组同心圆环.

由于标准具中发生的是多光束干涉, 干涉花纹的宽度非常细锐, 通常用精细度(定义为相邻条纹间距与条纹半宽度之比)F 表征标准具的分辨性能, 可以证明:

$$F = \frac{\pi\sqrt{R}}{1-R} \tag{5-15-11}$$

其中, R 为平行板内表面的反射率. 精细度的物理意义是在相邻的两干涉序的花纹之间能够分辨的干涉条纹的最大条纹数. 精细度仅取决于反射膜的反射率, 反射率越大, 精细度越大, 则每一干涉花纹越细锐, 仪器能分辨的条纹数越多, 也就是仪器的分辨本领越高. 实际上玻璃内表面加工精度受到一定的限度, 反射膜层中出现各种非均匀性, 这些都会带来散射等耗散因素, 使仪器的实际精细度往往比理论值低.

我们考虑两束具有微小波长差的单色光 λ_1 和 λ_2($\lambda_1 > \lambda_2$ 且 $\lambda_1 \approx \lambda_2 \approx \lambda$), 例如, 加磁场后汞绿线分裂成的九条谱线中, 对于同一干涉序 K, 根据式(5-15-10), λ_1 和 λ_2 的光强极大值对应于不同的入射角 θ_1 和 θ_2, 因而所有的干涉序形成两套花纹. 如果 λ_1 和 λ_2 的波长差(附磁场 B)逐渐增大, 使得 λ_2 的 K 序花纹与 λ_1 的($K-1$)序花纹重合, 这时以下条件得到满足:

$$K\lambda_2 = (K-1)\lambda_1$$

考虑到靠近干涉圆环中央处 θ 都很小,因而 $K = 2d/\lambda$,于是上式可写成:

$$\Delta\lambda = \lambda_1 - \lambda_2 = \frac{\lambda^2}{2d} \tag{5-15-12}$$

用波数表示为

$$\Delta\sigma = \frac{1}{2d} \tag{5-15-13}$$

按以上两式算出的 $\Delta\lambda$ 或 $\Delta\sigma$ 定义的标准具的色散范围,又称为自由光谱范围. 色散范围是标准具的特征量,它给出了靠近干涉圆环中央处不同波长的干涉花纹不重序时所允许的最大波长差.

2. 分裂后各谱线的波长差或波数差的测量

用焦距为 f 的透镜使 F-P 标准具的干涉花纹成像在焦平面上,这时靠近中央各花纹的入射角 θ 与它的直径 D 有如下关系:

$$\cos\theta = \frac{f}{\sqrt{f^2 + (D/2)^2}} \approx 1 - \frac{1}{8}\frac{D^2}{f^2} \tag{5-15-14}$$

代入式(5-15-10)得

$$2d\left(1 - \frac{D^2}{8f^2}\right) = K\lambda \tag{5-15-15}$$

由式(5-15-15)可见,靠近中央花纹的直径平方与干涉序为线性关系. 对同一波长而言,随着花纹直径的增大,花纹越来越密,并且式(5-15-15)左侧括号中的负号表明,直径大的干涉环对应的干涉序低. 同理,就不同波长同序的干涉环而言,直径大的波长小.

由式(5-15-15)又可求出在同一序中不同的波长 λ_1 和 λ_1 之差,例如,分裂后两相邻谱数的差为

$$\lambda_a - \lambda_b = \frac{d}{4f^2 K}(D_b^2 - D_a^2) = \frac{\lambda}{K}\frac{D_b^2 - D_a^2}{D_{K-1}^2 - D_K^2} \tag{5-15-16}$$

测量时通常可以只利用在中央附近的 K 序干涉花纹. 考虑到标准具间隔圈的厚度比波长大得多,中心花纹的干涉序很大. 因此,用中心花纹干涉序代替被测花纹的干涉序所引入的误差可以忽略不计,即

$$K = \frac{2d}{\lambda} \tag{5-15-17}$$

将式(5-15-17)代入式(5-15-16)得

$$\lambda_a - \lambda_b = \frac{\lambda^2}{2d}\frac{D_b^2 - D_a^2}{D_{K-1}^2 - D_K^2} \tag{5-15-18}$$

用波数表示为

$$\sigma_b - \sigma_a = \frac{1}{2d}\frac{D_a^2 - D_b^2}{D_{K-1}^2 - D_K^2} \tag{5-15-19}$$

由式(5-15-19)得知波数差与相应花纹的直径平方值成正比.

3. CCD 摄像器件

CCD 是电荷耦合器件的简称. 它是一种金属氧化物——半导体结构的新型器件,具有光

电转换、信息存储和信号传输(自扫描)的功能,在图像传感、信息处理和存储多方面有着广泛的应用.

CCD 摄像器件是 CCD 在图像传感领域中的重要应用. 在本实验中,经由 F-P 标准具出射的多光束,经透镜会聚相干,呈多光束干涉条纹成像于 CCD 光敏面. 利用 CCD 的光电转换功能,将其转换为电信号"图像",由荧光屏显示. 因为 CCD 是对弱光极为敏感的光放大器件,故荧屏上呈现明亮、清晰的 F-P 干涉图像.

[实验内容与步骤]

(1) 按图 5-15-4 调节光路,即以磁场中心到 CCD 窗口中心的等高线为轴,暂不放置干涉滤色片,不开启 CCD 及显示器,光源通过会聚透镜以平行光入射 F-P 标准具,出射光通过会聚透镜成像于 CCD 光敏面.

(2) 调节 F-P 标准具的平行度使两平面平行,即调节 F-P 标准具的三个螺钉. 注意:标准具两玻璃片内表面平行的调节是实验的关键,只有把平行度调好了,才能看到亮且细的高对比度的干涉环图像,如图 5-15-3(a)所示. 直到上下摆动头(左右上下移动眼睛)观察时,看不到圆环的直径扩大或缩小(看到的干涉条纹形状不变)为止.

(3) 开启 CCD 和显示器,调节 CCD 上的平移微调机构至荧屏显示最佳成像状态,因汞灯是复色光源,荧屏呈亮而粗的条纹.

(4) 放置 546.1 nm 干涉滤色片,则荧屏呈现明细的 F-P 干涉条纹.

(5) 开启磁场电源,观察荧屏上的分裂的 π 分支线和 σ 分支线条纹随磁场的变化情况.

(6) 在外磁场作用下使 546.1 nm 谱线分裂为 9 条,如图 5-15-3(b)所示,同样看到 9 条干涉环,但这些干涉环相互叠合不易测量,为此,可用偏振片将 σ 分支线的 6 条干涉环滤去,只让 π 分支线的 3 条留下,如图 5-15-3(c)所示. 此时即可用直读式望远镜对谱线进行测量.

(7) 打开塞曼效应智能分析软件测量,对 π 分支线条纹进行拍摄,用毫特斯拉计测量光源处的磁场强度,然后用智能软件对数据进行处理,见 WPZ-Ⅲ型塞曼效应仪使用手册. 注意:由于 π 分支线和 σ 分支线所加磁场不同,必须每测量一种成分后用毫特斯拉计测量光源处的磁场强度.

(8) 计算出电子的荷质比 $\dfrac{e}{m}$,并和理论值比较算出相对误差.

[注意事项]

(1) 爱护光学元件表面,不得用手触摸 F-P 平面和干涉滤色片.

(2) F-P 标准具是精密光学仪器,调节平行度时应冷静分析,细心调节,切勿盲动.

(3) 爱护 CCD 摄像头,由于 CCD 摄像头对弱光极为灵敏,切勿用强光直射光敏面,以防过饱和及损伤器件;光敏面应防止灰尘和水汽沾污,切勿用手和纸擦拭;实验完后应用盖子盖好窗口.

[数据处理]

1. 由公式

$$\frac{e}{4\pi mc} = \frac{\Delta\sigma}{(1/2)B} = 4.67\times10^{-1}\ \mathrm{cm}^{-1}\cdot\mathrm{T}^{-1} \tag{5-15-20}$$

计算出电子的荷质比,并和理论值(已知: $\dfrac{e}{m}_{标准值} = 1.77\times10^{11}\ e/\mathrm{kg}$)比较算出相对误差. 其中

B 是外加磁感应强度. 当给直流电磁铁加上一定的电流时, 就是一定的磁场 B, 实验可以用毫特斯拉计测量. $\Delta\sigma$ 是当外加磁场时同级相邻裂变环之间的波数差.

2. 由公式:

$$\Delta\sigma = \nu_a - \nu_b = \frac{1}{2d}\frac{D_b^2 - D_a^2}{D_{K-1}^2 - D_K^2} \tag{5-15-21}$$

$$\Delta\sigma = \nu_b - \nu_c = \frac{1}{2d}\frac{D_c^2 - D_b^2}{D_{K-1}^2 - D_K^2}$$

计算出同级的两个波数差, 要求测两个级次四个波数差, 最后取平均值.

3. 数据记录(参考图 5-15-6)

表 5-15-1　实验数据记录表

$d = 0.200$ cm　　　　$B =$　　　T

级次		左侧	右侧	直径/cm
K	a			$D_{Ka} =$
	b			$D_{Kb} =$
	c			$D_{Kc} =$
K−1	a			$D_{(K-1)a} =$
	b			$D_{(K-1)b} =$
	c			$D_{(K-1)c} =$

$\Delta\tilde{\gamma}_{Kba} =$　　　　$\Delta\tilde{\gamma}_{Kcb} =$　　　　$\Delta\tilde{\gamma}_{(K-1)ba} =$

$\Delta\tilde{\gamma}_{(K-1)cb} =$　　　　$\Delta\tilde{\gamma}_{平均} =$

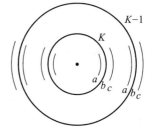

图 5-15-6　现象示意图

[分析与讨论]

(1) 实验中如何观察和鉴别塞曼分裂谱线中的 π 分支线和 _____ 分支线? 如何观察和分辨 _____ 分支线中的左旋圆偏振光和右旋圆偏振光?

(2) 调整 F-P 标准具时, 如何判别标准具的两个内平面是平行的? 标准具调整不好会产生怎样的后果?

(3) 调节 F-P 标准具平行度时, 如眼沿某方向移动, 观察到条纹冒出, 是什么原因? 应再如何调节? 请用数学分析.

(4) 对横效应磁感应强度的最小值和最大值由什么决定? 各是多少? (假定 $d = 0.200$ cm.)

(5) 干涉滤色片起什么作用?

(6) 利用所学过的原子物理知识, 根据实验结果确定上下原子能级的和数值, 并写出两个原子能级的符号. (提示: 利用这些量子数的跃迁选择定则及整数或半整数的性质而无需知道是何原子.)

实验 5.16　微波实验技术

微波技术是近代发展起来的一门尖端科学技术,它不仅在通信、原子能技术、空间技术、量子电子学以及农业生产等方面有着广泛的应用,在科学研究中也是一种重要的观测手段,微波的研究方法和测试设备都与无线电波有所不同.

[实验目的]

(1) 认识和了解微波测试系统的基本组成和工作原理;

(2) 掌握微波测试系统各组件的调整和使用方法;

(3) 掌握用交叉读数法测波导波长的过程.

[仪器设备]

微波信号源、3 cm 测量线、隔离器、定标衰减器、波长计、检波指示器、晶体检波器、选频放大器.

[实验原理]

1. 微波信号源

产生一定频率和功率的微波信号,与低频信号源一样,其信号可以是连续波也可以是调制波,也有点频和扫频信号源之分. 微波振荡管有电子管式与半导体管式,但它们的工作原理与低频振荡管不同. 在微波频率下,工作于静电方式的低频电子管,不仅辐射损耗和引线分布参量效应严重,更主要的是电子由阴极飞达阳极所需的渡越时间不能忽略,已与微波周期可比拟,根本失去振荡、放大作用. 基于微波电子学的微波电子管,应用谐振腔很好地解决了辐射损耗和引线分布参量效应问题,但渡越时间不能为零,电子需要渡越时间在谐振腔内完成电子的速度调制、密度调制、振荡和能量交换等物理过程. 工作于点频常用的微波振荡管为:中小功率的反射速调管,大功率的磁控管;返波管为微波扫频振荡管. 微波半导体振荡管典型的有管式二极管、雪崩二极管和隧道二极管等,它们均利用一定的物理结构在外加场的作用下,体内能级之间能势产生骤然聚变形成负阻区从而产生功率. 半导体微波扫频源采用电调谐,一般为变容管调谐(谐振线宽很窄的单晶铁氧体),后者的调谐频宽和调谐线性度优于前者. 虽然在小型化、轻量化方面,电子管式微波振荡管无法与半导体管式微波振荡管相比,但单管所能提供功率的大小,半导体管式微波振荡管是无法与前者相比拟的,而且于半导体热噪声的作用,半导体式微波振荡管未经特殊的技术处理,功率和频率的自然稳定度比电子管式微波振荡管差. 因此,要辩证地看待和合理选用此两类微波源. 在不强调小型化、轻量化下点频工作时,中小功率常选用反射速调管信号源. 微波电路由分布参量电路组成,同一系统或元部件在不同频率时的性能可能差别很大,因此,微波信号源在所需频率上稳定地工作是非常必要的.

2. 隔离器

当微波信号源接入有反射波的系统时,若此反射波进入信号源,其输出信号的频率将发生变化,即所谓频率牵引,这当然是我们所不希望的. 为此,可在信号源输出端接一个仅对反射波衰减而对入射波不衰减的单向隔离器.

3. 波长计

由于微波元器件的性能与频率密切相关,所以测试系统中总是接有测频率的装置,用来测量相应参量的频率,波长计即属此种装置.波长计有一圆柱形腔与波导壁以小孔耦合.通过移动活塞改变腔的高度而改变腔的体积,从而可改变腔的固有频率.腔的固有频率与信号频率相同即产生谐振现象.根据表征谐振活塞位置的螺旋测微器上的刻度 l,可在该波长计的频率刻度对照表查得频率 f.波长计按照谐振腔与波导的耦合方式分为两种:一是腔与波导窄壁磁耦合,此种称为反应式波长计;另一种是腔与波导宽壁电耦合,此种称为通过式波长计,两种波长计的谐振现象是不一样的.

4. 可变衰减器

测试过程中有时要求改变功率的大小,这时不能直接去调信号源的输出功率,否则会导致频率牵引.为此,接入可变衰减器来调整功率的大小.因波的电场沿宽边按正弦分布,两垂直于电场的率耗片向中间移动时,衰减变大;向两窄边移动时,衰减逐渐减小.

5. 测量线

测量线是通常用来点频测量驻波参量的较为精密的仪器,故又称驻波测量仪.它的基本工作原理如图 5-16-1 所示.

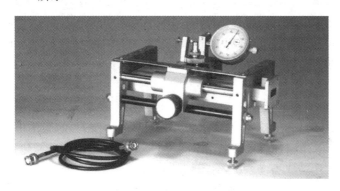

图 5-16-1　测量线

沿波导宽边中线开一窄槽,探针平行于电场插入槽中耦合能量.探针能沿中线移动且耦合度始终保持不变.因此,耦合到的能量经晶体检波后,由指示器表征的指示度,正比于所在处的场 $|E|$.由 $|E|_{max}$ 与 $|E|_{min}$ 可得驻波系数;根据 $|E|_{min}$ 的位置可求得波导波长 λ_g 和驻波相位 l_{min},这三个参量把驻波场的分布规律完全锁定,因此,测量线是在点频上研究驻波场分布的仪器.

6. 全匹配负载

它是在一段传输线中放置无反射地连续吸收微波功率的材料,直到把微波功率全部吸收完的器件.矩形波导全匹配负载是在宽边沿中线放置与电场平行的微波能量吸收片,为了减少不连续性,制成尖劈形.

7. 短路器

短路器有两种:一种是短路面不能调动的短路板,另一种是短路面可调动的短路活塞.短路面不应有接触电阻,否则不能形成全反射.精密短路活塞的法兰盘上制有抗流环,以使得电气上完全短路.微波的开路是通过短路面经四分之一波导波长倒置后实现的,即距短路面两侧四分之一波导波长处为开路面.

8. 指示器

指示器有交流型与直流型之分,可简单到一个表头的形式,也可复杂到一台精密仪器的形式. 如果指示器为交流型,微波源应工作在调制状态,如果指示器为直流型,其应工作在连续波状态.

[**实验内容与步骤**]

(1) 3 cm 固态信号源,频率表在点频工作下,显示等幅波工作频率,在扫频工作下显示扫频工作频率,在教学下,此表黑屏. 电压表显示体效应管的工作电压,常态时为 (12.0 ± 0.5) V,教学工作下可通过"电压调节钮"来调节. 电流表显示体效应管的工作电流,正常情况小于 500 mA.

(2) 测量线探针的调谐:我们使用的是不调谐的探头,所以在使用中不必调谐,只是通过探头座锁紧螺钉可以将不调谐探头活动 2 mm.

(3) 用波长计测频率:

① 在测量线终端接上全匹配负载.

② 仔细微旋波长计的螺旋测微器,边旋边观测指示器读数. 由于波长计的 q 值非常高,谐振曲线非常尖锐,螺旋测微器上 0.01 mm 的变化都可能导致失谐与谐振两种状态的切换,因此,一定要慢慢地微旋螺旋测微器. 记下指示器读数为最小时(注意:如果检流指示器出现反向指示,按下其底部的按钮读数即可)的螺旋测微器读数并使波长计失谐.

③ 根据读得的螺旋测微器读数可在该波长计的波长表频率刻度对照表上读得信号源的工作频率.

(4) 交叉读数法测量波导波长(图 5-16-2):

① 检查系统连接的平稳,工作方式选择为方波调制,使信号源工作于最佳状态.

② 用直读式频率计测量信号频率,并配合信号源上的频率调谐旋钮调整信号源的工作频率,使信号源的工作频率为 9 370 MHz.

③ 测量线终端换接短路板,使系统处于短路状态. 将测量线探针移至测量线的一端.

④ 按交叉读数法测量波导波长:测量三组数据,求平均值.

$$d_{01} = (d_{11} + d_{12})/2 \tag{5-16-1}$$

$$d_{02} = (d_{21} + d_{22})/2 \tag{5-16-2}$$

得

$$\lambda_g = 2 \times |d_{02} - d_{01}| \tag{5-16-3}$$

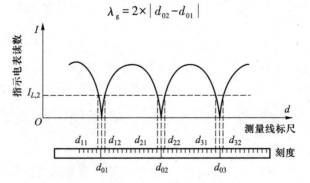

图 5-16-2　交叉读数法测波导波长

[注意事项]

（1）频率计的使用：频率计是用来测量频率的仪器，而不是用来调整频率的微波元器件.

（2）在波导波长的测量中要注意 I 值不要太大，尽量不要在测量线的两端进行测量，读数要细心.

（3）在测量最小点 d_{01} 和 d_{02} 位置时，选频放大器的增益要随时调整，以防止输出太大而损坏表头.

[数据处理]

（1）正确画出微波测试系统的基本框图.

（2）阐述系统的组成元件的基本原理与作用以及整个系统的工作原理.

（3）说明用波长计测频率的方法.

（4）计算用交叉读数法测得的波导波长：

$$\lambda_g = \frac{\lambda_0}{\sqrt{1 - \left(\dfrac{\lambda_0}{2a}\right)^2}}$$

其中，$\lambda_0 = C/f_0$，$a = 22.86$ mm.

[分析与讨论]

（1）为什么信号源后要接隔离器？

（2）为什么测完频率后波长计要失谐？

（3）探针调谐的唯一标准是什么？不调谐有何坏处？

实验 5.17　微波布拉格衍射

微波是一种电磁波,其波长一般在 1 m 到 1 mm 之间,对应的频率在 300 MHz 至 300 kMHz之间.微波常分为"分米波"(波长为 1 m 至 10 cm),"厘米波"(波长为 10 cm 至 1 cm)和"毫米波"(波长为 1 cm 至 1 mm).微波也是一种电磁波,因此在反射、折射、衍射、干涉、偏振以及能量传递等方面均显示出波动的通性.

1913 年,英国物理学家布拉格父子(W. H. Bragg 和 W. L. Bragg)研究 X 射线在晶面上的反射,得出了著名的布拉格公式,从而奠定了 X 射线晶体结构分析的基础.晶体中晶格的周期性特征决定了晶体可以作为波的衍射光栅,晶体点阵间距离的数量级(10^{-10} m)与 X 射线的波长相同,因此用晶体作为 X 射线的衍射光栅可以观察到清晰的衍射花样.在 X 射线衍射实验中,实际晶体的晶格常量太小,故人们对晶体衍射的规律不能产生较直观的印象.本实验仿照 X 射线入射真实晶体发生衍射的基本原理,人为制做了一个放大的晶体模型,用它代替真实晶体,以微波代替 X 射线来进行 X 射线衍射的模拟实验,从而掌握晶体结构分析的方法.

[**实验目的**]

(1) 熟悉微波分光仪的组成、工作原理,学会正确调试与使用微波分光仪;

(2) 验证布拉格衍射公式的正确性,了解晶体结构分析的基本方法.

[**仪器设备**]

微波信号源、微波分光仪、模拟晶体.

[**实验原理**]

1. 有关晶体的基本知识

晶体是由离子、原子或分子(统称为微粒)有规律地排列而成的.晶体中的微粒在空间中有规则地作周期性的无限分布,晶体中微粒的重心作周期性的排列所组成的骨架,称为晶格.微粒重心的位置,称为晶格的格点,这些格点的总体,称为空间点阵.在空间点阵中代表着结构中相同位置的点,称为结点.

由于晶格的周期性,可以取一个以结点为顶点、边长等于该方向上的周期的平行六面体作为重复单元,称为原胞,又叫做晶胞.如图 5-17-1 所示,整个晶体的结构可以看成是晶胞沿三个方向重复排列而成的.晶胞的形状用它的三个相交边的边长 a,b,c 和边长之间的夹角 α,β,γ 来表示(b,c 间的夹角为 α;c,a 间的夹角为 β;a,b 间的夹角为 γ).这六个参量称为晶格常量,按这些量的特点可把各种晶体分为七大晶系:

$$\text{立方晶系}:a=b=c,\alpha=\beta=\gamma=90°$$

$$\text{四方晶系}:a=b\neq c,\alpha=\beta=\gamma=90°$$

$$\text{正交晶系}:a\neq b\neq c,\alpha=\beta=\gamma=90°$$

$$\text{六方晶系}:a=b,\alpha=\beta=90°,\gamma=120°$$

$$\text{三斜晶系}:a\neq b\neq c,\alpha\neq\beta\neq\gamma\neq90°$$

$$\text{三方晶系}:a=b=c,\alpha=\beta=\gamma\neq90°$$

$$\text{单斜晶系}:c<a,\alpha=\gamma=90°,\beta\neq90°$$

不在一条直线上的任意三个格点所决定的平面称为晶面,实际上由于格点的周期性排列,每个晶面上一般都有大量格点,而且它在晶面上的排列也是有规则的.同时,把任一个晶面按照相同的距离,平行地重复排列起来,就可以得出全部点阵,这些彼此相同,等距平行的晶面称为晶面簇.因此可以说,一个点阵是由一个晶面簇组成的,与晶胞相类似.在同一点阵中可以用许多不同方法来划分晶面簇.

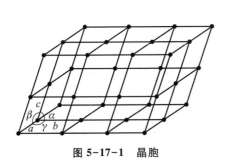

图 5-17-1 晶胞

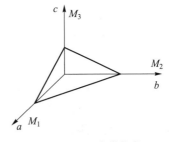

图 5-17-2 密勒指数

晶面簇的方向,可以用密勒指数来表示(表征晶面取向的互质整数称为晶面簇的密勒指数).如图 5-17-2 所示,以晶胞的一个顶点为原点,把晶胞的三个通过原点的边 a,b,c 作为坐标轴.晶面簇中必有一个晶面通过原点,而与此晶面紧邻的晶面和三个坐标轴相截于 M_1, M_2,M_3,截距分别为 r,s,t.截距倒数的互质整数比为 $\frac{1}{r}:\frac{1}{s}:\frac{1}{t}=h:k:l$.按 a,b,c 的顺序写成 (hkl),(hkl) 称为晶面簇的密勒指数.图 5-17-2 中晶面的密勒指数为 $\frac{1}{3}:\frac{1}{2}:1=$ $2:3:6$,与该晶面平行的晶面簇标记为 (236) 面.依此法将图 5-17-3 中 $(a)(b)(c)$ 中与各晶面平行的晶面簇分别称为 (100) 面,(110) 面和 (111) 面.

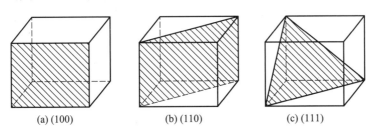

(a) (100)　　　　(b) (110)　　　　(c) (111)

图 5-17-3 在一个立方晶体内某些重要晶面的密勒指数

2. 晶体衍射的基本知识

如图 5-17-4 所示,图中构成晶体的粒子可分成为一系列平行于晶体天然晶面的平面组,图中小圆点表示晶体晶格上的格点(原子或离子),A、B、C 是同一晶族中的三个晶面.这些平面上以同一方式密集地排列着粒子,它们相互间的距离都等于 d.当 X 射线投射到晶体

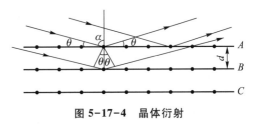

图 5-17-4 晶体衍射

上时,根据惠更斯原理,所有晶格上的格点成为次级子波的波源,向各个方向发射散射波.这

些散射线除了来自晶体表面平面晶格上的格点外,还有来自晶体内部平面晶格上的格点,全部散射线相互干涉后产生衍射条纹.

对于来自同一晶面上的散射线,在满足散射线与晶面之间的夹角等于掠射角(入射线与晶面间的夹角 θ)的方向上的散射线,其光程差为零,相干结果光强最大,即衍射线就是原射线在该晶面上的反射线.来自相邻晶面 A,B 的反射线之间的光程差为:$2d\sin\theta$,对于整个晶面簇,只有当

$$2d\sin\theta = k\lambda \quad (k=1,2,3,\cdots) \tag{5-17-1}$$

得到满足时(λ 为 X 射线的波长),各个晶面的反射线才相互加强.式(5-17-1)称为布拉格方程,它表示一定波长的 X 射线射在晶面间距为 d 的晶面簇上时,掠射角 θ 只有在满足式(5-17-1)时才存在衍射条纹,否则不存在衍射条纹;或者说是 X 射线以任意掠射角 θ 入射晶面间距为 d 的晶面簇,只有 X 射线的波长 λ 满足式(5-17-1)时才会有衍射条纹.至于衍射线的方向,无论上述哪种情况,都是原射线在晶面上反射的方向.应该指出,由于 $\sin\theta \leqslant 1$,所以只有 $2d \geqslant \lambda$ 时才可能发生衍射.

本实验就是模拟 X 射线入射真实晶体发生衍射的基本原理,人为制做了一个模拟晶体以代替真实晶体,其晶格常量为

$$a=b=c=40\text{ mm}$$

为了测试时读数方便,采用入射线与晶面法线的夹角 α(即通称的入射角),这时布拉格方程为

$$2d\cos\alpha = k\lambda \quad (k=1,2,3,\cdots) \tag{5-17-2}$$

如果已知入射线的波长 λ 和晶面间距 d,由式(5-17-2)就可以求出相应级数衍射条纹对应的入射角 α.若已知晶格常量,就可以由实验测得入射线的波长,研究射线的性质.若已知入射线的波长 λ,就可以通过实验测得晶体的晶格常量,研究晶体的结构.

微波分光仪系统,用的是 DH926B 型微波分光仪,如图 5-17-5 所示.

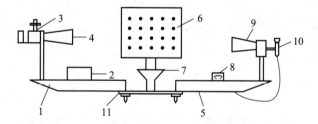

图 5-17-5　布拉格衍射实验装置

(一) 发射部分

1. 固定臂:在实验中保持不动;2. 微波信号源(3 cm 固态信号源);3. 衰减器:防止信号过强;4. 喇叭天线:信号发射端.

(二) 接收部分

5. 活动臂:通过转动该臂来改变测量方向;7. 圆形小平台:放载模拟晶体,通过转动来调节入射方向;8. 显示仪器(100 μA 表头):测量光电流装置;9. 喇叭天线:信号接收端;10. 检波器:感应信号;11. 大圆形平台:仪器底座.

（三）模拟晶体

6. 模拟晶体.

[实验内容与步骤]

1. 对照实物,熟悉微波分光系统.并按照图 5-17-5 连接好各部分.

2. 按照信号源开启顺序,检查固态信号源.

（1）首先将信号源接通电源,按下电源开关,对信号源预热一段时间,在预热阶段,电流表显示的电流值应小于 50 mA,电压表显示的电压值应小于 25 V.

（2）将工作状态开关调至"等幅"挡时,电压表显示的电压值在 70 V 左右,说明雪崩管两端已经加上了工作电压,可以正常工作了.

（3）工作状态开关调至"方波"挡时,电压表显示的电压值在 50 V 左右.

（4）工作状态开关调至"等幅"挡时,可由谐振腔输出等幅波信号.工作状态开关调至"方波"挡时,可由谐振腔输出经方波调制后的信号.

（5）实验时,应将工作状态开关调至"等幅"挡,由谐振腔输出等幅波信号.

3. 收发系统调试

（1）将收发喇叭天线置于等高度.两喇叭面应互相正对,它们的轴线应在一条直线上.

（2）发射机的频率、功率均可调节.但未经教师许可,不得擅自调整,以免损坏固态信号源.

4. 安装模拟晶体,要注意的是晶面（100）或（110）的法线方向应与零刻线对准,分别测量相应的数据.

5. 分别用（100）和（110）晶面簇作为散射点阵面,测量光电流 I 与入射角 α 的关系曲线,即 $I-\alpha$ 曲线.入射角从 30° 开始,每改变 1° 测量一个光电流的读数,角度测量范围为 30° ~ 70°.

[数据处理]

（1）自己设计表格,分别记录（100）面和（110）面的 α 与 I 的值,再作出 $I-\alpha$ 曲线.

（2）根据（100）面的 $I-\alpha$ 曲线,可得出相当于第一、第二级的入射角 α_1、α_2,与由式（5-17-2）计算所得的 α_1 和 α_2 相比较,并对结果进行分析讨论.

（3）若已知波长 $\lambda = 3.202$ cm,根据（110）面的 $I-\alpha$ 曲线计算其晶面间距,再计算出模拟立方晶体的晶格常量.

实验 5.18 液晶电光效应实验

液晶是介于液体与晶体之间的一种物质状态. 一般的液体内部分子排列是无序的,而液晶既具有液体的流动性,其分子又按一定规律有序排列,使它呈现晶体的各向异性. 当光通过液晶时,会产生偏振面旋转、双折射等效应. 液晶分子是含有极性基团的极性分子,在电场作用下,偶极子会按电场方向取向,导致分子原有的排列方式发生变化,从而使液晶的光学性质也随之发生改变,这种因外电场引起的液晶光学性质的改变称为液晶的电光效应.

1888 年,奥地利植物学家莱尼茨尔(Reinitzer)在做有机物溶解实验时,在一定的温度范围内观察到液晶. 1961 年美国无线电公司(RCA)的海美尔(Heimeier)发现了液晶的一系列电光效应,并制成了显示器件. 从 20 世纪 70 年代开始,日本公司将液晶与集成电路技术结合,制成了一系列的液晶显示器件. 液晶显示器件由于具有驱动电压低(一般为几伏)、功耗极小、体积小、寿命长、环保无辐射等优点,在当今各种显示器件的竞争中有独领风骚之势.

[实验目的]

(1) 在掌握液晶光开关的基本工作原理的基础上,测量液晶光开关的电光特性曲线,并由电光特性曲线得到液晶的阈值电压和关断电压;

(2) 测量驱动电压周期变化时,液晶光开关的时间响应曲线,并由时间响应曲线得到液晶的上升时间和下降时间;

(3) 测量由液晶光开关矩阵所构成的液晶显示器的视角特性以及在不同视角下的对比度,了解液晶光开关的工作条件;

(4) 了解液晶光开关构成图像矩阵的方法,学习和掌握这种矩阵所组成的液晶显示器构成文字和图形的显示模式,从而了解一般液晶显示器件的工作原理.

[仪器设备]

本实验所用仪器为液晶光开关电光特性综合实验仪,其外部结构如图 5-18-1 所示. 下面简单介绍仪器各个按钮的功能.

模式转换开关:切换液晶的静态和动态(图像显示)两种工作模式. 在静态时,所有的液晶单元所加电压相同,在动态(图像显示)时,每个单元所加的电压由开关矩阵控制. 同时,当开关处于静态时打开发射器,当开关处于动态时关闭发射器;

静态闪烁/动态清屏切换开关:当仪器工作在静态的时候,此开关可以切换到闪烁和静止两种方式;当仪器工作在动态的时候,此开关可以清除液晶屏幕因按动开关矩阵而产生的斑点;

供电电压显示:显示加在液晶板上的电压,范围在 0.00~7.60 V 之间;

供电电压调节按键:改变加在液晶板上的电压,调节范围在 0~7.6 V 之间. 其中单击+按键(或-按键)可以增大(或减小)0.01 V. 一直按住+按键(或-按键)2 s 以上可以快速增大(或减小)供电电压,但当电压大于或小于一定范围时需要单击按键才可以改变电压;

透射率显示:显示光透过液晶板后光强的相对百分比;

透射率校准按键:在接收器处于最大接收状态的时候(即供电电压为 0 V 时),如果显示

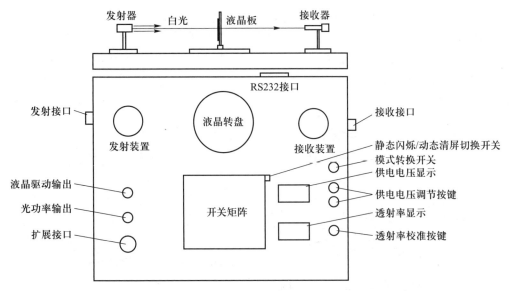

发射器　白光　液晶板　接收器

RS232接口

发射接口　　接收接口

液晶转盘

发射装置　　接收装置

静态闪烁/动态清屏切换开关
模式转换开关
供电电压显示

液晶驱动输出　　供电电压调节按键

光功率输出　　　透射率显示

扩展接口　　透射率校准按键

开关矩阵

图 5-18-1　液晶光开关电光特性综合实验仪功能键示意

值大于"250",则按住该键 3 s 可以将透射率校准为 100%;如果供电电压不为 0,或显示小于"250",则该按键无效,不能校准透射率.

液晶驱动输出:接存储示波器,显示液晶的驱动电压;

光功率输出:接存储示波器,显示液晶的时间响应曲线,可以根据此曲线得到液晶响应时间的上升时间和下降时间;

扩展接口:连接 LCDEO 信号适配器的接口,通过信号适配器可以使用普通示波器观测液晶光开关特性的响应时间曲线;

发射器:为仪器提供较强的光源;

液晶板:本实验仪器的测量样品;

接收器:将透过液晶板的光强信号转换为电压输入透射率显示表;

开关矩阵:此为 16×16 的按键矩阵,用于液晶的显示功能实验;

液晶转盘:承载液晶板一起转动,用于液晶的视角特性实验;

电源开关:仪器的总电源开关,在仪器后面板.

RS232 接口:只有微机型实验仪才可以使用 RS232 接口,用于和计算机的串口进行通信,通过配套的软件,可以实现将软件设计的文字或图形送到液晶片上显示出来的功能. 必须注意的是,只有液晶实验仪模式开关处于动态的时候才能和计算机软件进行通信.具体操作见软件操作说明书.

[实验原理]

1. 液晶光开关的工作原理

液晶的种类很多,仅以常用的 TN(扭曲向列)型液晶为例,说明其工作原理.

TN 型光开关的结构如图 5-18-2 所示. 在两块玻璃板之间夹有正性向列相液晶,液晶分子的形状如同火柴一样,为棍状. 棍的长度在十几 Å(1 Å = 10^{-10} m,现已不推荐使用),直径为 4~6 Å,液晶层厚度一般为 5~8 μm. 玻璃板的内表面涂有透明电极,电极的表面预先作了定向处理(可用软绒布朝一个方向摩擦,也可在电极表面涂取向剂),这样,液晶分子在透明电极表面就会"躺倒"在摩擦所形成的微沟槽里；电极表面的液晶分子按一定方向排列，且上下电极上的定向方向相互垂直. 上下电极之间的那些液晶分子因范德瓦耳斯力的作用，趋向于平行排列. 然而由于上下电极上液晶的定向方向相互垂直，所以从俯视方向看，液晶分子的排列从上电极的沿 $-45°$ 方向排列逐步地、均匀地扭曲到下电极的沿 $+45°$ 方向排列，整个扭曲了 $90°$. 如图 5-18-2 左图所示.

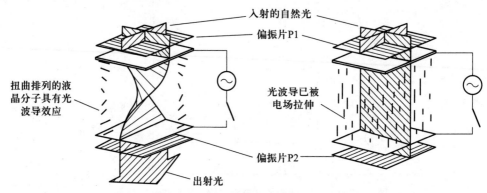

入射的自然光
偏振片 P1
扭曲排列的液晶分子具有光波导效应
光波导已被电场拉伸
偏振片 P2
出射光

图 5-18-2　液晶光开关的工作原理

理论和实验都证明，上述均匀扭曲排列起来的结构具有光波导的性质，即偏振光从上电极表面透过扭曲排列起来的液晶传播到下电极表面时，偏振方向会旋转 $90°$.

取两张偏振片贴在玻璃的两面，P1 的透光轴与上电极的定向方向相同，P2 的透光轴与下电极的定向方向相同，于是 P1 和 P2 的透光轴相互正交.

在未加驱动电压的情况下，来自光源的自然光经过偏振片 P1 后只剩下平行于透光轴的线偏振光，该线偏振光到达输出面时，其偏振面旋转了 $90°$. 这时光的偏振面与 P2 的透光轴平行，因而有光通过.

在施加足够电压的情况下（一般为 1~2 V），在静电场的作用下，除基片附近的液晶分子被基片"锚定"以外，其他液晶分子趋于平行于电场方向排列. 于是原来的扭曲结构被破坏，成了均匀结构，如图 5-18-2 右图所示. 从 P1 透射出来的偏振光的偏振方向在液晶中传播时不再旋转，保持原来的偏振方向到达下电极. 这时光的偏振方向与 P2 正交，因而光被关断.

由于上述光开关在没有电场的情况下让光透过，加上电场的时候光被关断，因此叫做常通型光开关，又叫做常白模式. 若 P1 和 P2 的透光轴相互平行，则构成常黑模式.

液晶可分为热致液晶与溶致液晶. 热致液晶在一定的温度范围内呈现液晶的光学各向异性，溶致液晶是溶质溶于溶剂中形成的液晶. 目前用于显示器件的都是热致液晶，它的特性随温度的改变而有一定变化.

2. 液晶光开关的电光特性

图 5-18-3 为光线垂直液晶面入射时本实验所用液晶相对透射率（不加电场时的透射率为 100%）与外加电压的关系.

由图 5-18-3 可见，对于常白模式的液晶，其透射率随外加电压的升高而逐渐降低，在一定电压下达到最低点，此后略有变化. 可以根据此电光特性曲线图得出液晶的阈值电压和关断电压.

阈值电压：透射率为 90% 时的驱动电压；

关断电压:透射率为 10% 时的驱动电压.

液晶的电光特性曲线越陡,即阈值电压与关断电压的差值越小,由液晶开关单元构成的显示器件允许的驱动路数就越多. TN 型液晶最多允许 16 路驱动,故常用于数码显示. 在电脑、电视等需要高分辨率的显示器件中,常采用 STN(超扭曲向列)型液晶,以改善电光特性曲线的陡度,增加驱动路数.

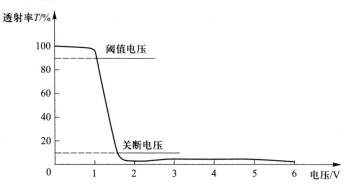

图 5-18-3 液晶光开关的电光特性曲线

3. 液晶光开关的时间响应特性

加上(或去掉)驱动电压能使液晶的开关状态发生改变,是因为液晶的分子排序发生了改变,这种重新排序需要一定时间,反映在时间响应曲线上,用上升时间 τ_r 和下降时间 τ_d 描述. 给液晶开关加上一个如图 5-18-4 上图所示的周期性变化的电压,就可以得到液晶的时间响应曲线、上升时间和下降时间. 如图 5-18-4 下图所示.

上升时间:透射率由 10% 升到 90% 所需时间;

下降时间:透射率由 90% 降到 10% 所需时间.

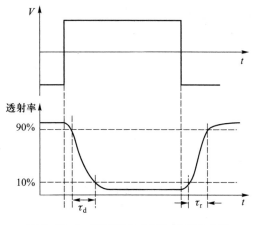

图 5-18-4 液晶驱动电压和时间响应图

液晶的响应时间越短,显示动态图像的效果越好,这是液晶显示器的重要指标. 早期的液晶显示器在这方面逊色于其他显示器,现在通过结构方面的技术改进,已达到很好的效果.

4. 液晶光开关的视角特性

液晶光开关的视角特性表示对比度与视角的关系. 对比度定义为光开关打开和关断时透射光强度之比,对比度大于 5 时,可以获得满意的图像,对比度小于 2 时,图像就模糊不清了.

图 5-18-5 表示了某种液晶视角特性的理论计算结果. 图 5-18-5 中,用与原点的距离表示垂直视角(入射光线方向与液晶屏法线方向的夹角)的大小.

图中 3 个同心圆分别表示垂直视角为 30°、60° 和 90°. 90° 同心圆外面标注的数字表示水平视角(入射光线在液晶屏上的投影与 0° 方向之间的夹角)的大小. 图 5-18-5 中的闭合曲线为不同对比度时的等对比度曲线.

由图 5-18-5 可以看出,液晶的对比度与垂直和水平视角都有关,而且具有非对称性.若我们把具有图 5-18-4 所示视角特性的液晶开关逆时针旋转,以220°方向向下,并由多个显示开关组成液晶显示屏,则该液晶显示屏的左右视角特性对称,在左、右和俯视 3 个方向,垂直视角接近 60°时对比度为 5,观看效果较好.在仰视方向,对比度随着垂直视角的加大迅速降低,观看效果差.

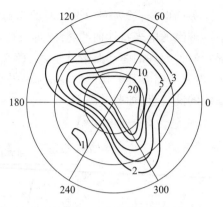

图 5-18-5　液晶的视角特性

5. 液晶光开关构成图像显示矩阵的方法

除液晶显示器以外,其他显示器靠自身发光来实现信息显示功能.这些显示器主要有以下种类:阴极射线管显示(CRT)、等离子体显示(PDP)、电致发光显示(ELD)、发光二极管(LED)显示、有机发光二极管(OLED)显示、真空荧光管显示(VFD)、场发射显示(FED).这些显示器因为要发光,所以要消耗大量的能量.

液晶显示器通过对外界光线的开关控制来完成信息显示任务,为非主动发光型显示,其最大的优点在于能耗极低.正因为如此,液晶显示器在便携式装置,例如电子表、万用表、手机、传呼机等的显示中具有不可代替地位.下面我们来看看如何利用液晶光开关来实现图形和图像显示任务.

矩阵显示方式,是把图 5-18-6(a)所示的横条形状的透明电极制在一块玻璃片上,叫做行驱动电极,简称行电极(常用 X_i 表示),而把竖条形状的电极制在另一块玻璃片上,叫做列驱动电极,简称列电极(常用 S_i 表示).把这两块玻璃片面对面组合起来,把液晶灌注在这两片玻璃之间构成液晶盒.为了画面简洁,通常将横条形状和竖条形状的铟锡氧化物(ITO)电极抽象为横线和竖线,分别代表扫描电极和信号电极,如图 5-18-6(b)所示.

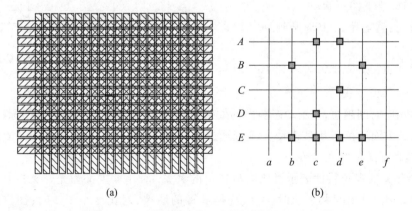

(a)　　　　　　　　　　(b)

图 5-18-6　液晶光开关组成的矩阵式图形显示器

矩阵型显示器的工作方式为扫描方式.显示原理简要说明如下:

欲显示图 5-18-6(b)的那些有方块的像素,首先在 A 行加上高电平,其余行加上低电平,同时在列电极的对应电极 c 列、d 列上加上低电平,于是 A 行的那些带有方块的像素就被显示出来了.然后 B 行加上高电平,其余行加上低电平,同时在列电极的对应电极 b 列、e 列上加上低电平,因而 B 行的那些带有方块的像素被显示出来了.然后是 C 行、D 行 ……依此类推,最后显示出一整场的图像.这种工作方式称为扫描方式.

这种分时间扫描每一行的方式是平板显示器的共同寻址方式,依这种方式,可以让每一个液晶光开关按照其上的电压的幅值让外界光关断或通过,从而显示出任意文字、图形和图像.

[实验内容与步骤]

实验步骤:将液晶板金手指 1(图 5-18-7)插入转盘上的插槽,液晶凸起面必须正对光源发射方向.打开电源开关,点亮光源,使光源预热 10 min 左右.

在正式进行实验前,首先需要检查仪器的初始状态,看发射器光线是否垂直入射接收器;在静态 0 V 供电电压条件下,透射率显示经校准后是否为"100%".如果显示正确,则可以开始实验,如果不正确,可根据附录里的调节方法将仪器调整好再进行实验.

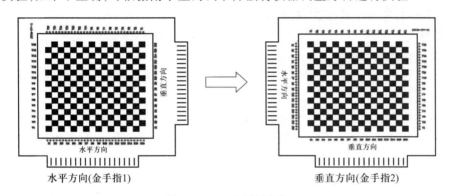

图 5-18-7　液晶板方向

1. 液晶光开关电光特性测量

将模式转换开关置于静态模式,将透射率显示校准为 100%,按表 5-18-1 的数据改变电压,使得电压值从 0 V 到 6 V 变化,记录相应电压下的透射率数值.重复 3 次并计算相应电压下透射率的平均值,依据实验数据绘制电光特性曲线,可以得出阈值电压和关断电压.

2. 液晶时间响应的测量

将模式转换开关置于静态模式,透射率显示调到 100%,然后将液晶供电电压调到 2.00 V,在液晶静态闪烁状态下,用存储示波器观察、测量光开关时间响应特性曲线,记录下不同时间的透射率,填入表 5-18-2 中.根据此曲线得到液晶的上升时间 τ_r 和下降时间 τ_d.

3. 液晶光开关视角特性的测量

(1) 水平方向视角特性的测量

将模式转换开关置于静态模式.首先将透射率显示调到 100%,然后再进行实验.

确定当前液晶板为金手指 1 插入的插槽(如图 5-18-7 所示).在供电电压为 0 V 时,按照表 5-18-3 所列举的角度调节液晶屏与入射激光的角度,在每一角度下测量光强透射率最大值 T_{MAX}.然后将供电电压设置为 2 V,再次调节液晶屏角度,测量光强透射率最小值 T_{MIN},并计算其对比度.以角度为横坐标,对比度为纵坐标,绘制水平方向对比度随入射光入射角而变化的曲线.

（2）垂直方向视角特性的测量

关断总电源后,取下液晶显示屏,将液晶板旋转 90°,将金手指 2(垂直方向)插入转盘插槽(如图 5-18-7 所示).重新通电,将模式转换开关置于静态模式.按照与(1)相同的方法和步骤,可测量垂直方向的视角特性.将数据记入表 5-18-3 中.

4. 液晶显示器显示原理

将模式转换开关置于动态(图像显示)模式.液晶供电电压调到 5 V 左右.

此时开关矩阵面板上的每个按键位置对应一个液晶光开关像素.初始时各像素都处于开通状态,按 1 次开光矩阵面板上的某一按键,可改变相应液晶像素的通断状态,所以可以利用点阵输入关断(或点亮)对应的像素,使暗像素(或亮像素)组合成一个字符或文字.以此让学生体会液晶显示器件组成图像和文字的工作原理.开关矩阵面板右上角的按键为清屏键,用以清除已输入显示屏的图形.

实验完成后,关闭电源开关,取下液晶板妥善保存.

[注意事项]

（1）禁止用光束照射他人眼睛或直视光束本身,以防损伤眼睛.

（2）在进行液晶视角特性实验中,更换液晶板方向时,务必断开总电源后,再进行插取,否则会损坏液晶板;

（3）液晶板凸起面必须要朝向光源发射方向,否则实验记录的数据为错误数据;

（4）在调节透射率 100% 时,如果透射率显示不稳定,则可能是光源预热时间不够,或光路没有对准,需要仔细检查,调节好光路;

（5）在校准透射率 100% 前,必须将液晶供电电压显示调到 0.00 V 或显示大于"250",否则无法校准透射率为 100%.在实验中,电压为 0.00 V 时,不要长时间按住"透射率校准"按钮,否则透射率显示将进入非工作状态,本组测试的数据为错误数据,需要重新进行本组实验数据测量.

[数据记录表格]

1. 液晶的电光特性

将模式转换开关置于静态模式,将透射率显示校准为 100%,改变电压,使得电压值从 0 V 到 6 V 变化,记录相应电压下的透射率数值,填入表 5-18-1 中.

表 5-18-1　液晶光开关电光特性测量

电压/V		0	0.5	0.8	1.0	1.2	1.3	1.4	1.5	1.6	1.7	2.0	3.0	4.0	5.0	6.0
透射率/%	1															
	2															
	3															
	平均															

由表 5-18-1 画出电光特性曲线.

由曲线图可以得出液晶的阈值电压和关断电压.

2. 时间响应特性实验

将模式转换开关置于静态模式,透射率显示调到 100%,然后将液晶供电电压调到 2.00 V,在液晶静态闪烁状态下,用存储示波器或用信号适配器接模拟示波器可以得出液晶的开关时间响应曲线.记录下不同时间的透射率,填入表 5-18-2 中.

表 5-18-2　时间响应数值表

时间/s													
透射率/%													

根据表 5-18-2,画出时间响应曲线.

由表 5-18-2 和时间响应曲线图可以得到液晶的响应时间.

3. 液晶的视角特性实验

将模式置于静态模式,将透射率显示调到 100%,以水平方向插入液晶板,在供电电压为 0 V 时,调节液晶屏与入射激光的角度,在每一角度下测量光强透射率最大值 T_{MAX}.然后将供电电压设为 2 V,再次调节液晶屏角度,测量光强透射率最小值 T_{MIN},将数据记入表 5-18-3 中,并计算其对比度.

将液晶板以垂直方向插入插槽,按照与测量水平方向视角特性相同的方法,测量垂直方向视角特性,并将数据记入表 5-18-3 中.

由表 5-18-3 数据,可以分别找出比较好的水平视角方向和垂直视角方向显示范围.

表 5-18-3　液晶光开关视角特性测量

角度(度)		-75	-70	……	-10	-5	0	5	10	……	70	75
水平方向视角特性	T_{MAX}/%											
	T_{MIN}/%											
	T_{MAX}/T_{MIN}											
垂直方向视角特性	T_{MAX}/%											
	T_{MIN}/%											
	T_{MAX}/T_{MIN}											

附录:液晶电光效应实验操作手册

1. 准备工作:

1.1　将液晶板插入转盘上的插槽,凸起面正对光源发射方向.打开电源,点亮光源,让光源预热 10~20 min.(若光源未亮,检查模式转换开关.只有当模式转换开关处于静态时,光源才会被点亮.)

1.2　检查仪器初始状态:发射器光线必须垂直入射接收器(当没有安装液晶板时,透射率显示为"999"的情况下,我们就认为光线垂直入射接收器);在静态、0°、0 V 供电电压条件下,透射率显示大于"250"时,按住透射率校准按键 3 s 以上,透射率可校准为 100%. (若供电电压不为 0,或显示小于"250",则该按键无效,不能校准透射率)若不为此状态,需增加光源预热时间,再重新调整仪器光路,直到达到上述条件为止.

2. 液晶电光特性测量

2.1　将模式转换开关置于静态模式,液晶转盘的转角置于 0°,保持当前转盘状态. 在供电电压为 0 V,透射率显示大于 250 时,按住"透射率校准"按键 3 s 以上,将透射率校准为 100%.

2.2　调节"供电电压调节"按键,按照表 5-18-1 中的数据逐步增大供电电压,记录下每个电压值下对应的透射率值.

2.3　将供电电压重新调回 0 V(此时若透射率不为 100%,则需重新校准). 重复步骤 2.2,完成 3 次测量.

3. 液晶的时间响应的测量

3.1　将液晶实验仪上的"液晶驱动输出"和"光功率输出"与数字示波器的通道 1 和通道 2 用 Q9 线连接起来.

3.2　打开实验仪和示波器. 将实验仪"模式转换开关"置于静态模式,液晶盘转角置于 0°,透射率显示校准到 100,供电电压调到 2.00 V.

3.3　按动"静态闪烁/动态清屏"按键,使液晶处于静态闪烁状态.

3.4　调节示波器,使通道 1 和通道 2 均以直流方式耦合;调节电压和周期按钮,直到出现合适的波形为止. (调节时可以从屏幕下方看到对应的电压值和周期值的变化.)

3.5　用示波器观察此光开关时间响应特性曲线;由示波器上的曲线可读出不同时间下的透射率值. 选定测试项目为上升时间和下降时间,可以直接测出液晶光开关的响应时间.

4. 液晶光开关视角特性的测量

4.1　确认液晶板以水平方向插入插槽.

4.2　将模式转换开关置于静态模式,在转角为 0°、供电电压为 0 V、透射率显示大于"250"时,按住"透射率校准"按键 3 s 以上,将透射率校准为 100%.

4.3　将供电电压置于 0 V,按照表 5-18-2 所列举的角度调节液晶屏与入射激光的角度,记录下每一角度的光强透射率值 T_{max}.

4.4　将液晶转盘保持在 0° 位置,调节供电电压为 2 V. 在该电压下,再次调节液晶屏角度,记录下每一角度的光强透射率值 T_{min}.

4.5　切断电源,取下液晶显示屏,将液晶板旋转 90°,以垂直方向插入转盘. (注:在更换液晶板方向时,一定要切断电源.)

4.6　打开电源,按照步骤 4.2、4.3、4.4,可测得垂直方向时在不同供电电压、不同角度的透射率值.

5. 液晶显示器显示原理

5.1　将模式转换开关置于动态模式,液晶转盘转角逆时针转到 80°,供电电压调到 5 V 左右.

5.2　按动开关矩阵面板上的按键,改变相应液晶像素的通断状态,观察由暗像素(或亮像素)组合成的字符或图像,体会液晶显示器件的成像原理.

5.3　组成一个字符或文字后,可由"静态闪烁/动态清屏"按键清除显示屏上的图像.

5.4　如果是微机型,在实验仪处于动态模式下,还可以通过对应的软件在计算机上设计文字或图像,然后将其发送到液晶屏上显示.显示的文字或图像可以是静止不动的,也可以是动态循环播放的.

实验 5.19　弗兰克-赫兹实验

弗兰克-赫兹实验证明原子内部结构存在分立的定态能级. 这个事实直接证明了汞原子具有玻尔所设想的那种"完全确定的、互相分立的能量状态",是对玻尔的原子量子化模型的第一个决定性的证据.

弗兰克-赫兹实验至今仍是探索原子结构的重要手段之一,实验中用的"拒斥电压"筛去小能量电子的方法,已成为广泛应用的实验技术.

[实验目的]

(1) 了解弗兰克-赫兹实验的原理和方法;

(2) 学习测定氩原子的第一激发电势的方法;

(3) 证明原子能级的存在,加强对能级概念的理解.

[仪器设备]

弗兰克-赫兹仪、示波器.

[实验原理]

根据玻尔的原子模型理论,原子是由原子核和以核为中心沿各种不同轨道运动的一些电子构成的. 对于不同的原子,这些轨道上的电子束分布各不相同. 一定轨道上的电子具有一定的能量. 当同一原子的电子从低能量的轨道跃迁到较高能量的轨道时,原子就处于受激状态. 若轨道 1 为正常态,则较高能量的 2 和 3 依次称为第一受激态和第二受激态,等等. 但是原子所处能量状态并不是任意的,而是受到玻尔理论的两个基本假设的制约的:

(1) 定态假设. 原子只能处在稳定状态中,其中每一状态相应于一定的能量值 $E_i (i = 1, 2, 3, \cdots)$,这些能量值是彼此分立的、不连续的.

(2) 频率定则. 当原子从一个稳定状态过渡到另一个稳定状态时,就吸收或放出一定频率的电磁辐射. 频率的大小取决于原子所处两定态之间的能量差,并满足如下关系:

$$h\nu = E_n - E_m \tag{5-19-1}$$

其中,$h = 6.626\ 070\ 15 \times 10^{-34}$ J·s,称为普朗克常量.

原子状态的改变通常在两种情况下发生,一是当原子本身吸收或放出电磁辐射时,二是当原子与其他粒子发生碰撞而交换能量时. 本实验就是利用具有一定能量的电子与汞原子相碰撞而发生能量交换来实现汞原子状态的改变的.

由玻尔理论可知,处于基态的原子发生状态改变时,其所需能量不能小于该原子从基态跃迁到第一受激态时所需的能量,这个能量称为临界能量. 当电子与原子碰撞时,如果电子能量小于临界能量,则发生弹性碰撞;若电子能量大于临界能量,则发生非弹性碰撞. 这时,电子给原子以跃迁到第一受激态时所需要的能量,其余能量仍由电子保留.

一般情况下,原子在受激态所处的时间不会太长,短时间内会回到基态,并以电磁辐射的形式释放出所获得的能量,其频率 ν 满足下式:

$$h\nu = eU_g \tag{5-19-2}$$

其中,U_g 为氩原子的第一激发电势. 所以当电子的能量等于或大于第一激发能时,原子就开始发光.

弗兰克-赫兹实验原理图如图 5-19-1
所示,氧化物阴极 K,阳极 A,第一、第二栅
极分别为 G_1、G_2.

K-G_1-G_2 加正向电压,为电子提供能
量.V_{G_1K} 的作用主要是消除空间电荷对阴极
电子发射的影响,提高发射效率.G_2-A 加
反向电压,形成拒斥电场.

电子从 K 发出,在 K-G_2 区间获得能
量,在 G-A 区间损失能量.如果电子进入
G-A区域时动能大于或等于 eV_{G_2K},就能到
达板极形成板极电流.

电子在不同区间的情况:

（1）K-G_1 区间电子迅速被电场加速
而获得能量.

（2）G_1-G_2 区间电子继续从电场获得
能量并不断与氩原子碰撞.当其能量小于

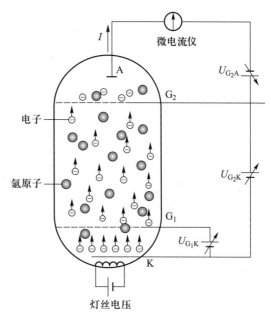

图 5-19-1　弗兰克-赫兹实验原理图

氩原子第一激发态与基态的能级差 $\Delta E = E_2 - E_1$ 时,氩原子基本不吸收电子的能量,碰撞属于
弹性碰撞.当电子的能量达到 ΔE 时,则可能在碰撞中被氩原子吸收这部分能量,这时的碰
撞属于非弹性碰撞.ΔE 称为临界能量.

（3）G_2-A 区间电子受阻,被拒斥电场吸收能量.若电子进入此区间时的能量小于
EV_{G_2A},则不能达到板极.

由此可见,若 $EV_{G_2K} < \Delta E$,则电子带着 EV_{G_2K}
的能量进入 G_2-A 区域.随着 V_{G_2K} 的增加,电流
I 增加（图 5-19-2 中 oa 段）.

若 $EV_{G_2K} = \Delta E$,则电子在达到 G_2 处刚达到
临界能量,不过它立即开始消耗能量了.继续
增大 V_{G_2K},电子能量被吸收的概率逐渐增加,板
极电流逐渐下降（图 5-19-2 中 ab 段）.

继续增大 V_{G_2K},电子碰撞后的剩余能量也
增加,到达板极的电子又会逐渐增多（图
5-19-2中 bc 段）.

若 $EV_{G_2K} > n\Delta E$,则电子在进入 G_2-A 区域
之前可能 n 次被氩原子碰撞而损失能量.板极

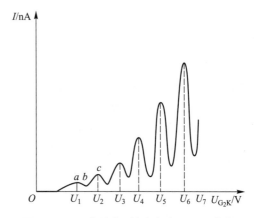

图 5-19-2　弗兰克-赫兹实验 I-U_{G_2K} 曲线

电流 I 随加速电压 V_{G_2K} 变化,曲线就形成 n 个峰值,如图 5-19-2 所示.相邻峰值之间的电压
差 ΔV 称为氩原子的第一激发电势.氩原子第一激发态与基态间的能级差:

$$\Delta E = e\Delta V \tag{5-19-3}$$

[实验内容与步骤]

1. 仪器介绍

弗兰克-赫兹实验仪装置如图 5-19-3 所示,以功能划分为八个区:

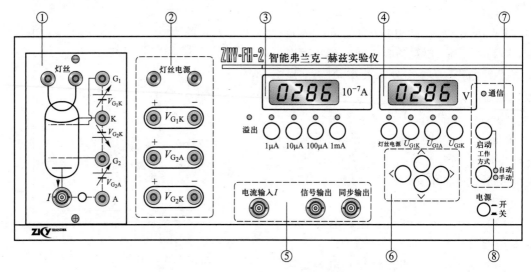

图 5-19-3 弗兰克-赫兹实验仪装置图

① 弗兰克-赫兹管各输入电压连接插孔和板极电流输出插座;

② 弗兰克-赫兹管所需激励电压的输出连接插孔,其中左侧输出孔为正极,右侧为负极;

③ 测试电流指示区:四位七段数码管指示电流值;四个电流量程挡位选择按键用于选择不同的最大电流量程挡;每一个量程选择同时备有一个选择指示灯指示当前电流量程挡位;

④ 测试电压指示区:四位七段数码管指示当前选择电压源的电压值;四个电压源选择按键用于选择不同的电压源;每一个电压源选择都备有一个选择指示灯指示当前选择的电压源;

⑤ 测试信号输入输出区:电流输入插座输入弗兰克-赫兹管板极电流;信号输出和同步输出插座可将信号送示波器显示;

⑥ 调整按键区,用于改变当前电压源电压设定值、设置查询电压点;

⑦ 工作状态指示区:通信指示灯指示实验仪与计算机的通信状态;启动按键与工作方式按键共同完成多种操作;

⑧ 电源开关.

2. 测量准备

(1) 按照弗兰克-赫兹实验仪连线说明进行线路连接,对弗兰克-赫兹实验仪进行线路检查,在确认供电电网电压无误后,将电源连线插入后面板的电源插座中.

(2) 先将灯丝电压 V_H、控制栅(第一栅极)电压 V_{G_1K}、拒斥电压 V_{G_2K} 缓慢调节到仪器机箱上所贴的"出厂检验参考量". 预热 10 min,如波形好,可微调各电压旋钮. 如需改变灯丝电压,改变后请等波形稳定(灯丝达到热动平衡状态)后再测量.

注意:每个 F-H 管所需的工作电压是不同的,灯丝电压 V_H 过高会导致弗兰克-赫兹管被击穿[表现为控制栅(第一栅极)电压 V_{G_1K} 和 V_{G_2K} 的表头读数会失去稳定]. 因此灯丝电压 V_H 一般不高于出厂检验参考参量 0.2 V 以上,以免击穿弗兰克-赫兹管,损坏仪器.

3. 手动测量

(1)设置仪器为"手动"工作状态,按"手动/自动"键,"手动"指示灯亮.

(2)设定电流量程,按下电流量程 10 μA 键,对应的量程指示灯点亮.

(3)设定电压源的电压值,用↓/↑,←/→键完成,需设定的电压源有:灯丝电压 V_H、第一加速电压 V_{G_1K}、拒斥电压 V_{G_2A}. 设定状态参见随机提供的工作条件(见机箱上所贴的"出厂检验参考参量").

(4)按下"启动"键,实验开始. 用↓/↑,←/→键完成 V_{G_2K} 电压值的调节,从 0 V 起,按步长 1 V(或 0.2 V)的电压值调节电压源 V_{G_2K},仔细观察弗兰克-赫兹管的板极电流值 I_A 的变化(可用示波器观察),读出 I_A 的峰值、谷值和对应的 V_{G_2K} 值.(一般 I_A 的谷值取 4~5 个为佳.)

(5)重新启动

在手动测试的过程中,按下启动按键,V_{G_2K} 的电压值将被设置为零,内部存储的测试数据被清除,示波器上显示的波形被清除,但 V_F、V_{G_1K}、V_{G_2A}、电流挡位等的状态不发生改变. 这时,操作者可以在该状态下重新进行测试,或修改状态后再进行测试.

4. 自动测量

弗兰克-赫兹实验仪除可以进行手动测试外,还可以进行自动测试. 进行自动测试时,实验仪将自动在设定的范围内产生 V_{G_2K} 扫描电压,完成整个测试过程;将示波器与实验仪相连接,在示波器上可看到弗兰克-赫兹管板极电流随 V_{G_2K} 电压变化的波形.

(1)自动测试状态设置

自动测试时,V_H、V_{G_1K}、V_{G_2K} 及电流挡位等状态设置的操作过程、弗兰克-赫兹管的连线操作过程与手动测试操作过程一样.

(2)V_{G_2K} 扫描终止电压的设定

进行自动测试时,实验仪将自动产生 V_{G_2K} 扫描电压. 实验仪默认 V_{G_2K} 扫描电压的初始值为零,V_{G_2K} 扫描电压大约每 0.4 s 递增 0.2 V. 直到扫描终止电压.

要进行自动测试,必须设置电压 V_{G_2K} 的扫描终止电压.

首先,将"手动/自动"测试键按下,自动测试指示灯亮;按下 V_{G_2K} 电压源选择键,V_{G_2K} 电压源选择指示灯亮;用↓/↑,←/→键完成 V_{G_2K} 电压值的具体设定. V_{G_2K} 设定终止值建议以不超过 80 V 为好.

(3)自动测试启动

将电压源选择选为 V_{G_2K},再按面板上的"启动"键,自动测试开始.

在自动测试过程中,观察扫描电压 V_{G_2K} 与弗兰克-赫兹管板极电流的相关变化情况.(可通过示波器观察弗兰克-赫兹管板极电流 I_A 随扫描电压 V_{G_2K} 变化的输出波形)在自动测试过程中,为避免面板按键误操作,导致自动测试失败,面板上除"手动/自动"按键外的所有按键都被屏蔽禁止.

（4）自动测试过程正常结束

扫描电压 V_{G_2K} 的电压值大于设定的测试终止电压值后,实验仪将自动结束本次自动测试过程,进入数据查询工作状态.

测试数据保留在实验仪主机的存贮器中,供数据查询过程使用,所以,示波器仍可观测到本次测试数据所形成的波形.直到下次测试开始时才刷新存贮器的内容.

（5）自动测试后的数据查询

自动测试过程正常结束后,实验仪进入数据查询工作状态.这时面板按键除测试电流指示区外,其他都已开启.自动测试指示灯亮,电流量程指示灯指示于本次测试的电流量程选择挡位;各电压源选择按键可选择各电压源的电压值指示,其中 V_H、V_{G_1K}、V_{G_2K} 三电压源只能显示原设定电压值,不能通过按键改变相应的电压值.用 ↓／↑,←／→ 键改变电压源 V_{G_2K} 的指示值,就可查阅到在本次测试过程中,电压源 V_{G_2K} 的扫描电压值为当前显示值时,对应的弗兰克-赫兹管板极电流值 I_A 的大小,读出 I_A 的峰值、谷值和对应的 V_{G_2K} 值(为便于作图,在 I_A 的峰值、谷值附近需多取几点).

（6）中断自动测试过程

在自动测试过程中,只要按下"手动/自动键",手动测试指示灯亮,实验仪就中断了自动测试过程,恢复到开机初始状态.所有按键都被再次开启工作.这时可进行下一次的测试准备工作.

本次测试的数据依然保留在实验仪主机的存贮器中,直到下次测试开始时才被清除.所以,示波器仍会观测到部分波形.

（7）结束查询过程回复初始状态

当需要结束查询过程时,只要按下"手动/自动"键,手动测试指示灯亮,查询过程结束,面板按键再次全部开启.原设置的电压状态被清除,实验仪存储的测试数据被清除,实验仪回复到初始状态.

[注意事项]

（1）弗兰克-赫兹管各部分电压均应按仪器顶部给出的参考值设置.

（2）当增加电压,电流出现溢出的情况时,请关闭仪器,重新开机,重新设置适当的参量.

（3）每台仪器的弗兰克-赫兹碰撞管的参量都有所不同,尤其是灯丝电压,因此需按厂家给出的参考值来设置.

[绘制曲线]

（1）自拟表格,详细记录实验条件和相应的 $I_A \sim U_{G_2K}$ 值.

（2）在方格纸上作出 $I_A - U_{G_2K}$ 曲线.用逐差法处理数据,求得氩的第一激发电势 U_0 的值.

[讨论与思考]

（1）为什么 $I_A - U_{G_2K}$ 曲线呈现周期性变化?

（2）当减速电压 U_{G_2K} 增大时,I_A 如何改变?

第6章
设计性实验和研究性实验

实验 6.1　碰 撞 打 靶

本实验通过两个物体的碰撞、碰撞前的单摆运动以及碰撞后的平抛运动，应用所学的力学定律去解决打靶的实际问题，从而更深入地理解力学原理.

实验前需复习关于单摆运动、平抛运动、碰撞、动量守恒、机械能守恒的知识.

教学视频

[实验目的]

（1）研究两个球体的碰撞及碰撞前后的单摆运动和平抛运动；

（2）应用已学过的力学定律解决打靶问题.

[仪器设备]

（1）"碰撞打靶"实验装置，如图 6-1-1 所示；

（2）摆球和被撞击球，质量相等，大小相等，$m_1 = m_2 = 32.70$ g，$d_1 = d_2 = 2.00$ cm.

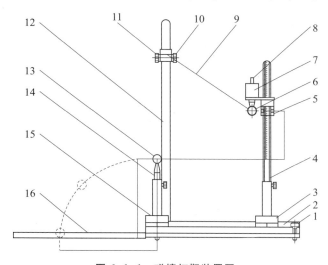

图 6-1-1　碰撞打靶装置图

1—调节螺钉；2—导轨；3—滑块；4—立柱；5—刻线板；6—摆球；

7—电磁铁；8—衔铁螺钉；9—摆线；10—锁紧螺钉；11—调节旋钮；

12—立柱；13—被撞球；14—载球支柱；15—滑块；16—靶盒

[**实验内容与要求**]

1. 用悬挂摆球去撞击放在升降台上的被撞球,使被撞球击中靶心

(1) 根据靶心的水平距离和被撞球高度,计算理想条件下被撞球击中靶心时,悬挂摆球的初始理论高度 h_0;

(2) 调整仪器,使导轨水平,使悬挂摆球在摆动到最低点时与被撞球的碰撞为正碰;

(3) 以 h_0 值重复多次撞击实验,记录并确定被撞球实际击中的位置. 根据此位置的数据,计算撞击球应调整到的高度 h,可使其真正击中靶心;

(4) 以撞击球的 h 值再重复多次撞击实验,如果被撞球没有击中靶心,再计算 h 值,继续进行撞击实验,直至被撞球击中靶心;

(5) 计算碰撞前后机械能的总损失,分析能量损失的各种来源.

2. (选做)用不同直径和质量的两球相撞,重复上面的内容,比较实验结果并讨论.

[**讨论与思考**]

(1) 实验中,如果小球是用石蜡或软木制成的,可以吗? 为什么?

(2) 用什么方法可以测出各部分能量损失的大小?

实验 6.2 双棱镜干涉实验的研究

[实验目的]

（1）进一步研究双棱镜干涉中的光学现象；

（2）加深对光的波动本性的理解.

[仪器设备]

光具座及双棱镜实验配件、激光光源、钠灯、白炽灯、滤色片.

[实验内容与要求]

（1）用双棱镜干涉测量不同光源的波长，并进行比较和分析；

（2）设计两种测量双棱镜虚光源距离的实验方法；

（3）用不确定度表示实验结果.

[讨论与思考]

（1）用双棱镜干涉测波长实验的测量公式应满足什么实验条件？

（2）虚光源间的距离与哪些因素有关？

实验 6.3　电阻测量的设计

伏安法测电阻具有简单、直观的特点. 本实验要求实验者自己设计实验方案, 根据不确定度的要求, 正确地选择实验仪器和确定实验条件, 学会设计简单电路.

教学视频

[实验目的]

(1) 掌握不确定度均分原理及应用;

(2) 学会根据不确定度的要求选择实验仪器和确定实验条件.

[仪器设备]

(1) 待测电阻: 约 100 Ω, 额定功率 5 W.

(2) 电学测量仪器介绍. 本实验仪器由直流稳压电源、可变电阻箱、电流表、电压表和被测元件等组成.

① 直流稳压电源. 输出电压: 0~20 V, 本实验要求调节至输出电压最大为 20 V.

② 可变电阻箱. 可变电阻箱由 $(0~10) \times 100\ \Omega$ 和 $(0~10) \times 10\ \Omega$ 两个可变电阻开关盘构成, 电路原理图如图 6-3-1 所示. 作变阻器使用时, 2 号和 3 号端子间电阻值等于二位开关盘电阻示值之和; 电阻变化范围为 0~1 100 Ω, 最小进值为 10 Ω.

构成定阻输出式分压箱:

如图 6-3-2 所示, 当电源正极接于 1 号端子, 负极接于 4 号端子时, 在 2 号和 3 号端子上得到电源电压的分压输出为

$$U_0 = E\frac{R_2}{R_1 + R_2 + R_3} = E\frac{R_2}{1\ 100\ \Omega}$$

式中, U_0 为分压电压输出值, E 为电源电压, $R_1 + R_2 + R_3$ 为变阻箱总电阻, R_2 为从 2 号和 3 号端子间引出的分压电阻, 其值等于二位开关盘电阻示值之和.

③ 电压表和电流表的内阻, 分别见表 6-3-1 和表 6-3-2.

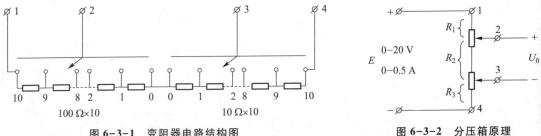

图 6-3-1　变阻器电路结构图　　　　　图 6-3-2　分压箱原理

表 6-3-1　电压表量程和对应的内阻值

电压表量程	200 mV	2 V	20 V
内阻	2 kΩ	20 kΩ	200 kΩ

表 6-3-2　电流表量程和对应的内阻值

电流表量程	200 μA	2 mA	20 mA	200 mA
内阻	725 Ω	72.5 Ω	7.25 Ω	0.725 Ω

④ 注意,电流表量程转换由专用插头的转接完成. 例如,"+"端子与"2 mA"端子短路,则该电表选择了 2 mA 的量程."+"和"−"端子按极性接入测量的电流支路中,表头将指示该支路中电流的大小.

[实验内容与要求]

(1) 用伏安法测电阻,不确定度要求: $\dfrac{\sigma_{R_x}}{R_x} \leqslant 2\%$.

(2) 线路设计成分压电路,分别用电流表内接法和外接法测量电阻 R_x.

[实验设计提示]

(1) 可先参看本书"不确定度均分原理"和"电表的误差及其准确度等级"的有关内容.

(2) 仪器和测量条件的选择.

① 根据 $\dfrac{\sigma_{R_x}}{R_x}\left(=\sqrt{\left(\dfrac{\sigma_U}{U}\right)^2+\left(\dfrac{\sigma_I}{I}\right)^2}\leqslant 2\%\right)$ 的不确定度要求、不确定度均分原理和电表等级的定义公式 $\left(\dfrac{\Delta U_{\text{ins}}}{U_{\max}}=f\%,\ \dfrac{\Delta I_{\text{ins}}}{I_{\max}}=f\%\right)$,计算能满足测量要求的电表等级 f.

② 当选用电压表的量程为 2 V(或 20 V)时,按电压 U 的不确定度要求和电表仪器误差的计算方法,确定测量时 R_x 两端所加电压的范围.

③ 根据待测电阻 R_x 的大约值算出 $I_{\max}$,以确定电流表的量程,并计算电流的取值范围.

[实验报告要求]

(1) 画出实验的电路图.

(2) 说明在本实验的条件下,电压表和电流表的等级应选择多大.

(3) 计算测量条件(即测量时 R_x 两端所加电压的范围).

(4) 根据内接、外接的测量数据,计算待测电阻值.

(5) 分析讨论.

实验 6.4 电势差计的应用

电势差计是利用补偿原理测量电动势或电压的一种精密仪器. 实验者在进行以下实验内容的操作前,应掌握箱式电势差计的结构原理,熟练掌握箱式电势差计的使用方法和测量步骤,受到正确合理使用精密仪器的训练. 在"电势差计"实验的基础上,进一步拓展思路,根据所提供的仪器,设计测量电路,选择测量条件,评估测量结果,用电势差计对电表进行校准. 本次实验所提供的 UJ31 型箱式直流电势差计的结构和使用方法可参考"实验 4.6 电势差计"的附录.

教学视频

[**实验目的**]

(1) 加深对补偿原理的理解和应用,掌握用箱式电势差计测量电流表内阻的方法.

(2) 学会用箱式电势差计校准电流表的方法.

[**仪器设备**]

(1) 量程为 150 μA 的待校直流电流表 1 台(内阻为 800~3 000 Ω;等级为 1.5 级).

(2) UJ31 型箱式直流电势差计 1 台(量程为 171.1 mV;等级为 0.05 级).

(3) 直流稳压电源 1 台(额定输出电压为 1.5 V).

(4) 标准电阻器 1 台(电阻值为 1 kΩ;等级为 0.01 级).

(5) 滑线变阻器 1 台(可调范围为 0~1 750 Ω).

(6) 检流计(AC5 型)1 台、标准电池 1 台、开关 1 个、导线若干.

[**实验内容与要求**]

1. 测定量程为 150 μA 的直流电流表的内阻

(1) 设计用电势差计测量电流表内阻(R_A)的电路图,写出测量公式及不确定度计算公式.

(2) 根据电路图连接线路,对电流表内阻测量 3 次,列表记录数据,结果表示为 $R_A = \bar{R}_A \pm \sigma_{\bar{R}_A}$.

2. 校准量程为 150 μA 的直流电流表

(1) 设计用电势差计校准电流表的电路图.

(2) 根据电路图连接线路,对电流表各刻度的指示值进行校准,列表记录指示值,并计算出对应的实际值及修正值,然后分别以 I_x 和 ΔI_x 为横轴、纵轴,作出该电流表的校准曲线.

[**参考表格**]

电流表的校准数据如表 6-4-1 所示.

表 6-4-1 电流表校准数据表

$I_x/\mu A$	0	30	60	90	120	150
U_s/mV						
$\overline{U}_s/mV$						
$I_s\left(=\dfrac{\overline{U}_s}{R_s}\right)/\mu A$						
$\Delta I_x(=I_s-I_x)/\mu A$						

[实验设计提示]

（1）注意观察实验室所给仪器的规格和参量,设计的电路应能满足电路中电流的变化范围,特别要考虑滑动变阻器的连接方法.

（2）电势差计是测量电压的仪器,因此须将电阻测量转换为电压测量.

[参考资料]

本教材"实验 4.4 电表的改装与校准""实验 4.6 电势差计".

[讨论与思考]

（1）校准电表时,为什么需要把电压（或电流）从小到大,再从大到小做一遍?

（2）使用电势差计时,必须先将其工作电流标准化,然后才能进行测量,这是为什么?

（3）如何利用电势差计校准电压表?

实验 6.5 双踪示波器的应用

示波器是展示和观测电信号的电子仪器,可以直接测量信号电压的大小和周期,观测一切可以转化为电压的电学量、非电学量以及它们随时间变化的过程,特别适用于观测瞬时变化的过程.

[实验目的]

(1)熟练掌握双踪示波器的使用;

(2)掌握交流电桥平衡的调节方法.

[仪器设备]

双踪示波器、低频信号发生器、十进式电容箱、电阻箱、待测电容.

[实验内容与要求]

(1)交流电桥与直流单臂电桥类似,但其中两个臂由标准和待测交流元件(如电容、电感)组成,交流电桥工作时使用交流电源,电桥的平衡探测可用双踪示波器,当两个波形的幅度和相位相同时,电桥可视为平衡.

(2)交流电桥平衡时必须满足两个条件——振幅平衡条件和相位平衡条件,如果类似于直流单臂电桥的线路和平衡条件,则有

$$z_1 z_4 = z_2 z_3$$

为交流电桥的平衡条件,在正弦交流的情况下,根据复数的性质有

$$z_1 z_4 = z_2 z_3$$

$$\varphi_1 + \varphi_4 = \varphi_2 + \varphi_3$$

即交流电桥平衡时阻抗的振幅条件和相位条件.

(3)在用交流电桥测电容时,要用示波器作指零仪器;自行设计线路,推导交流电桥测电容的公式,拟定实验步骤,估算被测电容的不确定度.

[参考资料]

(1)《大学物理学》有关交流电的内容;

(2)实验 4.10 示波器的原理和使用.

[讨论与思考]

(1)在电桥电路中,将信号发生器和示波器互换位置,电桥是否能调至平衡?

(2)总结交流电桥中,示波器作指零仪器的使用技巧.

(3)能用李萨如图判断电桥平衡吗?

实验 6.6　测量不规则物体的密度

[**实验目的**]

(1) 通过实验,进一步理解和掌握密度测量的基本方法,掌握物理天平的使用方法;

(2) 掌握不规则物体(颗粒状物体)的密度的测定方法,掌握轻质物体(石蜡)密度的测定方法.

[**仪器设备**]

物理天平、比重瓶、玻璃烧杯、颗粒状物体、石蜡.

[**实验内容与要求**]

(1) 测定颗粒状物体的密度.

(2) 测定石蜡的密度.

(3) 分析并计算测量的不确定度,用标准表达式表示测量结果.

[**实验设计提示**]

(1) 用比重瓶法测量颗粒状物体的密度.

(2) 用流体静力称衡法测量密度比水小的石蜡的密度时,可在石蜡下挂一重物令其没入水中.

[**讨论与思考**]

(1) 测石蜡密度时,如果考虑空气浮力的影响,应该如何修正密度计算公式?

(2) 测石蜡密度时,若石蜡没入水中时附有气泡,实验所得值是偏大还是偏小?

(3) 如何利用流体静力称衡法测量液体的密度?

实验 6.7　用冲击法测地磁场强度

本实验的设计需要复习冲击电流计和冲击法的原理.

[**实验目的**]

（1）用冲击法测定地磁场感应强度；

（2）掌握一种测地磁场强度的原理和实验方法.

[**仪器设备**]

（1）地磁感应圈如图 6-7-1 所示，在原线圈 L_1 上绕另一副线圈 L_2，互感系数 L_{12} 和 n、S 由实验室给出. 线圈装在线圈架 A 上，以 C、D 两点为轴旋转，线圈架 A 上另有两个弹簧扣钉 E、F 及一弹簧，借助于它们可将线圈固定在线圈架的水平面上，由于弹簧的作用，当拉开 E、F 时，线圈便可以自动翻转 $180°$；

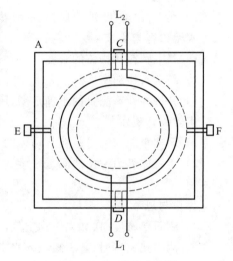

（2）直流稳压电源；

（3）滑动变阻器；

（4）电流表；

（5）冲击电流计；

（6）单刀双掷开关等.

图 6-7-1　地磁感应圈

[**实验内容与要求**]

（1）根据冲击法的原理，设计一个线路，分别测出地磁场感应强度的垂直分量和水平分量；

（2）画出线路图，推导测量公式，自拟实验步骤，计算地磁感应强度和磁倾角，并与当地的公认值比较，分析讨论实验结果.

[**实验设计提示**]

地磁场 B 中有一线圈 L_2（线圈半径较小，地磁场可看成是均匀的），其法线方向与磁场方向一致. 若将线圈翻转 $180°$，则在线圈中产生的瞬时感应电流所迁移的电荷量为

$$Q = \frac{2nSB}{R_0}$$

其中，n、S 分别为线圈的匝数和面积，R_0 为线圈及与它串联的电路（即冲击回路）的总电阻.

[**讨论与思考**]

（1）在测量地磁场的水平分量和垂直分量时，地磁感应圈所处方位对测量结果有无影响？

（2）线圈翻转的快慢对结果有何影响？

实验 6.8　微波与光的波动性研究

［实验目的］

（1）进一步了解电磁波的衍射、干涉现象.

（2）学会用微波分光仪测微波波长.

（3）了解光波干涉与微波干涉的异同.

［仪器设备］

微波分光仪、单缝板、双缝板、半透射板、反射板.

［实验要求］

（1）用单缝衍射法测微波波长.

（2）用双缝干涉法测微波波长.

（3）用迈克耳孙干涉法测微波波长.

（4）推出相应的测量公式.

［数据处理］

（1）画出衍射强度与衍射角的关系曲线.

（2）应用公式计算出相长干涉角和相消干涉角,与实验测得的相应角度进行比较.

（3）由实验测得的相应角度计算微波的波长,数据表格自拟.

［讨论与思考］

分析并讨论光波衍射、干涉与微波衍射、干涉对应实验方法的异同.

常用物理常量

物理量	符号	数值	单位	相对标准不确定度
真空中的光速	c	299 792 458	$m \cdot s^{-1}$	精确
普朗克常量	h	$6.626\ 070\ 15 \times 10^{-34}$	$J \cdot s$	精确
约化普朗克常量	$h/2\pi$	$1.054\ 571\ 817 \cdots \times 10^{-34}$	$J \cdot s$	精确
元电荷	e	$1.602\ 176\ 634 \times 10^{-19}$	C	精确
阿伏伽德罗常量	N_A	$6.022\ 140\ 76 \times 10^{23}$	mol^{-1}	精确
玻耳兹曼常量	k	$1.380\ 649 \times 10^{-23}$	$J \cdot K^{-1}$	精确
摩尔气体常量	R	$8.314\ 462\ 618 \cdots$	$J \cdot mol^{-1} \cdot K^{-1}$	精确
理想气体的摩尔体积（标准状况下）	V_m	$22.413\ 969\ 54 \cdots \times 10^{-3}$	$m^3 \cdot mol^{-1}$	精确
斯特藩-玻耳兹曼常量	σ	$5.670\ 374\ 419 \cdots \times 10^{-8}$	$W \cdot m^{-2} \cdot K^{-4}$	精确
维恩位移定律常量	b	$2.897\ 771\ 955 \times 10^{-3}$	$m \cdot K$	精确
引力常量	G	$6.674\ 30(15) \times 10^{-11}$	$m^3 \cdot kg^{-1} \cdot s^{-2}$	2.2×10^{-5}
真空磁导率	μ_0	$1.256\ 637\ 062\ 12(19) \times 10^{-6}$	$N \cdot A^{-2}$	1.5×10^{-10}
真空电容率	ε_0	$8.854\ 187\ 812\ 8(13) \times 10^{-12}$	$F \cdot m^{-1}$	1.5×10^{-10}
电子质量	m_e	$9.109\ 383\ 701\ 5(28) \times 10^{-31}$	kg	3.0×10^{-10}
电子荷质比	$-e/m_e$	$-1.758\ 820\ 010\ 76(53) \times 10^{11}$	$C \cdot kg^{-1}$	3.0×10^{-10}
质子质量	m_p	$1.672\ 621\ 923\ 69(51) \times 10^{-27}$	kg	3.1×10^{-10}
中子质量	m_n	$1.674\ 927\ 498\ 04(95) \times 10^{-27}$	kg	5.7×10^{-10}
氘核质量	m_d	$3.343\ 583\ 772\ 4(10) \times 10^{-27}$	kg	3.0×10^{-10}
氚核质量	m_t	$5.007\ 356\ 744\ 6(15) \times 10^{-27}$	kg	3.0×10^{-10}
里德伯常量	R_∞	$1.097\ 373\ 156\ 816\ 0(21) \times 10^7$	m^{-1}	1.9×10^{-12}
精细结构常量	α	$7.297\ 352\ 569\ 3(11) \times 10^{-3}$		1.5×10^{-10}
玻尔磁子	μ_B	$9.274\ 010\ 078\ 3(28) \times 10^{-24}$	$J \cdot T^{-1}$	3.0×10^{-10}
核磁子	μ_N	$5.050\ 783\ 746\ 1(15) \times 10^{-27}$	$J \cdot T^{-1}$	3.1×10^{-10}
玻尔半径	a_0	$5.291\ 772\ 109\ 03(80) \times 10^{-11}$	m	1.5×10^{-10}
康普顿波长	λ_C	$2.426\ 310\ 238\ 67(73) \times 10^{-12}$	m	3.0×10^{-10}
原子质量常量	m_u	$1.660\ 539\ 066\ 60(50) \times 10^{-27}$	kg	3.0×10^{-10}

注：① 表中数据为国际科学理事会（ISC）国际数据委员会（CODATA）2018 年的国际推荐值.

② 标准状况是指 $T = 273.15$ K，$p = 101325$ Pa.

主要参考文献

郑重声明

高等教育出版社依法对本书享有专有出版权。任何未经许可的复制、销售行为均违反《中华人民共和国著作权法》,其行为人将承担相应的民事责任和行政责任;构成犯罪的,将被依法追究刑事责任。为了维护市场秩序,保护读者的合法权益,避免读者误用盗版书造成不良后果,我社将配合行政执法部门和司法机关对违法犯罪的单位和个人进行严厉打击。社会各界人士如发现上述侵权行为,希望及时举报,我社将奖励举报有功人员。

反盗版举报电话　(010) 58581999　58582371

反盗版举报邮箱　dd@ hcp. com. cn

通信地址　北京市西城区德外大街4号　高等教育出版社法律事务部

邮政编码　100120

读者意见反馈

为收集对教材的意见建议,进一步完善教材编写并做好服务工作,读者可将对本教材的意见建议通过如下渠道反馈至我社。

咨询电话　400-810-0598

反馈邮箱　hepsci@ pub.hep.cn

通信地址　北京市朝阳区惠新东街4号富盛大厦1座

　　　　　高等教育出版社理科事业部

邮政编码　100029

防伪查询说明

用户购书后刮开封底防伪涂层,使用手机微信等软件扫描二维码,会跳转至防伪查询网页,获得所购图书详细信息。

防伪客服电话　(010) 58582300